Ergebnisse der Mathematik und ihrer Grenzgebiete

Band 41

Max Deuring

Algebren

Zweite, korrigierte Auflage

Springer-Verlag Berlin · Heidelberg · New York 1968

Prof. Dr. Max Deuring
Mathematisches Institut der Universität Göttingen

Die 1. Auflage erschien im Jahre 1935 als Band 4, Heft 1 dieser Reihe.

ISBN-13:978-3-642-85534-4 e-ISBN-13:978-3-642-85533-7
DOI:10.1007/978-3-642-85533-7

Library of Congress Catalog Card Number 68-29318.
Titel-Nr. 4585

Softcover reprint of the hardcover 2nd edition 1968

Vorwort.

Seit DICKSONS *Algebren und ihre Zahlentheorie* erschien (1927), hat die Theorie der Algebren Fortschritte gemacht, die eine neue Übersicht über den Bestand der Theorie angebracht erscheinen lassen. Die neue Entwicklung kann in drei — vielfach verflochtene — Richtungen geteilt werden. Von A. A. ALBERT, R. BRAUER und E. NOETHER wurde die Struktur der einfachen Algebren (Matrizesringe über Divisionsalgebren) erforscht; im Zusammenhang damit steht die Theorie der Faktorensysteme (R. BRAUER, E. NOETHER). Zweitens hat die Arithmetik der Algebren durch die Arbeiten von BRANDT, SPEISER, ARTIN entscheidende Antriebe erhalten. Und schließlich haben HASSE und NOETHER den Zusammenhang der Arithmetik der Zahlkörper (Klassenkörpertheorie und Reziprozitätsgesetz, Hauptgeschlechtssatz) mit den Algebren erkannt; auch Arbeiten von CHEVALLEY und von DEURING über Normenreste gehören hier her.

Diese Einteilung der Entwicklung liegt der Einteilung dieses Berichtes zugrunde. Teil I und II enthalten die allgemeine Theorie bis zu den WEDDERBURNschen Struktursätzen (die in der allgemeinsten bekannten Fassung bewiesen werden). Teil III ist ein kurzer Überblick über die Darstellungstheorie. Teil IV enthält die neuere Strukturtheorie der einfachen Algebren; Teil V die daran anschließende Theorie der Faktorensysteme; Teil VI die allgemeine Arithmetik der Algebren. Im letzten Teil wird der tiefere Zusammenhang der Algebren mit der Theorie der algebraischen Zahlen entwickelt.

Dem Zweck der Sammlung, von der dieser Bericht ein Teil ist, habe ich dadurch gerecht zu werden geglaubt, daß ich eine zwar knappe, aber vollständige Darstellung der Theorie in ihren Hauptzügen gegeben habe, mit Hinweisen auf die dazu gehörende Literatur.

Leipzig, 26. Oktober 1934.

MAX DEURING.

Inhaltsverzeichnis.

I. Grundlagen.

§ 1. Grundbegriffe.

1. Definition 1. *Eine Algebra* $\mathfrak{A}$ *über einem Körper* P (kurz: eine Algebra $\mathfrak{A}$/P) *ist ein Ring, für dessen Elemente* $a, b, c, \ldots$ *eine „skalare" Multiplikation mit den Elementen* $\alpha, \beta, \gamma, \ldots$ *aus* P *definiert ist, die den Regeln*

1. αa *ist ein Element von* $\mathfrak{A}$,
2. $\alpha a = a \alpha$,
3. $\alpha(a + b) = \alpha a + \alpha b$,
4. $(\alpha + \beta) a = \alpha a + \beta a$,
5. *jedes Produkt* $x(yz)$ *mit* x, y, z *aus* P *oder* $\mathfrak{A}$ *ist gleich* $(xy)z$,
6. $1 \cdot a = a$ *für die* 1 *von* P

genügt.

Diese Definition bei Dickson [**10**]. (Für den ganzen Paragraphen Dickson [**10**].)

Die sechs Möglichkeiten, die 5. außer den Assoziativgesetzen für $\mathfrak{A}$ und P einschließt, können aus dreien, nämlich $\alpha(\beta a) = (\alpha\beta) a$, $\alpha(ab) = (\alpha a) b$, $a(\alpha b) = (a\alpha) b$, abgeleitet werden. Untersuchungen über die Axiomatik der Algebren: Bush [**2**], Ingraham [**1**], Young [**1**].

3. 4. 5. und 6. bedeuten, daß $\mathfrak{A}$ ein Modul in Beziehung auf P ist (vgl. van der Waerden [**2**] Kap. XV). Ist $\mathfrak{A}$ ein endlicher P-Modul, so besitzt $\mathfrak{A}$ eine Basis $u_1, \ldots, u_n$ in Beziehung auf P, durch die sich jedes Element von $\mathfrak{A}$ auf genau eine Weise in der Form

$$a = \alpha_1 u_1 + \cdots + \alpha_n u_n, \quad \alpha_i \text{ aus P} \tag{1}$$

darstellen läßt (van der Waerden [**2**] § 104). In diesem Falle heißt $\mathfrak{A}$ eine *endliche* Algebra vom Range n über P. Wenn nichts anderes ausdrücklich gesagt wird, handeln wir im folgenden immer von endlichen Algebren. (Unendliche Algebren: Ingraham [**1**], Köthe [**3**], Wedderburn [**4**].)

2. Kennt man von einer Algebra $\mathfrak{A}$ eine Basis $u_1, \ldots, u_n$ und die Produkte $u_i u_k$, d. h. die Koeffizienten ϱ_{ikj} in

$$u_i u_k = \sum_{j=1}^{n} \varrho_{ikj} u_j, \tag{2}$$

so ist Summe und Produkt irgend zweier Größen von $\mathfrak{A}$ bekannt, eine Algebra $\mathfrak{A}$ ist demnach durch den Koeffizientenkörper P, eine Basis $u_1, \ldots, u_n$ und die Multiplikationskonstanten ϱ_{ikj} völlig bestimmt.

Man kann einen Linearformenmodul $\mathsf{P} u_1 + \cdots + \mathsf{P} u_n$ durch eine Multiplikationsfestsetzung (2) zu einer Algebra machen, vorausgesetzt, daß die Multiplikationskonstanten ϱ_{ikj} den aus den Assoziativitätsbedingungen $u_i \cdot (u_k u_l) = (u_i u_k) \cdot u_l$ sich ergebenden Gleichungen

$$\sum_m \varrho_{klm}\varrho_{imj} = \sum_m \varrho_{ikm}\varrho_{mlj} \qquad (3)$$

genügen.

3. Diese Betrachtung zeigt, daß der Begriff der Algebra eine Verallgemeinerung des Begriffs des algebraischen Erweiterungskörpers ist: In der Tat ist eine endliche algebraische Erweiterung von P eine Algebra über P. Wir führen noch zwei andere wichtige Fälle von Algebren an:

1. Der volle Matrizesring P_r vom Range r^2 über P. Das ist das System aller quadratischen r-reihigen Matrizes mit Elementen aus P. Nennen wir die Matrix, die im Schnittpunkt der i-ten Zeile und der k-ten Spalte eine 1, sonst überall Nullen hat, c_{ik}, so wird P_r in der Tat eine Algebra vom Range r^2 über P mit den Basiselementen c_{ik} und den Multiplikationsregeln

$$c_{ij}c_{jl} = c_{il}$$
$$c_{ij}c_{kl} = 0, \qquad \text{falls } j \neq k.$$

2. $a_1, \ldots, a_n$ seien die Elemente einer Gruppe der Ordnung n. Die Algebra $n$ten Ranges über P mit der Basis $a_1, \ldots, a_n$ und den Multiplikationsregeln $a_i a_k = a_l$ gemäß der Produktbildung in der Gruppe heißt der *Gruppenring* der Gruppe in P.

4. Wenn die Algebra $\mathfrak{A}$ eine Eins e enthält — $ae = ea = a$ für alle a aus $\mathfrak{A}$ —, so können wir, da für α aus P, a aus $\mathfrak{A}$ stets $\alpha e \cdot a = \alpha \cdot ea = \alpha a$ ist, P mit dem zu P isomorphen Teilkörper $\mathsf{P}e$ von $\mathfrak{A}$ identifizieren, indem $\alpha e = \alpha$ gesetzt wird; die skalare Multiplikation fällt dann unter die Multiplikation innerhalb $\mathfrak{A}$. $\mathfrak{A}$ kann in diesem Falle als Erweiterungsring von P angesehen werden, wie es für algebraische Erweiterungskörper von P von vornherein ist.

Hat $\mathfrak{A}$ keine Eins, so können wir $\mathfrak{A}$ in eine Algebra $\mathfrak{A}'$ mit Eins einbetten, indem wir den n Basiselementen $u_1, \ldots, u_n$ von $\mathfrak{A}$ ein weiteres e mit den Multiplikationsregeln $ee = e$, $eu_i = u_i e = u_i$ hinzufügen (Dickson [**10**]).

5. Zwei Algebren $\mathfrak{A}$ und $\mathfrak{A}'$ über P heißen *äquivalent*, wenn zwischen ihnen ein Ringisomorphismus $a \leftrightarrow a'$ besteht, der auch die skalaren Produkte erhält: $\alpha a' = (\alpha a)'$. (Wenn $\mathfrak{A}$ und $\mathfrak{A}'$ Einsen enthalten, so bedeutet diese Bedingung, daß P bei dem Isomorphismus elementweise auf sich abgebildet wird.)

6. $u_1, \ldots, u_n$ sei eine Basis der Algebra $\mathfrak{A}/\mathsf{P}$. Die einzeilige bzw. einspaltige Matrix $(u_1, \ldots, u_n)$ heiße zur Abkürzung $\mathfrak{u}$. Da jedes Produkt au_i oder $u_i a$ sich auf genau eine Weise durch die u_i mit Koeffizienten α_{ij} aus P ausdrücken läßt, so gibt es zwei eindeutig bestimmte quadratische n-reihige Matrizes A und A^* aus P, die den Gleichungen

$$a\mathfrak{u} = \mathfrak{u}A,$$

bzw.

$$\mathfrak{u}a = A^*\mathfrak{u}$$

genügen. Die Abbildung $a \to A$ ist wegen

$$(a+b)\mathfrak{u} = a\mathfrak{u} + b\mathfrak{u} = \mathfrak{u}A + \mathfrak{u}B = \mathfrak{u}(A+B),$$
$$ab \cdot \mathfrak{u} = a \cdot b\mathfrak{u} = a \cdot \mathfrak{u}B = a\mathfrak{u} \cdot B = \mathfrak{u}A \cdot B = \mathfrak{u} \cdot AB,$$
$$\alpha a \cdot \mathfrak{u} = a\mathfrak{u} \cdot \alpha = \mathfrak{u}A \cdot \alpha = \mathfrak{u} \cdot A\alpha$$

ein Homomorphismus von $\mathfrak{A}$ auf einen Teilring des Matrizenringes P_n mit Erhaltung der skalaren Produkte. Ebenso ist $a \to A^*$ eine solche homomorphe Abbildung. $a \to A$ heißt die erste, $a \to A^*$ die zweite reguläre Darstellung von $\mathfrak{A}$. (Auf die allgemeine Theorie der Darstellungen von Algebren durch Matrizes kommen wir später zurück.) Wird statt $\mathfrak{u}$ eine andere Basis $\mathfrak{v} = \mathfrak{u}Q$ (bzw. $\mathfrak{v} = Q\mathfrak{u}$) zugrunde gelegt, so wird die erste reguläre Darstellung wegen

$$a\mathfrak{v} = a\mathfrak{u}Q = \mathfrak{u}AQ = \mathfrak{u}QQ^{-1}AQ = \mathfrak{v}Q^{-1}AQ$$

durch die äquivalente $a \to Q^{-1}AQ$, entsprechend $a \to A^*$ durch $a \to QA^*Q^{-1}$, zu ersetzen sein.

Wenn $\mathfrak{A}$ eine Eins enthält, so sind $a \to A$ und $a \to A'$ isomorphe Abbildungen. Denn wird a auf Null abgebildet, so ist $a\mathfrak{u} = 0$, also $ac = 0$ für jedes c aus $\mathfrak{A}$, speziell $ae = a = 0$.

7. Die regulären Darstellungen gestatten, einige grundlegende Begriffe aus der Theorie der algebraischen Körper auf Algebren zu verallgemeinern.

Da zwischen den Potenzen $a, a^2, \ldots, a^{n+1}$ eines Elementes a einer Algebra vom Range n eine lineare Abhängigkeit bestehen muß, so genügt a einer algebraischen Gleichung

$$\alpha_{n+1}a^{n+1} + \alpha_n a^n + \cdots + \alpha_1 a = 0, \qquad \text{nicht alle } \alpha_\nu = 0.$$

Enthält $\mathfrak{A}$ eine Eins — auf diesen Fall wollen wir uns beschränken —, so gilt sogar eine Gleichung

$$\alpha_n a^n + \alpha_{n-1}a^{n-1} + \cdots + \alpha_1 a + \alpha_0 = 0.$$

Sei
$$f(a) = a^t + \alpha_{t-1}a^{t-1} + \cdots + \alpha_0 = 0$$

eine Gleichung für a vom kleinstmöglichen Grad t. Das Polynom $f(x)$ ist eindeutig bestimmt. Denn Subtraktion einer zweiten, von der ersten verschiedenen Gleichung für a vom Minimalgrad t ergäbe eine Gleichung noch niedrigeren Grades. $f(x)$ heißt das *Minimalpolynom* von a. Es entspricht der irreduziblen Gleichung für ein algebraisches Körperelement über P.

Für ein beliebiges Polynom $g(x)$ gilt dann und nur dann $g(a) = 0$, wenn $f(x)$ ein Teiler von $g(x)$ ist, denn ist $g(a) = 0$, so ergibt die Division von $g(x)$ durch $f(x)$ einen Rest $r(x)$ mit $r(a) = 0$, da $r(x)$ von kleinerem Grade als $f(x)$ ist, so gilt $r(x) = 0$.

Bei den algebraischen Körpern spielt das mit den Konjugierten $a^{(1)}, \ldots, a^{(n)}$ eines Elementes a gebildete Polynom $\prod_{i=1}^{n}(x - a^{(i)})$ eine wichtige Rolle. Ihm entspricht bei den Algebren das *charakteristische Polynom,* das ist das Polynom

$$F(x) = |xE - A|,$$

wo A die Matrix bedeutet, welche a in der ersten regulären Darstellung zugeordnet ist. Wegen $|xE - Q^{-1}AQ| = |Q^{-1}|\,|xE - A|\,|Q| = |xE - A|$ hängt das charakteristische Polynom nicht von der Basis ab, mit der A gebildet worden ist. (Mit der zweiten regulären Darstellung kann entsprechend ein zweites charakteristisches Polynom gebildet werden. Dies ist nicht immer dem ersten gleich. Vgl. MacDuffee [**1**]).

Zwischen Minimalpolynom und charakteristischem Polynom besteht folgender Zusammenhang:

Satz 1. *Das Minimalpolynom $f(x)$ von a teilt das charakteristische Polynom $F(x)$, umgekehrt ist $F(x)$ ein Teiler von $f(x)^n$. Es ist insbesondere $F(a) = 0$. Falls $f(x)$ irreduzibel ist, wird $F(x)$ eine Potenz von $f(x)$.* Vgl. Dickson [**10**].

Zum Beweis (Dickson [**10**]) dieses Satzes benutzen wir den Isomorphismus $a \to A$ von $\mathfrak{A}$ mit einem Ring aus Matrizen.

Wegen dieses Isomorphismus dürfen wir $F(x)$ und $f(x)$ auch als charakteristisches Polynom und Minimalpolynom von A ansehen, dadurch erscheint der Satz als eine Behauptung über Matrizen.

Die zu $xE - A$ adjungierte Matrix C können wir in der Form $C = \sum_{\nu=0}^{n-1} x^\nu C_\nu$ mit Matrizes C_ν aus P schreiben. Die Gleichung $(xE - A)C = E \cdot |xE - A| = E \cdot F(x)$ erlaubt, die Koeffizienten von $F(x) = \sum_{\nu=0}^{n} \beta_\nu x^\nu$ durch A und die C_ν auszudrücken: es ist

$$E \cdot F(x) = xC - AC = -AC_0 + \sum_{\nu=1}^{n-1} x^\nu (C_{\nu-1} - AC_\nu) + x^n C_{n-1};$$

daraus folgt

$$\left.\begin{aligned} E\beta_0 = -AC_0,\ E\beta_1 = C_0 - AC_1,\ \ldots,\ E\beta_{n-1} = C_{n-2} - A \cdot C_{n-1},\\ E\beta_n = C_{n-1}, \end{aligned}\right\} \qquad (4)$$

so daß

$$F(A) = \sum_{\nu=0}^{n} A^\nu E\beta_\nu = -AC_0 + \sum_{\nu=1}^{n-1} (A^\nu C_{\nu-1} - A^{\nu+1} C_\nu) + A^n C_{n-1} = 0$$

gilt, also $F(x) \equiv 0 \quad (f(x))$ sein muß.

Mittels der Koeffizienten von $f(x) = \sum_{\nu=0}^{t} \alpha_\nu x^\nu$ bilden wir, entsprechend (4), Matrizes C_ν^*

$$C_{t-1}^* = E\alpha_t, \quad C_{t-2}^* = E\alpha_{t-1} + AC_{t-1}^*, \ \ldots, \ C_0^* = E\alpha_1 + AC_1^*.$$

Die Gleichung $f(A) = 0$ reduziert sich auf

$$E\alpha_0 = -AC_0^*.$$

Setzen wir jetzt $C^* = \sum_{\nu=0}^{t-1} C_\nu^* x^\nu$, so wird

$$(xE - A)C^* = Ef(x).$$

Nehmen wir von dieser Gleichung die Determinante, so erhalten wir

$$F(x)\cdot|C^*| = f(x)^n,$$

also

$$f(x)^n \equiv 0 \quad (F(x)).$$

Der bewiesene Satz gilt wie für $F(x)$ auch für die mit der zweiten regulären Darstellung gebildete zweite charakteristische Gleichung $|xE - A^*| = F^*(x)$.

Aus Satz 1 folgt allgemeiner, daß eine *treue* (d. h. isomorphe) Darstellung $a \to A$ von $\mathfrak{A}$ durch Matrizes zu Polynomen $f(x) = |xE - A|$ mit $f(a) = 0$ führt (vgl. III und IV, 7).

8. Da Determinante und Spur für zwei äquivalente Matrizen A und $Q^{-1}AQ$ die gleichen sind, so können wir sinnvoll definieren:

Die Norm Na eines Elementes a einer Algebra $\mathfrak{A}$ ist die Determinante ihrer ersten charakteristischen Matrix A, die Spur Sa von a ist die Spur von A.

Die Norm von a ist das von x freie Glied des Polynoms $|xE - A|$ noch mit $(-1)^n$ multipliziert, die negative Spur von a ist der Koeffizient von x^{n-1} in diesem Polynom.

Es gilt

$$Nab = Na\cdot Nb \quad \text{und} \quad S(a+b) = Sa + Sb.$$

Indessen sind diese Begriffe von Norm und Spur nur vorläufige. Erst die genauere Betrachtung der Darstellungen von Algebren durch Matrizes liefert die endgültigen Definitionen (IV, § 7).

Eine Reihe von Arbeiten, die nicht mit dem unmittelbar zusammenhängen, was im folgenden dargestellt wird, sei hier angeführt. LITTLEWOOD [**2**] (identische Relationen in Algebren), [**3**] (gewisse unendliche Algebren), HEYTING [**1**], ORE [**1**], LITTLEWOOD-RICHARDSON [**2**] und RICHARDSON [**1**] (Determinanten), MACDUFFEE [**1**] (über die beiden Hauptdarstellungen), RANUM [**1**] (multiplikative Gruppen in Algebren), RICHARDSON [**2**], [**3**], [**4**] (lineare und höhere Gleichungen in Divisionsalgebren).

§ 2. Ideale. Direkte Summe. Direktes Produkt. Erweiterung des Grundkörpers.

1. Als (Links-, Rechts-, zweiseitiges) Ideal einer Algebra $\mathfrak{A}$ wollen wir nur solche Teilmengen $\mathfrak{a}$ von $\mathfrak{A}$ ansehen, die außer den Idealaxiomen ($a - b$ in $\mathfrak{a}$, falls a und b in $\mathfrak{a}$, ca in $\mathfrak{a}$, falls a in $\mathfrak{a}$, c in $\mathfrak{A}$ [für Linksideale, entsprechend ac in $\mathfrak{A}$ für Rechtsideale, und: sowohl ca als auch ac in $\mathfrak{a}$ für zweiseitige Ideale]) auch noch die Bedingung erfüllen, daß sie Moduln in Beziehung auf den Koeffizientenkörper P sind: Liegt a in $\mathfrak{a}$, so auch αa für alle α aus P. Die Ideale sind dann genau so wie die ganze Algebra Linearformenmoduln in Beziehung auf P. Enthält $\mathfrak{A}$ eine Eins, so ist diese Zusatzbedingung von selbst erfüllt:

wir können ja, wie wir gesehen haben, in diesem Falle P als Teilkörper von $\mathfrak{A}$ ansehen.

Als Linearformenmoduln haben die Ideale die folgende wichtige Endlichkeitseigenschaft:

In jeder Menge von Idealen gibt es ein größtes (das von keinem anderen Ideal der Menge umfaßt wird) und ein kleinstes (das kein anderes Ideal der Menge umfaßt).

Diese *Maximal- und Minimalbedingung* kann noch in andere Formen gebracht werden (VAN DER WAERDEN, § 113).

2. Es kann vorkommen, daß sich jedes Element einer Algebra $\mathfrak{A}$ darstellen läßt als Summe je eines Elementes aus einem Teilmodul, etwa einer Teilalgebra $\mathfrak{A}_i$. Wir nennen dann $\mathfrak{A}$ die Summe der $\mathfrak{A}_i$ und schreiben, wie in der Modultheorie üblich, $\mathfrak{A} = (\mathfrak{A}_1, \ldots, \mathfrak{A}_n)$. $\mathfrak{A}$ heißt die *direkte Summe* der $\mathfrak{A}_i$, wenn die Summendarstellungen der Elemente von $\mathfrak{A}_i$ eindeutig sind, in diesem Falle (und nur in diesem) werden die $+$-Zeichen für die Summe verwendet. Die $\mathfrak{A}_i$ können etwa Linksideale oder zweiseitige Ideale sein.

3. $\mathfrak{A} = a_1\mathsf{P} + \cdots + a_n\mathsf{P}$ und $\mathfrak{B} = b_1\mathsf{P} + \cdots + b_m\mathsf{P}$ seien zwei Algebren über dem gleichen Grundkörper P. Wir wollen eine Algebra bilden, deren Basiselemente die formalen Produkte $a_i b_j$ sind. Wir erklären das Produkt eines $\mathfrak{A}$-Elementes $\sum \alpha_i a_i$ mit einem $\mathfrak{B}$-Element $\sum \beta_j b_j$ als das Element $\sum \alpha_i a_i \cdot \sum \beta_j b_j = \sum \alpha_i \beta_j a_i b_j$ des Linearformenmoduls $a_1 b_1 \mathsf{P} + \cdots + a_n b_m \mathsf{P} = \mathfrak{A} \times \mathfrak{B}$.

Wir machen nun $\mathfrak{A} \times \mathfrak{B}$ durch die Festsetzungen

$$a_i b_j \cdot a_k b_l = a_i a_k \cdot b_j b_l$$

zu einer Algebra über P. (Das Erfülltsein der Ring- und Algebrenaxiome ist leicht nachzuprüfen.) $\mathfrak{A} \times \mathfrak{B}$ ist mit Hilfe von Basisdarstellungen von $\mathfrak{A}$ und $\mathfrak{B}$ gebildet worden. Wir können aber die Elemente von $\mathfrak{A} \times \mathfrak{B}$ auch in der Gestalt

$$\sum a_i v_i, \quad v_i \text{ aus } \mathfrak{B}$$

schreiben; da Addition zweier solcher Summen durch Addition gleichnamiger Koeffizienten, Multiplikation nach der Regel $\sum_i a_i v_i \cdot \sum_k a_k v_k' = \sum_{i,k} a_i a_k v_i v_k'$ erfolgt, so ist die Struktur des Ringes $\mathfrak{A} \times \mathfrak{B}$ von der Wahl der Basis von $\mathfrak{B}$ nicht abhängig, ebensowenig hängt sie von der Basis $\mathfrak{a}$ von $\mathfrak{A}$ ab. $\mathfrak{A} \times \mathfrak{B}$ ist also allein durch $\mathfrak{A}$ und $\mathfrak{B}$ bestimmt. Identifizieren wir noch $a_i b_j$ mit $b_j a_i$, so wird $\mathfrak{A} \times \mathfrak{B} = \mathfrak{B} \times \mathfrak{A}$.

$\mathfrak{A} \times \mathfrak{B}$ heißt das *direkte Produkt* von $\mathfrak{A}$ und $\mathfrak{B}$.

Man bestätigt leicht die Regel

$$(\mathfrak{A} \times \mathfrak{B}) \times \mathfrak{C} = \mathfrak{A} \times (\mathfrak{B} \times \mathfrak{C}).$$

Enthält $\mathfrak{A}$ eine Eins e, so kann, durch die Identifikation von eb mit b, $\mathfrak{B}$ als Teilring von $\mathfrak{A} \times \mathfrak{B}$ aufgefaßt werden.

4. $\mathfrak{A} = u_1 \mathsf{P} + \cdots + u_n \mathsf{P}$ sei eine Algebra über dem Körper P. Ist Ω ein Erweiterungskörper von P, so können wir mit den Basiselementen $u_1, \ldots, u_n$ von $\mathfrak{A}$ eine Algebra $u_1 \Omega + \cdots + u_n \Omega$ über Ω bilden, indem wir die alten Multiplikationsregeln für die u_i beibehalten. Man sieht leicht ein — wie beim direkten Produkt —, daß die so entstandene Algebra über Ω nicht von der Wahl der Basis $\mathfrak{u}$ abhängt, sondern allein durch $\mathfrak{A}$ und Ω bestimmt ist. Wir bezeichnen die Algebra $u_1 \Omega + \cdots + u_n \Omega$ mit $\mathfrak{A}_\Omega$.

Wenn Ω eine Algebra über P, also eine endliche algebraische Erweiterung von P ist, so fällt $\mathfrak{A}_\Omega$ mit dem direkten Produkt $\mathfrak{A} \times \Omega$ zusammen.

Schließlich kann die Ringerweiterung $\mathfrak{A}_\Omega$ auch mit *irgendeinem Ring* Ω gebildet werden, der P umfaßt. Enthält $\mathfrak{A}$ eine Eins e, so wird Ω durch die Identifikation von $e\omega$ mit ω Teilring von $\mathfrak{A}_\Omega$.

§ 3. Das Zentrum.

Zentrum eines Ringes nennt man die Gesamtheit aller Elemente des Ringes, die mit jedem einzelnen Element des Ringes vertauschbar sind. Das Zentrum ist ein Ring.

Das Zentrum einer Algebra $\mathfrak{A}/\mathsf{P}$ ist, wie leicht zu sehen, ebenfalls eine Algebra $\mathfrak{Z}/\mathsf{P}$.

Wird der Grundkörper P erweitert zu einem Körper Ω, so ist $\mathfrak{Z}_\Omega$ das Zentrum von $\mathfrak{A}_\Omega$.

§ 4. Allgemeines Element. Rangpolynom. Hauptpolynom.

Um die algebraischen Relationen, denen ein Algebrenelement genügt, in so allgemeiner Form erfassen zu können, daß keine besonderen Eigenschaften eines Elementes hervortreten, wird ein auf KRONECKER zurückgehender Kunstgriff angewendet.

Ist $u_1, \ldots, u_n$ eine Basis der Algebra $\mathfrak{A}/\mathsf{P}$, so adjungieren wir zu P Unbestimmte $\xi_1, \ldots, \xi_n$ und betrachten die erweiterte Algebra $\mathfrak{A}_{\mathsf{P}(\xi_1, \ldots, \xi_n)}$. Das Element $y = u_1 \xi_1 + \cdots + u_n \xi_n$ von $\mathfrak{A}_{\mathsf{P}(\xi_1, \ldots, \xi_n)}$ heißt das *allgemeine Element der Algebra* $\mathfrak{A}$. Ein Element $a = \sum u_i \xi_i$ von $\mathfrak{A}$ entsteht aus y durch die Spezialisierung $\xi_i \to \alpha_i$ der Unbestimmten ξ_i.

Das charakteristische Polynom des allgemeinen Elementes y ist ein Polynom

$$F(x; \xi_1, \ldots, \xi_n)$$

in den $n+1$ Unbestimmten $x, \xi_1, \ldots, \xi_n$; sein Grad in x ist n. $F(x; \alpha_1, \ldots, \alpha_n)$ ist das charakteristische Polynom von $a = \sum u_i \alpha_i$.

Das Minimalpolynom von y heißt das *Rangpolynom, sein Grad der Rang der Algebra.* Es ist, wie F, ein Polynom

$$R(x; \xi_1, \ldots, \xi_n)$$

in $x, \xi_1, \ldots, \xi_n$.

Wird das allgemeine Element y durch eine andere Basis u' von $\mathfrak{A}/\mathsf{P}$ ausgedrückt, so sind die Koeffizienten ξ'_i von $y = \sum u'_i \xi'_i$ auch unabhängige Unbestimmte über P, sie sind ja n lineare linearunabhängige Formen der ξ_i mit Koeffizienten aus P. Die Definition des allgemeinen Elementes als eines Elementes mit unabhängigen Unbestimmten als Koeffizienten ist also von der Basis nicht abhängig.

Das Rangpolynom ist auch als Polynom in x und den ξ'_i aufzufassen.

Für ein Element $a = \sum u_i \alpha_i$ ist

$$R(a; \alpha_1, \ldots, \alpha_n) = 0.$$

$R(x; \alpha_1, \ldots, \alpha_n)$ heißt das *Hauptpolynom von a.* Es ist nicht abhängig von der zugrunde gelegten Basis $u_1, \ldots, u_n$.

II. Die Struktursätze.

§ 1. Überblick.

Eine Reihe von allgemeinen Sätzen, die *Struktursätze,* führt alle Algebren auf einige besondere Typen zurück.

Eine Algebra $\mathfrak{A}$ heißt *Divisionsalgebra,* wenn für $a \neq 0$ und beliebiges b aus $\mathfrak{A}$ die beiden Gleichungen $ax = b$ und $ya = b$ lösbar sind, oder, was auf das gleiche hinausläuft, wenn die von Null verschiedenen Elemente von $\mathfrak{A}$ bei der Multiplikation eine Gruppe bilden. (Eine Divisionsalgebra ist also ein *Schiefkörper,* wenn dieser Ausdruck für einen Ring steht, dessen von Null verschiedenen Elemente eine Gruppe bilden. *Körper* bedeutet hier immer einen kommutativen Schiefkörper.)

Eine Divisionsalgebra enthält außer sich selbst und der Null kein (einseitiges oder zweiseitiges) Ideal.

Enthält eine Algebra mit Eins außer sich selbst und Null keine *zweiseitigen* Ideale, so heißt sie *einfach.*

Eine einfache Algebra $\mathfrak{A}$ ist das direkte Produkt einer Divisionsalgebra $\mathfrak{D}$ mit einem vollen Matrizesring P_r: $\mathfrak{A} = \mathfrak{D} \times \mathsf{P}_r$, oder, was offensichtlich genau das gleiche bedeutet, $\mathfrak{A}$ ist der Ring $\mathfrak{D}_r$ aller r-reihigen Matrizes mit Elementen aus $\mathfrak{D}$. (Satz 3, § 9, dritter Struktursatz.)

Ein Element a oder ein Ideal $\mathfrak{a}$ eines Ringes heißt nilpotent, wenn $a^\varrho = 0$ ($\mathfrak{a}^\varrho = 0$) ist für einen passenden Exponenten ϱ.

Enthält eine Algebra außer 0 keine nilpotenten Ideale, so heißt sie halbeinfach. Der zweite Struktursatz (§ 7, Satz 1) besagt, daß jede halbeinfache Algebra direkte Summe von eindeutig bestimmten einfachen Algebren ist. (WEDDERBURN [1].)

Wenn die Algebra $\mathfrak{A}$ nicht halbeinfach ist, so bildet die Vereinigungsmenge aller ihrer nilpotenten Ideale ein von Null verschiedenes zweiseitiges Ideal, das Radikal $\mathfrak{R}$ (§ 3).

Der Restklassenring $\mathfrak{A}/\mathfrak{R}$ ist eine halbeinfache Algebra über P.

Über den Aufbau von $\mathfrak{A}$ aus $\mathfrak{A}/\mathfrak{R}$ und $\mathfrak{R}$ gibt Satz 1, § 11, Auskunft. Satz 1, § 11, besagt, daß $\mathfrak{A}$ in den meisten Fällen eine zu $\mathfrak{A}/\mathfrak{R}$ isomorphe Teilalgebra $\mathfrak{A}^*$ enthält.

Das Radikal $\mathfrak{R}$ ist, für sich betrachtet, eine Algebra. Sie ist nilpotent, d. h. es ist $\mathfrak{R}^\varrho = 0$ für einen geeigneten Exponenten.

Die Struktursätze führen die Untersuchung beliebiger Algebren zurück auf die Theorie der einfachen Algebren, insbesondere der Divisionsalgebren, die der nilpotenten Algebren und auf die Frage, wie $\mathfrak{A}$ aus $\mathfrak{A}/\mathfrak{R}$ und $\mathfrak{R}$ gewonnen werden kann. (Diese Frage ist ja durch Satz 1, § 11, nicht gelöst.)

Besonderes Interesse haben vor allem die halbeinfachen Algebren, wegen des zweiten Struktursatzes kann man sich sogar auf einfache Algebren beschränken.

Literatur über nilpotente Algebren: GHENT [**1**], HAZLETT [**1**], SMITH [**1**].

Nach Satz 2, § 10, ist das Zentrum $\mathfrak{Z}$ einer einfachen Algebra $\mathfrak{A}$ gleich dem Zentrum der in $\mathfrak{A}$ enthaltenen Divisionsalgebra. $\mathfrak{Z}$ ist daher ein Körper und $\mathfrak{A}$ kann als Algebra über $\mathfrak{Z}$ angesehen werden.

Wir nennen eine Algebra *normal*, wenn ihr Zentrum mit dem Grundkörper zusammenfällt. Das Wesentliche sind also die einfachen normalen Algebren.

Für die Beweise in diesem Teil II vgl. ARTIN [**2**], DICKSON [**6, 10**], KÖTHE [**2**], NOETHER [**2**], VAN DER WAERDEN [**2**], WEDDERBURN [**1**], FITTING [**1**].

§ 2. Hilfssätze über Ringe.

Eine Reihe von leicht zu beweisenden allgemeinen Sätzen über beliebige Ringe stellen wir der Strukturtheorie voran (für die Beweise etwa VAN DER WAERDEN [**2**]).

Satz 1. *$\mathfrak{A}$ sei ein Ring mit Eins e. Ist $\mathfrak{A}$ die direkte Summe der Linksideale $\mathfrak{l}_1, \ldots, \mathfrak{l}_n$,*

$$\mathfrak{A} = \mathfrak{l}_1 + \cdots + \mathfrak{l}_n,$$

und ist

$$e = e_1 + \cdots + e_n, \quad e_i \equiv 0\ (\mathfrak{l}_i),$$

so gelten die Relationen

$$\left.\begin{aligned} e_i^2 &= e_i, \\ e_i e_j &= 0, \text{ wenn } i \neq j; \end{aligned}\right\} \tag{1}$$

und es ist $\mathfrak{l}_i = \mathfrak{A} e_i$.

Wenn umgekehrt n Größen e_i vorliegen, die den Relationen (1) genügen und deren Summe e ist, so wird $\mathfrak{A}$ die direkte Summe der Linksideale $\mathfrak{l}_i = \mathfrak{A} e_i$.

Ein Element a eines Ringes heißt *idempotent*, wenn $a^2 = a$, $a \neq 0$. Nach Satz 1 entsprechen die Zerlegungen der Eins in sich gegenseitig annullierende Idempotente den Zerlegungen des Ringes in direkte Summen von Linksidealen; ebenso aber auch den Zerlegungen in direkte Summen von Rechtsidealen: $\mathfrak{A} = \mathfrak{A}e_1 + \cdots + \mathfrak{A}e_n = e_1\mathfrak{A} + \cdots + e_n\mathfrak{A}$.

$\mathfrak{A}$ sei direkte Summe von zweiseitigen Idealen $\mathfrak{a}_i$

$$\mathfrak{A} = \mathfrak{a}_1 + \cdots + \mathfrak{a}_n.$$

Es gilt

$$\mathfrak{a}_i\mathfrak{a}_j = 0, \quad i \neq j,$$

denn $\mathfrak{a}_i\mathfrak{a}_j$ ist sowohl in $\mathfrak{a}_i$ als auch in $\mathfrak{a}_j$ enthalten. Die Struktur von $\mathfrak{A}$ ist demnach durch die $\mathfrak{a}_i$ vollständig bestimmt: Addition und Multiplikation zweier Summen $\sum a_i$, $\sum a'_i$, a_i und a'_i in $\mathfrak{a}$, geschieht durch Addition und Multiplikation entsprechender Komponenten.

Bildet man umgekehrt die direkte Summe von n beliebigen Ringen $\mathfrak{a}_i$, indem man $\sum a_i + \sum a'_i = \sum (a_i + a'_i)$, $\sum a_i \cdot \sum a'_i = \sum a_i a'_i$ definiert und zwei Summen $\sum a_i = \sum a'_i$ dann und nur dann gleich nennt, wenn sie in den Komponenten übereinstimmen, so sind die $\mathfrak{a}_i$ zweiseitige Ideale von $\mathfrak{A} = \mathfrak{a}_1 + \cdots + \mathfrak{a}_n$.

Satz 2. *Ist $\mathfrak{A}$ die direkte Summe der zweiseitigen Ideale $\mathfrak{a}_1, \ldots, \mathfrak{a}_n$, so ist ein (Links-, Rechts-, zweiseitiges) Ideal von $\mathfrak{a}_i$ ein (gleichartiges) Ideal von $\mathfrak{A}$.*

Den Darstellungen eines Ringes $\mathfrak{A}$ als direkte Summen zweiseitiger Ideale entsprechen Zerlegungen des Zentrums:

Satz 3. *Ist $\mathfrak{A} = \mathfrak{a}_1 + \cdots + \mathfrak{a}_n$, $\mathfrak{a}_i$ zweiseitiges Ideal von $\mathfrak{A}$, so ist das Zentrum $\mathfrak{Z}$ von $\mathfrak{A}$ die direkte Summe der Durchschnitte $\mathfrak{z}_i = \mathfrak{Z} \cap \mathfrak{a}_i$,*

$$\mathfrak{Z} = \mathfrak{z}_1 + \cdots + \mathfrak{z}_n.$$

$\mathfrak{z}_i$ ist das Zentrum von $\mathfrak{a}$. Noether [2], van der Waerden [2].

Umgekehrt gilt

Satz 4. *Hat $\mathfrak{A}$ eine Eins, so folgt aus einer Zerlegung*

$$\mathfrak{Z} = \mathfrak{z}_1 + \cdots + \mathfrak{z}_n$$

des Zentrums $\mathfrak{Z}$ von $\mathfrak{A}$ in Ideale $\mathfrak{z}_i$ eine Zerlegung von $\mathfrak{A}$ in zweiseitige Ideale $\mathfrak{a}_i$

$$\mathfrak{A} = \mathfrak{a}_1 + \cdots + \mathfrak{a}_n,$$

wo $\mathfrak{a}_i = \mathfrak{A}\mathfrak{z}_i$, umgekehrt $\mathfrak{z}_i = \mathfrak{Z} \cap \mathfrak{a}_i$ ist. Noether [2], van der Waerden [2].

§ 3. Radikal. Halbeinfache und halbprimäre Ringe.

1. Bei der Behandlung der Struktursätze wollen wir uns etwas allgemeiner fassen und nicht nur Algebren, sondern solche Ringe betrachten, die mit den Algebren die Eigenschaften gemeinsam haben, welche aus der Bedingung der endlichen Basis entspringen und für die Beweise der Struktursätze hinreichen; sie hängen mit der Maximal- und Minimalbedingung (I, § 2, 1) zusammen. Auf diese Weise wird der Gültigkeitsbereich der folgenden Überlegungen besser abgegrenzt, und das Wesen der Beweise tritt klarer hervor. Da wir bei Algebren ohne Eins nur die Ideale zuließen, die Moduln in Beziehung auf den Grundkörper sind, so wollen wir auch bei Betrachtung allgemeinerer Ringe uns einen (vielleicht leeren) Operatorenbereich Ω gegeben denken, dessen Operatoren $\lambda, \mu, \ldots$ die Bedingungen

$$\lambda(a+b) = \lambda a + \lambda b, \quad \lambda(ab) = (\lambda a) b = a(\lambda b)$$

erfüllen sollen. Ein Ideal soll im folgenden immer ein solches Ideal sein, das durch jeden Operator in sich abgebildet wird (zulässige Ideale). Werden Ideale von Teilringen oder Restklassenringen betrachtet, so soll der Operatorenbereich der gleiche sein.

Wir entwickeln die Eigenschaften der Algebren, die für die Beweise der Struktursätze hinreichen.

2. Das Radikal. Ein Element a eines Ringes $\mathfrak{A}$ heißt nilpotent, wenn $a^\varrho = 0$ ist für einen passenden Exponenten ϱ. Ein nur aus nilpotenten Elementen bestehendes Ideal nennen wir ein *Nilideal.* Ein Ideal $\mathfrak{a}$ heißt nilpotent, wenn es einen Exponenten ϱ mit $\mathfrak{a}^\varrho = 0$ gibt. Ein nilpotentes Ideal ist also ein Nilideal. (Über Ringe aus nilpotenten Elementen Köthe [1].)

Hilfssatz 1. *a sei nilpotent. Liegt b in einem zweiseitigen Nilideal $\mathfrak{b}$, so ist auch $a + b$ nilpotent.*

Beweis. Es ist $(a+b)^\varrho \equiv a^\varrho (\mathfrak{b})$, denn bei der Ausmultiplikation von $(a+b)^\varrho$ entstehen außer a^ϱ lauter Produkte, die einen Faktor b enthalten und die daher in $\mathfrak{b}$ liegen.

Eine unmittelbare Folgerung aus diesem Hilfssatz ist:

Die Vereinigungsmenge aller zweiseitigen Nilideale eines Ringes $\mathfrak{A}$ ist ein zweiseitiges Nilideal.

Definition 1. *Das maximale zweiseitige Nilideal eines Ringes $\mathfrak{A}$ heißt das Radikal von $\mathfrak{A}$ und wird mit $\mathfrak{R}$ bezeichnet, wenn es auch alle einseitigen Nilideale umfaßt.* (Köthe [2].)

Satz 1. *Eine Algebra $\mathfrak{A}$ hat ein Radikal $\mathfrak{R}$. $\mathfrak{R}$ ist die Vereinigungsmenge aller nilpotenten Ideale von $\mathfrak{A}$. $\mathfrak{R}$ ist selbst nilpotent.*

Allgemeiner gilt dies, wenn die Linksideale von $\mathfrak{A}$ die Minimaleigenschaft und die Maximaleigenschaft haben (I, § 2, 1).

Beweis. Zunächst entwickeln wir für beliebige Ringe $\mathfrak{A}$ die Eigenschaften der nilpotenten Ideale.

Zwei Sätze sind für den Zusammenhang zwischen den verschiedenen nilpotenten Idealen wesentlich:

1. *Sind $\mathfrak{l}_1, \mathfrak{l}_2$ nilpotente Linksideale, so ist $(\mathfrak{l}_1, \mathfrak{l}_2)$ auch ein nilpotentes Linksideal.*

Beweis. Sei $\mathfrak{l}_1^{\varrho_1} = 0$, $\mathfrak{l}_2^{\varrho_2} = 0$. Das Ideal $(\mathfrak{l}_1, \mathfrak{l}_2)^{\varrho_1+\varrho_2-1}$ ist eine Summe von Produkten aus je $\varrho_1 + \varrho_2 - 1$ Faktoren $\mathfrak{l}_1$ oder $\mathfrak{l}_2$. In einem solchen Produkt tritt entweder ϱ_1-mal $\mathfrak{l}_1$ oder ϱ_2-mal $\mathfrak{l}_2$ auf, es ist daher gleich Null.

2. *Ist* $\mathfrak{l}$ *ein nilpotentes Linksideal, so ist das zweiseitige Ideal* $(\mathfrak{l}, \mathfrak{l}\mathfrak{A})$ *auch nilpotent.*

Beweis. $\mathfrak{l}\mathfrak{A}$ ist nilpotent, denn $(\mathfrak{l}\mathfrak{A})^\varrho = \mathfrak{l}(\mathfrak{A}\mathfrak{l})^{\varrho-1}\mathfrak{A} \leqq \mathfrak{l} \cdot \mathfrak{l}^{\varrho-1}\mathfrak{A} = 0$. Nach 1. ist also $(\mathfrak{l}, \mathfrak{l}\mathfrak{A})$ nilpotent.

Aus 1. und 2. folgt ohne weiteres, daß die Vereinigung aller nilpotenten Ideale ein zweiseitiges Ideal $\mathfrak{R}^*$ ist.

$\mathfrak{R}^*$ ist im allgemeinen nicht nilpotent. Wenn aber die Linksideale von $\mathfrak{A}$ die Maximaleigenschaft haben, so ist $\mathfrak{R}^*$ nilpotent: Ein maximales nilpotentes Ideal muß nach 2. zweiseitig sein und nach 1. alle nilpotenten Rechts- und Linksideale umfassen, es ist also gleich $\mathfrak{R}^*$.

Ist $\mathfrak{R}^*$ nilpotent, so enthält der Restklassenring $\mathfrak{A}/\mathfrak{R}^*$ kein von Null verschiedenes nilpotentes Ideal: Sei $\mathfrak{l}/\mathfrak{R}^*$ ein nilpotentes Linksideal von $\mathfrak{A}/\mathfrak{R}^*$, etwa $(\mathfrak{l}/\mathfrak{R}^*)^\varrho = 0$. Es wird $\mathfrak{l}^\varrho \equiv 0\,(\mathfrak{R}^*)$, daher $\mathfrak{l}^{\varrho\sigma} = 0$, wenn $\mathfrak{R}^{*\sigma} = 0$, hieraus folgt aber $\mathfrak{l} \equiv 0\,(\mathfrak{R}^*)$, $\mathfrak{l}/\mathfrak{R}^* = 0$.

Zum Beweis von Satz 1 brauchen wir noch den auch weiter unten angewendeten

Hilfssatz 2. *Ein einfaches Linksideal* $\mathfrak{l}$ *eines Ringes* $\mathfrak{A}$ *— das ist ein Linksideal* $\mathfrak{l} \neq 0$, *das außer* $\mathfrak{l}$ *und* 0 *kein Linksideal enthält — ist entweder nilpotent und dann ist* $\mathfrak{l}^2 = 0$ *oder es enthält ein Idempotent* e *und dann ist* $\mathfrak{l} = \mathfrak{A}e$.

Beweis. Ist $\mathfrak{l}^2 \neq 0$, so gibt es unter den Elementen a von $\mathfrak{l}$ mindestens eines mit $\mathfrak{l}a \neq 0$. $\mathfrak{l}a$ ist ein in $\mathfrak{l}$ enthaltenes Linksideal, daher ist $\mathfrak{l}a = \mathfrak{l}$. Für passendes e aus $\mathfrak{l}$ ist $ea = a$. Es ist $e^2a = ea = a$, $(e^2 - e)a = 0$. Die Menge aller x aus $\mathfrak{l}$ mit $xa = 0$ ist ein Linksideal, das, weil es nicht gleich $\mathfrak{l}$ ist, gleich 0 sein muß: daher gilt $e^2 = e$. Wegen $ea = a \neq 0$ ist $e \neq 0$. $\mathfrak{A}e$ ist ein in $\mathfrak{l}$ enthaltenes Linksideal. Da $e^2 = e \neq 0$ in $\mathfrak{A}e$ liegt, so ist $\mathfrak{A}e \neq 0$, $\mathfrak{A}e = \mathfrak{l}$.

Jetzt können wir den Beweis von Satz 1 führen: $\mathfrak{R}^*$ ist in dem maximalen zweiseitigen Nilideal $\mathfrak{R}$ enthalten. Wir zeigen, daß jedes einseitige Nilideal in $\mathfrak{R}^*$ enthalten ist, damit ist zugleich $\mathfrak{R}$ als Radikal erkannt und $\mathfrak{R} = \mathfrak{R}^*$ bewiesen. $\mathfrak{l}$ sei ein Linksnilideal. Nach Hilfssatz 1 ist $(\mathfrak{l}, \mathfrak{R}^*)$ auch ein Nilideal. Wäre $\mathfrak{l}$ nicht in $\mathfrak{R}^*$ enthalten, so wäre $(\mathfrak{l}, \mathfrak{R}^*)/\mathfrak{R}^*$ ein von Null verschiedenes Nilideal von $\mathfrak{A}/\mathfrak{R}^*$. In $(\mathfrak{l}, \mathfrak{R}^*)/\mathfrak{R}^*$ muß ein einfaches Linksideal $\mathfrak{l}_0/\mathfrak{R}^*$ enthalten sein (Minimaleigenschaft). Da $\mathfrak{A}/\mathfrak{R}^*$ keine nilpotenten Ideale enthält, die von Null verschieden sind, so enthält $\mathfrak{l}_0/\mathfrak{R}^*$ ein Idempotent — das ist aber nicht möglich, denn $(\mathfrak{l}, \mathfrak{R}^*)/\mathfrak{R}^*$ ist ein Nilideal.

Definition 2. *Ein Ring heißt halbeinfach, wenn er kein von Null verschiedenes Nilideal enthält, wenn er also das Radikal 0 hat, und wenn seine Linksideale die Minimaleigenschaft haben.*

Die Struktursätze beweisen wir für Ringe $\mathfrak{A}$ mit Radikal $\mathfrak{R}$ und mit der Eigenschaft, daß der

Restklassenring $\mathfrak{A}/\mathfrak{R}$ von $\mathfrak{A}$ nach seinem Radikal $\mathfrak{R}$ halbeinfach ist. Ein solcher Ring heißt *halbprimär*. (Daß die Theorie für derartig allgemeine Ringe durchgeführt werden kann, erkannte KÖTHE [2].)

Nach dem Vorangehenden fallen die Algebren unter die halbprimären Ringe. $\mathfrak{A}/\mathfrak{R}$ hat stets das Radikal Null, denn ein Nilideal $\mathfrak{a}/\mathfrak{R}$ von $\mathfrak{A}/\mathfrak{R}$ entspringt aus einem Nilideal $\mathfrak{a}$ von $\mathfrak{A}$, ist also gleich Null. $\mathfrak{A}$ ist daher halbprimär, wenn die Linksideale von $\mathfrak{A}/\mathfrak{R}$ die Minimaleigenschaft haben.

§ 4. PEIRCEsche Zerlegungen.

e sei ein Idempotent des Ringes $\mathfrak{A}$. Die Menge aller x aus $\mathfrak{A}$ mit $xe = 0$ ist ein Linksideal $\mathfrak{l}_e$, ebenso ist die Menge aller y mit $ey = 0$ ein Rechtsideal $\mathfrak{r}_e$. Die Menge aller x aus $\mathfrak{A}$ mit $xe = x$ ist ein Linksideal, nämlich $\mathfrak{A}e$. Es gilt

Satz 1. *$\mathfrak{A}$ ist die direkte Summe von $\mathfrak{A}e$ und $\mathfrak{l}_e$, $\mathfrak{A} = \mathfrak{A}e + \mathfrak{l}_e$.*

Beweis. Für jedes a aus $\mathfrak{A}$ gilt

$$a = ae + (a - ae) \quad \text{(linksseitige PEIRCEsche Zerlegung)},$$

$$ae \equiv 0\,(\mathfrak{A}e), \qquad a - ae \equiv 0\,(\mathfrak{l}_e)\,.$$

Also ist $\mathfrak{A} = (\mathfrak{A}e, \mathfrak{l}_e)$. Die Summe ist direkt, denn aus $0 = x + x_1$, $x \equiv 0\,(\mathfrak{A}e)$, $x_1 \equiv 0\,(\mathfrak{l}_e)$ folgt $x = xe = xe + x_1 e = 0$, $x_1 = 0$.

Satz 2. *$\mathfrak{A}$ ist die direkte Summe von $e\mathfrak{A}e$, $e\mathfrak{l}_e$, $\mathfrak{r}_e e$, $\mathfrak{c}_e = \mathfrak{r}_e \cap \mathfrak{l}_e$.*

Beweis. In

$$x = exe + e(x - xe) + (x - ex)e + (x - ex - xe + exe)$$
$$\text{(Zweiseitige PEIRCEsche Zerlegung)}$$

gehören die vier Glieder rechts der Reihe nach zu $e\mathfrak{A}e$, $e\mathfrak{l}_e$, $\mathfrak{r}_e e$, $\mathfrak{c}_e$. Daher ist $\mathfrak{A} = (e\mathfrak{A}e, e\mathfrak{l}_e, \mathfrak{r}_e e, \mathfrak{c}_e)$. Die Summe ist direkt, denn aus

$$0 = exe + ey + ze + c, \quad x \equiv 0\,(\mathfrak{A}), \quad y \equiv 0\,(\mathfrak{l}_e), \quad z \equiv 0\,(\mathfrak{r}_e), \quad c \equiv 0\,(\mathfrak{c})$$

folgt

$$exe = e(exe + ey + ze + c)e = 0,$$
$$ze = (ey + ze + c)e = 0,$$
$$ey = e(ey + c) = 0,$$
$$c = 0.$$

Satz 3. *Hat $\mathfrak{A}$ ein Radikal $\mathfrak{R}$, so haben auch die Ringe $e\mathfrak{A}e$ und $\mathfrak{c}_e$ Radikale; das Radikal von $e\mathfrak{A}e$ ist $e\mathfrak{R}e$, das von $\mathfrak{c}_e$ ist $\mathfrak{R} \cap \mathfrak{c}_e$.*

Beweis. $e\mathfrak{R}e$ ist ein zweiseitiges Nilideal von $e\mathfrak{A}e$, also im maximalen zweiseitigen Nilideal $\mathfrak{R}'$ von $e\mathfrak{A}e$ enthalten. Umgekehrt: x liege in $\mathfrak{R}'$. Dann ist, da $exe = ex = xe = x$,

$$(ax)^{\varrho+1} = ax(eaex)^{\varrho}, \tag{1}$$

weil $eaex$ nilpotent sein muß, so ist auch ax nilpotent: $\mathfrak{A}x$ ist ein Linksnilideal von $\mathfrak{A}$. Es ist demnach $\mathfrak{A}x \equiv 0\,(\mathfrak{N})$, und da $x = ex$ in $\mathfrak{A}x$ liegt, $\mathfrak{N}' \equiv 0\,(\mathfrak{N})$, $\mathfrak{N}' = e\mathfrak{N}'e \equiv 0\,(e\mathfrak{N}e)$, $\mathfrak{N}' = e\mathfrak{N}e$.

Bleibt zu zeigen, daß jedes einseitige Nilideal von $e\mathfrak{A}e$ in $e\mathfrak{N}e$ enthalten ist. x gehöre einem Linksnilideal von $e\mathfrak{A}e$ an. Wegen (1) wird für jedes a aus $\mathfrak{A}$ das Produkt ax nilpotent. $ex = x$ ist also in dem Linksnilideal $\mathfrak{A}x$ von $\mathfrak{A}$ enthalten, liegt also im Durchschnitt $e\mathfrak{N}e$ von $\mathfrak{N}$ mit $e\mathfrak{A}e$, w. z. b. w.

$\mathfrak{N} \cap \mathfrak{c}_e$ ist ein zweiseitiges Nilideal von $\mathfrak{c}_e$, also im maximalen zweiseitigen Nilideal $\mathfrak{N}''$ von $\mathfrak{c}_e$ enthalten. Sei x ein Element von $\mathfrak{N}''$. Wegen $ex = xe = 0$ wird $xax = x(a - ae - ea + eae)\,x$, daher

$$(ax)^{\varrho+1} = ax \cdot (ax)^{\varrho} = ax((a - ae - ea + eae)\,x)^{\varrho}. \tag{2}$$

Da $(a - ae - ea + eae)\,x$ als Element von $\mathfrak{N}''$ nilpotent ist, so wird ax nilpotent. $\mathfrak{A}x$ und daher auch die Summe $\mathfrak{A}\mathfrak{N}''$ aller $\mathfrak{A}x$ ist demnach ein Nilideal von $\mathfrak{A}$. Nach Hilfssatz 1, § 3, ist die Summe $(\mathfrak{N}'', \mathfrak{A}\mathfrak{N}'')$ ebenfalls ein Nilideal. Daher gilt $\mathfrak{N}'' \equiv 0\,(\mathfrak{N})$, $\mathfrak{N}'' = \mathfrak{N} \cap \mathfrak{c}_e$.

$\mathfrak{l}_0$ sei ein Linksnilideal von $\mathfrak{c}_e$. Nach (2) wird $\mathfrak{A}\mathfrak{l}_0$ ein Nilideal von $\mathfrak{A}$, somit ist $\mathfrak{A}\mathfrak{l}_0 \equiv 0\,(\mathfrak{N})$. $(\mathfrak{l}_0, \mathfrak{N})$ ist demnach ein Linksideal von $\mathfrak{A}$. Nach Hilfssatz 1, § 3, ist $(\mathfrak{l}_0, \mathfrak{N})$ Nilideal, also $\mathfrak{l}_0 \equiv 0\,(\mathfrak{N})$, $\mathfrak{l}_0 \equiv 0\,(\mathfrak{N}'')$. Die einseitigen Nilideale von $\mathfrak{c}_e$ sind also in $\mathfrak{N}'' = \mathfrak{N} \cap \mathfrak{c}_e$ enthalten.

$\mathfrak{a}/e\mathfrak{N}e$ sei ein Linksideal von $e\mathfrak{A}e/e\mathfrak{N}e$. Wir ordnen ihm das Linksideal $\mathfrak{a}^*/\mathfrak{N} = (\mathfrak{A}\mathfrak{a}, \mathfrak{N})/\mathfrak{N}$ von $\mathfrak{A}/\mathfrak{N}$ zu. $\mathfrak{a}$ ist umgekehrt durch $\mathfrak{a}^*$ eindeutig bestimmt:

$$e\mathfrak{a}^*e = (e\mathfrak{A}\mathfrak{a}e, e\mathfrak{N}e) = (e\mathfrak{A}e \cdot \mathfrak{a}e, e\mathfrak{N}e) = (\mathfrak{a}, e\mathfrak{N}e) = \mathfrak{a}.$$

Aus $\mathfrak{a} \leqq \mathfrak{a}_1$ folgt $\mathfrak{a}^* \leqq \mathfrak{a}_1^*$, der Eineindeutigkeit der Zuordnung $\mathfrak{a} \leftrightarrow \mathfrak{a}^*$ wegen aber auch umgekehrt. Demnach überträgt sich die Minimaleigenschaft der Linksideale von $\mathfrak{A}/\mathfrak{N}$ auf $e\mathfrak{A}e/e\mathfrak{N}e$:

Satz 4. *Wenn $\mathfrak{A}$ halbprimär ist, so ist auch $e\mathfrak{A}e$ halbprimär.*

Einem Linksideal $\mathfrak{a}$ von $\mathfrak{c}_e$ wird $\mathfrak{a}^* = (\mathfrak{a}, \mathfrak{A}\mathfrak{a})$ zugeordnet. Wieder hat $\mathfrak{a} \leqq \mathfrak{a}_1$ zur Folge, daß $\mathfrak{a}^* \leqq \mathfrak{a}_1^*$. $\mathfrak{a}$ ist durch $\mathfrak{a}^*$ eindeutig bestimmt als der Durchschnitt mit $\mathfrak{c}_e$: Es ist

$$\mathfrak{A}\mathfrak{a} = (e\mathfrak{A}e\mathfrak{a}, e\mathfrak{l}_e\mathfrak{a}, \mathfrak{r}_e e\mathfrak{a}, \mathfrak{c}_e\mathfrak{a}) = (e\mathfrak{l}_e\mathfrak{a}, \mathfrak{c}_e\mathfrak{a}), \quad \text{also} \quad \mathfrak{a}^* = (\mathfrak{a}, e\mathfrak{l}_e\mathfrak{a}).$$

Ein Element a von $e\mathfrak{l}_e\mathfrak{a}$, dessen Summe mit einem Element von $\mathfrak{a}$ in $\mathfrak{c}_e$ liegt, gehört selbst zu $\mathfrak{c}_e$. Da einerseits $ea = a$ (denn $a < e\mathfrak{l}_e\mathfrak{a}$), andererseits $ea = 0$ (denn $a < \mathfrak{c}_e$) ist, so ist $a = 0$, also $\mathfrak{a}^* \cap \mathfrak{c}_e = \mathfrak{a}$. Damit ist bewiesen:

Satz 5. *Ist $\mathfrak{A}$ halbeinfach, so ist $\mathfrak{c}_e$ halbeinfach, wenn nicht $\mathfrak{c}_e = 0$.*

Ein Idempotent e heißt *ausgezeichnet*, wenn es kein Idempotent u mit $eu = ue = 0$ gibt.

Satz 6. *Wenn die Linksideale von $\mathfrak{A}$ die Minimaleigenschaft haben und $\mathfrak{A}$ überhaupt ein Idempotent e_1 enthält, so enthält $\mathfrak{A}$ ein ausgezeichnetes Idempotent e.*

Ist e_1 nicht schon ausgezeichnet, etwa $e_1 e_2 = e_2 e_1 = 0$ für ein Idempotent e_2, so ist $e_1 + e_2$ ein Idempotent: $(e_1 + e_2)^2 = e_1^2 + e_1 e_2 + e_2 e_1 + e_2^2 = e_1 + e_2$ und $e_1 + e_2 \neq 0$, da $e_1(e_1 + e_2) = e_1 \neq 0$. Ist $e_1 + e_2$ nicht ausgezeichnet, also $(e_1 + e_2) e_3 = e_3 (e_1 + e_2) = 0$ für ein Idempotent e_3, so wird $e_1 + e_2 + e_3$ ein Idempotent. Es ist

$$e_1 e_3 = e_1 (e_1 + e_2) e_3 = 0, \quad e_3 e_1 = 0, \quad e_2 e_3 = e_3 e_2 = 0.$$

So fortfahrend, erhalten wir eine Reihe von sich gegenseitig annullierenden Idempotenten $e_1, e_2, e_3, \ldots$, die entweder immer weitergeführt werden kann oder zu einem ausgezeichneten Idempotent $e_1 + \cdots + e_t$ führen muß. Nun ist $\mathfrak{A}(e_1 + \cdots + e_\mu) = \mathfrak{A}e_1 + \cdots + \mathfrak{A}e_\mu$. Denn für $\nu \leqq \mu$ liegt $e_\nu = e_\nu(e_1 + \cdots + e_\mu)$ in $\mathfrak{A}(e_1 + \cdots + e_\mu)$. Die Zerlegungen $\mathfrak{A} = \mathfrak{A}_1(e + \cdots + e_\mu) + \mathfrak{l}_{e_1 + \cdots + e_\mu}$ nach Satz 1 geben also eine fallende Kette von Linksidealen $\mathfrak{l}$, die wegen der Minimaleigenschaft abbrechen muß.

§ 5. Der erste Struktursatz.

Satz 1. Erster Struktursatz. *Ein halbeinfacher Ring $\mathfrak{A}$ ist direkte Summe von einfachen Linksidealen $\mathfrak{A}e_i$ und enthält eine Eins e.*

Beweis. $\mathfrak{l}_1$ sei ein minimales, von Null verschiedenes Linksideal von $\mathfrak{A}$. Es ist einfach und nicht nilpotent. Ist $\mathfrak{l}_1 = \mathfrak{A}e_1$, so zerlegen wir nach Satz 1, § 4, $\mathfrak{A} = \mathfrak{A}e_1 + \mathfrak{l}'$. Ist $\mathfrak{l}'$ nicht einfach, so sei $\mathfrak{l}_2$ ein minimales unter den von Null verschiedenen Linksidealen in $\mathfrak{l}'$. $\mathfrak{l}_2$ ist einfach und nicht nilpotent. Wird $\mathfrak{l}_2 = \mathfrak{A}e_2$, so zerlegen wir $\mathfrak{A}$ mittels e_2: $\mathfrak{A} = \mathfrak{A}e_2 + \mathfrak{l}^*$. Wir wenden diese Zerlegung nur auf Elemente von $\mathfrak{l}'$ an und finden $\mathfrak{l}' = \mathfrak{A}e_2 + \mathfrak{l}''$, $\mathfrak{l}''$ ein Linksideal. So fahren wir fort. Da $\mathfrak{l}' \supset \mathfrak{l}'' \supset \mathfrak{l}''' \supset \cdots$ eine fallende Kette von Linksidealen ist, so muß der Minimaleigenschaft wegen das Verfahren abbrechen und zu einer Zerlegung $\mathfrak{A} = \mathfrak{A}e_1 + \cdots + \mathfrak{A}e_t$ in einfache Linksideale $\mathfrak{A}e_i$ führen.

Da $\mathfrak{A}$ Idempotente enthält, so gibt es auch ein ausgezeichnetes Idempotent e in $\mathfrak{A}$. Mit e machen wir die PEIRCEsche Zerlegung

$$\mathfrak{A} = e\mathfrak{A}e + e\mathfrak{l}_e + \mathfrak{r}_e e + \mathfrak{c}_e.$$

Wäre $\mathfrak{c}_e \neq 0$, so wäre $\mathfrak{c}_e$ halbeinfach (Satz 4, § 4), enthielte also ein Idempotent u mit $eu = ue = 0$; das ist nicht möglich: $\mathfrak{c}_e = 0$. $\mathfrak{l}_e$ ist nilpotent, denn $\mathfrak{l}_e^4 = \mathfrak{l}_e^2 \cdot \mathfrak{l}_e^2 \subseteq \mathfrak{l}_e(e\mathfrak{A} + \mathfrak{r}_e) \cdot \mathfrak{l}_e(e\mathfrak{A} + \mathfrak{r}_e) = \mathfrak{l}_e \mathfrak{r}_e \cdot \mathfrak{l}_e \mathfrak{r}_e \subseteq \mathfrak{l}_e \mathfrak{c}_e \mathfrak{r}_e = 0$. Mithin ist $\mathfrak{l}_e = 0$, ebenso $\mathfrak{r}_e = 0$. Es wird $\mathfrak{A} = e\mathfrak{A}e$: e ist Eins.

Umkehrung des ersten Struktursatzes.

Satz 2. *Ist $\mathfrak{A}$ direkte Summe einfacher Linksideale, ist also $\mathfrak{A}$ als additive Gruppe mit den $\mathfrak{A}$-Elementen als Linksoperatoren vollständig reduzibel, und enthält $\mathfrak{A}$ eine Eins e, so ist $\mathfrak{A}$ halbeinfach.*

Beweis. Die Zerlegung $\mathfrak{A} = \mathfrak{l}_1 + \cdots + \mathfrak{l}_t$ in einfache Linksideale ergibt eine Kompositionsreihe $\mathfrak{A} \supset \mathfrak{l}_2 + \cdots + \mathfrak{l}_t \supset \cdots \supset \mathfrak{l}_t$ von Linksidealen. Da jede geordnete Menge $\cdots \supset \mathfrak{a} \supset \mathfrak{b} \supset \mathfrak{c} \supset \cdots$ von Linksidealen in einer Kompositionsreihe untergebracht werden kann, so kann eine solche Menge nur endlich viele Ideale enthalten: Minimaleigenschaft. Ein nilpotentes Linksideal $\mathfrak{l}$ könnte man zu einer Zerlegung $\mathfrak{A} = \mathfrak{l} + \mathfrak{l}'$ verwenden (denn jedes Linksideal ist direkter Summand: Folgerung aus der vollständigen Reduzibilität: VAN DER WAERDEN [1], § 42), nach Satz 1, § 2, wäre $\mathfrak{l} = \mathfrak{A}e_e$ mit einem Idempotent e_0: ein nilpotentes Ideal kann aber keine Idempotente enthalten. Daher ist das Radikal gleich Null.

§ 6. Zerlegung halbprimärer Ringe in direkt unzerlegbare Linksideale.

Wenn $\mathfrak{A}/\mathfrak{R}$ halbeinfach ist, so wird $\mathfrak{A}/\mathfrak{R}$ direkte Summe einfacher Linksideale

$$\mathfrak{A}/\mathfrak{R} = \mathfrak{l}_1/\mathfrak{R} + \cdots + \mathfrak{l}_t/\mathfrak{R},$$

$\mathfrak{A}$ ist dann die Summe der Linksideale $\mathfrak{l}_i$, aber diese Summe ist nicht direkt, denn die $\mathfrak{l}_i$ haben das Radikal gemeinsam. Es gilt jedoch

Satz 1. *Einer Zerlegung von* $\mathfrak{A}/\mathfrak{R} = \overline{\mathfrak{A}}$

$$\overline{\mathfrak{A}} = \overline{\mathfrak{A}}\bar{e}_1 + \cdots + \overline{\mathfrak{A}}\bar{e}_t, \quad \bar{e}_i^2 = \bar{e}_i, \quad \bar{e}_i\bar{e}_j = 0, \quad i \neq j,$$

entspricht eine Zerlegung

$$\mathfrak{A} = \mathfrak{A}e_1 + \cdots + \mathfrak{A}e_t + \mathfrak{l}_0, \quad e_i^2 = e_i, \quad e_ie_j = 0, \quad i \neq j,$$

wo e_i *in der Restklasse* $\bar{e}_i$ *liegt, und* $\mathfrak{l}_0$ *ein zu* $\mathfrak{R}$ *gehöriges Linksideal bezeichnet.*

Beweis. In den ersten $m-1$ Restklassen $\bar{e}_1, \ldots, \bar{e}_{m-1}$ seien Idempotente $e_1, \ldots, e_{m-1}$ mit $e_ie_j = 0$, $i \neq j$ gefunden. Zur Konstruktion von e_m nehmen wir ein Element c_m der Restklasse $\bar{e}_m$ und setzen

$$c_{1,m} = c_m - c_m(e_1 + \cdots + e_{m-1}) - (e_1 + \cdots + e_{m-1})c_m + (e_1 + \cdots + e_{m-1})c_m(e_1 + \cdots + e_{m-1}).$$

Da $e_ic_m \equiv c_me_i \equiv 0(\mathfrak{R})$ ist, so wird

$$c_{1,m} \equiv c_m\ (\mathfrak{R}),$$

und ferner ist

$$e_ic_{1,m} = c_{1,m}e_i = 0 \quad \text{für} \quad i < m.$$

Als Element von $\mathfrak{R}$ ist $t_1 = c_{1,m}^2 - c_{1,m}$ nilpotent. Wenn nicht schon $c_{1,m}$ idempotent, wenn also der annullierende Exponent n von t_1 größer als 1 ist, so setzen wir $c_{2,m} = c_{1,m} - 2c_{1,m}t_1 + t_1$. Dann wird

$$c_{2,m} \equiv c_{1,m} \equiv c_m(\mathfrak{R}),$$

aber $t_2 = c_{2,m}^2 - c_{2,m} = 4t_1^3 - 3t_1^2$ hat einen kleineren annullierenden Exponenten als t_1. Es gilt auch $e_ic_{2,m} = c_{2,m}e_i = 0$, weil $c_{2,m}$ eine Summe von $c_{1,m}$-Potenzen ist. Fortsetzung dieses Verfahrens liefert ein $c_{r,m} = e_m$ mit $e_m^2 = e_m$, $e_ie_m = 0$, $e_me_i = 0$, wenn $i < m$.

Die Summe der $\mathfrak{A}e_i$ ist direkt und es ist $\mathfrak{A}(e_1+\cdots+e_t)=\mathfrak{A}e_1+\cdots+\mathfrak{A}e_t$. Das Idempotent $e=e_1+\cdots+e_t$ benutzen wir nach Satz 1, § 4, zu einer Zerlegung $\mathfrak{A}=\mathfrak{A}e+\mathfrak{l}_0$. Es ist $\mathfrak{l}_0 e=0$, andererseits, da $\bar{e}$ die Eins von $\bar{\mathfrak{A}}$ ist, $\mathfrak{l}_0 e\equiv\mathfrak{l}_0\,(\mathfrak{R})$, also $\mathfrak{l}_0\equiv 0\,(\mathfrak{R})$.

§ 7. Zerlegung der halbeinfachen Ringe in einfache.

Ein Ring heißt *einfach*, wenn er halbeinfach ist, und außer Null und sich selbst kein zweiseitiges Ideal enthält. Für Algebren mit Eins genügt nach § 3 die zweite Forderung.

Satz 1. Zweiter Struktursatz. *Ein halbeinfacher Ring ist direkte Summe von eindeutig bestimmten einfachen Ringen.*

Beweis. Ein zweiseitiges Ideal $\mathfrak{a}=\mathfrak{A}e$ eines halbeinfachen Ringes $\mathfrak{A}$ ist direkter Summand als Linksideal, d. h. es gibt ein Linksideal $\mathfrak{l}=\mathfrak{A}e$, so daß $\mathfrak{A}=\mathfrak{A}e+\mathfrak{A}e'$. $\mathfrak{l}$ muß zweiseitig sein. Denn es ist

$$\mathfrak{a}\mathfrak{l}\subseteqq\mathfrak{a}\cap\mathfrak{l}=0;\quad \text{also}\quad (\mathfrak{l}\mathfrak{a})^2=\mathfrak{l}\cdot\mathfrak{a}\mathfrak{l}\cdot\mathfrak{a}=0;$$

$\mathfrak{l}\mathfrak{a}=0$, da es kein nilpotentes Ideal außer Null gibt. Hieraus folgt

$$\mathfrak{l}\mathfrak{a}=\mathfrak{l}(\mathfrak{l}+\mathfrak{a})=\mathfrak{l}^2\subseteqq\mathfrak{l},$$

$\mathfrak{l}$ ist zweiseitig.

Wir können also einen halbeinfachen Ring $\mathfrak{A}$ als direkte Summe $\mathfrak{a}_1+\cdots+\mathfrak{a}_r$ von zweiseitigen Idealen ohne echte zweiseitige Teilideale schreiben. Da ein Linksideal von $\mathfrak{a}_i$ auch ein Linksideal von $\mathfrak{A}$ ist, so sind die $\mathfrak{a}_i$ halbeinfach. Da ein zweiseitiges Ideal von $\mathfrak{a}_i$ auch eines von $\mathfrak{A}$ ist, so sind die $\mathfrak{a}_i$ einfach. Ist eine zweite Zerlegung von $\mathfrak{A}$ in einfache Ringe $\mathfrak{b}_i$ gegeben, $\mathfrak{A}=\mathfrak{b}_1+\cdots+\mathfrak{b}_s$, so sind die $\mathfrak{b}_i$ ebenfalls einfache zweiseitige Ideale von $\mathfrak{A}$. Es wird

$$\mathfrak{a}_1=\mathfrak{a}_1\mathfrak{A}=(\mathfrak{a}_1\mathfrak{b}_1,\ldots,\mathfrak{a}_1\mathfrak{b}_s),$$

und diese Summenzerlegung ist direkt, weil $\mathfrak{a}_1\mathfrak{b}_\nu\subseteqq\mathfrak{b}_\nu$. Da aber $\mathfrak{a}_1$ einfach ist, so werden alle $\mathfrak{a}_1\mathfrak{b}_\nu$ gleich Null, bis auf eines, etwa $\mathfrak{a}_1\mathfrak{b}_1$, und dieses ist gleich $\mathfrak{a}_1$. $\mathfrak{a}_1=\mathfrak{a}_1\mathfrak{b}_1$ ist daher in $\mathfrak{b}_1$ enthalten, also gleich $\mathfrak{b}_1$. So ist jedes $\mathfrak{a}_i$ einem $\mathfrak{b}_i$ gleich. Da die Komponenten eines Linksideals bei der Zerlegung in die $\mathfrak{a}_i$ wieder Linksideale sind, so liegt jedes einfache Linksideal von $\mathfrak{A}$ in einem $\mathfrak{a}_i$. Die Zerlegung in zweiseitige Ideale kann also aus der Zerlegung in Linksideale durch Zusammenfassen bestimmter Linksideale gewonnen werden.

§ 8. Zerlegung der halbprimären Ringe in primäre.

Ein Ring heißt *primär*, wenn er eine Eins enthält und sein Restklassenring nach dem Radikal einfach ist.

Entsprechend dem zweiten Struktursatz gilt

Satz 1. *Ein halbprimärer Ring $\mathfrak{A}$ ist direkte Summe von primären Ringen und eines additiven Moduls $\mathfrak{n}$ aus dem Radikal.*

Beweis. Wir gehen aus von der Zerlegung von $\mathfrak{A}/\mathfrak{R} = \bar{\mathfrak{A}}$ in einfache Ringe $\bar{\mathfrak{A}} = \bar{\mathfrak{a}}_1 + \cdots + \bar{\mathfrak{a}}_r$. Die Eins $\bar{E}_i$ von $\bar{\mathfrak{a}}_i$ ist die Summe von gewissen $\bar{e}_j$. E_i sei die Summe der entsprechenden e_j. Wir zeigen, daß $\mathfrak{A}$ die direkte Summe der $E_i\mathfrak{A}E_i$ und eines additiven Moduls $\mathfrak{n}$ aus $\mathfrak{R}$ ist. Es sei $E_1 + \cdots + E_r = e$. Ein Element a von $\mathfrak{A}$ setzen wir in die Form $a = eae - (a - eae)$. Da $\bar{e}$ die Eins von $\mathfrak{A}/\mathfrak{R}$ ist, so wird $a - eae \equiv 0\,(\mathfrak{R})$. Für eae schreiben wir $eae = \sum_{i=1}^{r} E_i a E_i + \sum_{i \neq k} E_i a E_k$. Da $\bar{a}\bar{E}_k$ zu $\bar{\mathfrak{A}}\bar{E}_k = \bar{\mathfrak{a}}_k$ gehört, so ist $\bar{a}\bar{E}_k = \bar{E}_k\bar{a}\bar{E}_k$, also für $i \neq k$: $E_i a E_k \equiv E_i E_k a E_k \equiv 0\,(\mathfrak{R})$.

Bezeichnen wir jetzt die Gesamtheit aller Ausdrücke $\sum_{i \neq k} E_i a E_k + a - eae$ mit $\mathfrak{n}$, so ist $\mathfrak{n}$ ein in $\mathfrak{R}$ gelegener additiver Modul und $\mathfrak{A}$ ist die Summe der $E_i\mathfrak{A}E_i$ und $\mathfrak{n}$. Diese Summe ist direkt, denn ist

$$0 = \sum_{i=1}^{r} E_i a_i E_i + \left\{\sum_{i \neq k} E_i a' E_k + a' - ea'e\right\},$$

so folgt durch beiderseitige Multiplikation mit E_i, daß $E_i a_i E_i = 0$, daher auch $\sum_{i \neq k} E_i a' E_k + a' - ea'e = 0$.

Der Restklassenring $(E_i\mathfrak{A}E_i, \mathfrak{R})/\mathfrak{R}$ ist gleich $\bar{\mathfrak{a}}_i$. Da aber $(E_i\mathfrak{A}E_i, \mathfrak{R})/\mathfrak{R}$ mit $E_i\mathfrak{A}E_i/E_i\mathfrak{A}E_i \cap \mathfrak{R}$ ringisomorph ist und $E_i\mathfrak{R}E_i = E_i\mathfrak{A}E_i \cap \mathfrak{R}$ nach Satz 3, § 4, das Radikal von $E_i\mathfrak{A}E_i$ ist, so wird $E_i\mathfrak{A}E_i$ primär sein.

§ 9. Struktur der primären und der einfachen Ringe.

1. Ein Ring $\mathfrak{A}$ heißt *vollständig primär*, wenn $\mathfrak{A}$ eine Eins hat und der Restklassenring $\mathfrak{A}/\mathfrak{R}$ nach dem Radikal ein Schiefkörper ist.

Satz 1. *Ein vollständig primärer Ring $\mathfrak{A}$ enthält außer seiner Eins e kein Idempotent.*

Beweis. e^* sei ein Idempotent. Da $\mathfrak{A}/\mathfrak{R}$ als Schiefkörper nur ein Idempotent, nämlich die Eins, enthält, so ist $e^* \equiv e\,(\mathfrak{R})$, $e^* = e - r$, r in $\mathfrak{R}$. Es ist also $e^* = e^{*2} = e^2 - re - er + r^2 = e - r + (r^2 - r)$; $r^2 = r$, $r = r^n$, und da r nilpotent, $r = 0$.

Umgekehrt ist ein halbprimärer Ring mit Eins e, der nur dies eine Idempotent enthält, vollständig primär. Denn $\mathfrak{A}/\mathfrak{R}$ muß nach den Sätzen 1, § 5, und 1, § 6, selbst ein einfaches Linksideal von $\mathfrak{A}/\mathfrak{R}$ sein, für $\bar{x} \neq 0$ aus $\mathfrak{A}/\mathfrak{R} = \bar{\mathfrak{A}}$ ist daher $\bar{\mathfrak{A}}\bar{x} = \bar{\mathfrak{A}}$, also $\bar{y}\bar{x} = \bar{e}$ lösbar.

2. Satz 2. *Ein primärer Ring $\mathfrak{A}$ ist voller Matrizesring in einem vollständig primären Ring $\mathfrak{D}$.*

Hieraus folgt

Satz 3. Dritter Struktursatz. *Ein einfacher Ring ist voller Matrizesring in einem Schiefkörper.* (Wedderburn [1].)

Denn: Nach Satz 2 ist ein einfacher Ring $\mathfrak{A}$ voller Matrizesring in einem vollständig primären Ring $\mathfrak{D}$. $\mathfrak{D}$ hat kein Radikal. Ist nämlich $\mathfrak{l}$

Linksnilideal von $\mathfrak{D}$, so ist $\mathfrak{L} = \mathfrak{l}c_{11} + \mathfrak{l}c_{21} + \cdots + \mathfrak{l}c_{s1}$ ein Linksnilideal von $\mathfrak{A}$, denn für irgendein Element $a = \sum_{i=1}^{s} a_i c_{i1}$, $a_i \equiv 0\ (\mathfrak{l})$ von $\mathfrak{L}$ gilt $a^\varrho = a_1^{\varrho-1} a$, a ist also nilpotent. Es folgt $\mathfrak{L} = 0$, $\mathfrak{l} = 0$. Daher ist $\mathfrak{D}$ ein Schiefkörper.

Beweis von Satz 2. Wir zerlegen $\mathfrak{A}$ nach Satz 1, § 6:

$$\mathfrak{A} = \mathfrak{A}e_1 + \cdots + \mathfrak{A}e_s.$$

Ein $\mathfrak{l}_0$ tritt nicht auf, weil es, da $\mathfrak{A}$ eine Eins enthält, von der Form $\mathfrak{l}_0 = \mathfrak{A}e_0$, e_0 idempotent, sein müßte. Den orthogonalen Idempotenten e_i entspricht eine Zerlegung von $\mathfrak{A}$ in Rechtsideale

$$\mathfrak{A} = e_1\mathfrak{A} + \cdots + e_s\mathfrak{A}.$$

Das Produkt $\mathfrak{A}e_i \cdot e_i\mathfrak{A} = \mathfrak{A}e_i\mathfrak{A}$ ist gleich $\mathfrak{A}$. Denn $\overline{\mathfrak{A}}\bar{e}_i\overline{\mathfrak{A}}$ ist ein zweiseitiges Ideal von $\overline{\mathfrak{A}}$, also $\overline{\mathfrak{A}}\bar{e}_i\overline{\mathfrak{A}} = \overline{\mathfrak{A}}$: im Fall eines einfachen $\mathfrak{A}$ ist damit $\mathfrak{A}e_i \cdot e_i\mathfrak{A} = \mathfrak{A}$ bewiesen. Im allgemeinen Fall denken wir uns die Konstruktion der Idempotente e_i aus den $\bar{e}_i$ (Beweis von Satz 1, § 6) mit solchen Elementen c_i der Restklassen $\bar{e}_i$ ausgeführt, die in $\mathfrak{A}e_i\mathfrak{A}$ liegen. Da e_m ein Polynom in $c_1, \ldots, c_m$ ist, so werden die e_m in $\mathfrak{A}e_i\mathfrak{A}$ liegen, also auch $\mathfrak{A}e_1 + \cdots + \mathfrak{A}e_s$, somit $\mathfrak{A}e_i\mathfrak{A} = \mathfrak{A}$.

Wir setzen $e_i\mathfrak{A} \cdot \mathfrak{A}e_k = e_i\mathfrak{A}e_k = \mathfrak{A}_{ik}$. Dann ist $\mathfrak{A}_{ik} \neq 0$, da $\mathfrak{A}\mathfrak{A}_{ik} = \mathfrak{A}e_i\mathfrak{A}e_k = \mathfrak{A}e_k \neq 0$. Wir betrachten jetzt $\mathfrak{A}e_i$ als additiven Modul mit $\mathfrak{A}$ als Linksoperatorenbereich. Bedeutet a_{ik} ein Element von $\mathfrak{A}_{ik}$, so ist durch $a \to a a_{ik}$ ein (Operator-)Homomorphismus von $\mathfrak{A}e_i$ auf einen Teil von $\mathfrak{A}e_k$ gegeben. Dieser Homomorphismus bildet insbesondere e_i auf a_{ij} ab. Umgekehrt bildet ein Homomorphismus Γ von $\mathfrak{A}e_i$ in $\mathfrak{A}e_k$ (wir schreiben $y\Gamma$ für das Bild von y bei Γ) e_i ab auf ein Element $e_i\Gamma = x$ von $\mathfrak{A}_{ik}$, denn einerseits ist $xe_k = x$, weil x in $\mathfrak{A}e_k$, andererseits ist $x = e_i\Gamma = e_i^2\Gamma = e_i(e_i\Gamma) = e_i x$, $x = e_i x e_k$. Die Homomorphismen von $\mathfrak{A}e_i$ in $\mathfrak{A}e_k$ entsprechen umkehrbar eindeutig den Elementen von $\mathfrak{A}_{ik}$. Insbesondere geben die Elemente a_{ii} von $\mathfrak{A}_{ii}$ die Operatorautomorphismen Γ von $\mathfrak{A}e_i$. Die Zuordnung $\Gamma \to a_{ii}$ ist eine ringisomorphe Abbildung des Automorphismenringes von $\mathfrak{A}e_i$ auf $\mathfrak{A}_{ii}$, denn es ist

$$x(\Gamma + \Gamma') = x\Gamma + x\Gamma' = xa_{ii} + xa'_{ii} = x(a_{ii} + a'_{ii}),$$
$$x(\Gamma\Gamma') = (x\Gamma)\Gamma' = (xa_{ii})a'_{ii} = x(a_{ii}a'_{ii}).$$

$\mathfrak{A}_{ik} \neq 0$ bedeutet, daß es außer der trivialen Abbildung $x \to 0$ noch andere Homomorphismen von $\mathfrak{A}e_i$ in $\mathfrak{A}e_k$ gibt. *$\mathfrak{A}e_i$ und $\mathfrak{A}e_k$ sind sogar operatorisomorph.*

Um das einzusehen, zeigen wir zunächst, daß der Ring $\mathfrak{A}_{ii} = e_i\mathfrak{A}e_i$ vollständig primär ist. Das Radikal von $e_i\mathfrak{A}e_i$ ist $e_i\mathfrak{R}e_i = e_i\mathfrak{A}e_i \cap \mathfrak{R}$ ($\mathfrak{R}$ Radikal von $\mathfrak{A}$). $\mathfrak{A}_{ii}/e_i\mathfrak{A}e_i \cap \mathfrak{R} \cong (e_i\mathfrak{A}e_i, \mathfrak{R})/\mathfrak{R}$ ist Schiefkörper: Da $\overline{\mathfrak{A}}\bar{e}_i$ (Querstriche bedeuten Restklassen modulo $\mathfrak{R}$) einfaches Ideal von $\overline{\mathfrak{A}}$ ist, so wird für $\bar{x} \neq 0$ aus $\bar{e}_i\overline{\mathfrak{A}}\bar{e}_i$ das Ideal $\overline{\mathfrak{A}}\bar{e}_i\bar{x} = \overline{\mathfrak{A}}\bar{e}_i$; es gibt demnach ein $\bar{y}$ in $\bar{e}_i\overline{\mathfrak{A}}\bar{e}_i$ mit $\bar{y} \cdot \bar{e}_i\bar{x} = \bar{e}_i$ oder $\bar{y}\bar{x} = \bar{e}_i$.

Da $\overline{\mathfrak{A}}_{kk}$ Schiefkörper ist, so für ein $a_{ik} \subset \mathfrak{A}_{ik}$ das Linksideal $\overline{\mathfrak{A}}_{ki}\bar{a}_{ik}$ von $\overline{\mathfrak{A}}_{kk}$ entweder Null oder $\overline{\mathfrak{A}}_{kk}$, wegen $\mathfrak{A}_{ki}\mathfrak{A}_{ik} = e_k\mathfrak{A}e_i\mathfrak{A}e_k = e_k\mathfrak{A}e_k = \mathfrak{A}_{kk}$ (allgemeiner gilt $\mathfrak{A}_{ik}\mathfrak{A}_{kj} = \mathfrak{A}_{ij}$!) kommt das zweite wirklich vor: $\overline{\mathfrak{A}}_{ki}\bar{a}_{ik} = \overline{\mathfrak{A}}_{kk}$. Hieraus folgt aber $\mathfrak{A}_{ki}a_{ik} = \mathfrak{A}_{kk}$. Denn da die Eins e_k von $\mathfrak{A}_{kk}$ einem Element c von $\mathfrak{A}_{ki}a_{ik}$ modulo $\mathfrak{R}$ kongruent ist, so läßt sich mit dem Verfahren beim Beweis von Satz 1, § 6, von c ausgehend ein in $\mathfrak{A}_{ki}a_{ik}$ liegendes Idempotent konstruieren, das nach Satz 1 gleich e_k sein muß. Es ist also $\mathfrak{A}_{kk} = \mathfrak{A}_{kk}e_k$ in $\mathfrak{A}_{ki}a_{ik}$ enthalten, $\mathfrak{A}_{ki}a_{ik} = \mathfrak{A}_{kk}$.

Für diese a_{ik} wird

$$\mathfrak{A}e_i a_{ik} = \mathfrak{A}e_k\mathfrak{A}e_i a_{ik} = \mathfrak{A}\mathfrak{A}_{ki}a_{ik} = \mathfrak{A}\mathfrak{A}_{kk} = \mathfrak{A}e_k\mathfrak{A}e_k = \mathfrak{A}e_k.$$

a_{ik} liefert also eine operatorhomomorphe Abbildung von $\mathfrak{A}e_i$ auf ganz $\mathfrak{A}e_k$. Diese Abbildung ist ein Isomorphismus (ist eineindeutig), denn ist etwa $ba_{ik} = e_k$, b aus $\mathfrak{A}_{ki}$, so kehrt $y \to yb$ die Abbildung $x \to xa_{ik}$ von $\mathfrak{A}e_i$ auf $\mathfrak{A}e_k$ gerade um.

In der Isomorphie der $\mathfrak{A}e_i$ liegt der Grund für die Matrixstruktur des Ringes $\mathfrak{A}$. An Stelle von $\mathfrak{A}$ können wir den Automorphismenring $\mathfrak{A}^*$ von $\mathfrak{A}$ selbst als $\mathfrak{A}$-Linksmodul betrachten: ist 1 die Eins von $\mathfrak{A}$, so definiert jeder Automorphismus Γ von $\mathfrak{A}$ durch $1 \cdot \Gamma = x$ ein Element x von $\mathfrak{A}$, die Zuordnung $\Gamma \to x$ ist ein Ringisomorphismus. Wir beweisen einer späteren Anwendung zuliebe den etwas allgemeineren

Satz 4. *Der Modul $\mathfrak{M}$ mit einem Linksoperatorenbereich sei direkte Summe von s operatorisomorphen Teilmoduln $\mathfrak{M} = \mathfrak{M}_1 + \cdots + \mathfrak{M}_s$. Dann ist der Automorphismenring von $\mathfrak{M}$ isomorph zu dem Ring der s-reihigen Matrizes mit Elementen aus dem Automorphismenring eines $\mathfrak{M}_i$.*

Hieraus folgt Satz 3 unmittelbar, denn wir haben schon gesehen, daß der mit dem Automorphismenring von $\mathfrak{A}e_i$ isomorphe Ring $\mathfrak{A}_{ii}$ vollständig primär ist.

Beweis von Satz 4: vgl. VAN DER WAERDEN [**2**]

$$m = \sum m_i, \quad m_i \subset \mathfrak{M}_i$$

sei die Komponentenzerlegung eines $\mathfrak{M}$-Elementes m. Durch

$$m\Gamma_i = m_i$$

ist dann ein Automorphismus Γ_i von $\mathfrak{M}$ definiert. Δ sei irgendein Automorphismus von $\mathfrak{M}$. Es wird

$$m\Delta = \sum_i m\Gamma_i\Delta,$$

$$m\Gamma_i\Delta = \sum_j m\Gamma_i\Delta\Gamma_j.$$

$\Delta\Gamma_j$, nur auf Elemente von $\mathfrak{M}_i$ angewendet, ist eine homomorphe Abbildung von $\mathfrak{M}_i$ auf einen Teil von $\mathfrak{M}_j$, diese Abbildung werde mit Δ_{ij} bezeichnet. Wir haben dann

$$m\Delta = \sum_i \sum_j m\Gamma_i\Delta_{ij}. \tag{1}$$

Die Zuordnung $\Delta \to (\Delta_{11}, \ldots, \Delta_{ss})$ ist eindeutig, d. h. wenn

$$m\Delta = \sum_i \sum_j m\Gamma_i \Delta'_{ij}$$

ist, so wird $\Delta_{ij} = \Delta'_{ij}$ — das folgt aus der Eindeutigkeit der Komponentenzerlegung, für $m_i \subset \mathfrak{M}_i$ wird $m_i \Delta = \sum_j m_i \Delta_{ij}$ —, andererseits bestimmt jedes beliebige System von Δ_{ij} ein Δ: eben durch die Formel (1). Gehören zu Λ die Λ_{ij}, so gehören zu $\Delta + \Lambda = \mathsf{M}$ die

$$\mathsf{M}_{ij} = \Delta_{ij} + \Lambda_{ij}, \tag{2}$$

denn

$$\begin{aligned} m(\Delta + \Lambda) = m\Delta + m\Lambda &= \sum\sum m\Gamma_i \Delta_{ij} + \sum\sum m\Gamma_i \Lambda_{ij} \\ &= \sum\sum m\Gamma_i (\Delta_{ij} + \Lambda_{ij}) \end{aligned}$$

und zu $\Delta\Lambda = \mathsf{T}$ gehören die

$$\mathsf{T}_{ij} = \sum_\nu \Delta_{i\nu} \Lambda_{\nu j}, \tag{3}$$

denn

$$\begin{aligned} m(\Delta\Lambda) = (m\Delta)\Lambda &= \Big(\sum_i \sum_\nu m\Gamma_j \Delta_{i\nu}\Big)\Lambda = \sum_\mu \sum_j \Big(\sum_i \sum_\nu m\Gamma_i \Delta_{i\nu}\Big) \Gamma_\mu \Lambda_{\mu j} \\ &= \sum_i \sum_j \sum_\nu m\Gamma_i \Delta_{i\nu} \Lambda_{\nu j} = \sum_i \sum_j m\Gamma_i \Big(\sum_\nu \Delta_{i\nu} \Lambda_{\nu j}\Big). \end{aligned}$$

Wir nehmen nun je eine feste isomorphe Abbildung H_i von $\mathfrak{M}_1$ auf $\mathfrak{M}_i$. Dann sind die $\Delta^*_{ij} = \mathsf{H}_i \Delta_{ij} \mathsf{H}_j^{-1}$ Automorphismen von $\mathfrak{M}_1$, und die Formeln (2) und (3) ergeben, daß $\Delta \to (\Delta^*_{ij})$ eine isomorphe Abbildung des Automorphismenringes von $\mathfrak{M}$ auf den Ring der s-reihigen Matrizes im Automorphismenring von $\mathfrak{M}_1$ ist.

3. Umkehrung des dritten Struktursatzes.

Satz 5. *Ein voller Matrizesring $\mathfrak{D}_s$ in einem Schiefkörper $\mathfrak{D}$ ist einfach.*

Beweis. Die Linksideale $\mathfrak{D}_s c_{ii}$ von $\mathfrak{D}_s$ sind einfach, denn ist $x = \sum_{\nu,\mu} c_{\nu\mu} d_{\nu\mu} c_{ii} \equiv 0 \ (\mathfrak{D}_s c_{ii})$ und $x = \sum_\nu c_{\nu i} d_{\nu i} \neq 0$, so ist, falls etwa $d_{ji} \neq 0$ gilt,

$$\mathfrak{D}_s \cdot d_{ji}^{-1} c_{ii} \cdot \sum_\nu c_{\nu i} d_{\nu i} = \mathfrak{D}_s c_{ii} \equiv 0 \ (\mathfrak{D}_s x).$$

$\mathfrak{D}_s$ ist die direkte Summe der einfachen Linksideale $\mathfrak{D}_s c_{ii}$ und hat eine Eins, nämlich die Eins von $\mathfrak{D}$; $\mathfrak{D}$ ist daher halbeinfach. Ein zweiseitiges Ideal $\mathfrak{a} \neq 0$ ist gleich $\mathfrak{D}_s$, denn liegt $a = \sum a_{ik} c_{ik} \neq 0$ in $\mathfrak{a}$, so auch $c_{i\nu} \cdot a \cdot e_{\mu k} a_{\nu\mu}^{-1} = c_{ik}$, falls $a_{\nu\mu} \neq 0$. $\mathfrak{D}$ ist somit einfach.

Satz 6. Umkehrung von Satz 2. *Ein voller Matrizesring $\mathfrak{D}_s$ in einem vollständig primären Ring $\mathfrak{D}$ ist primär, wenn er halbprimär ist* (vgl. Köthe [**2**]).

Beweis. Wir zeigen, daß das Radikal von $\mathfrak{D}$ gleich $\mathfrak{R} \cap \mathfrak{D}$ ist, unter $\mathfrak{R}$ das Radikal von $\mathfrak{D}_s$ verstanden. $\mathfrak{D} c_{11} = c_{11} \mathfrak{D} c_{11}$ ist mit $\mathfrak{D}$ durch die Zuordnung $d \to d c_{11}$ ringisomorph. Das Radikal von $\mathfrak{D} c_{11}$ ist nach Satz 3, § 4, gleich $c_{11} \mathfrak{R} c_{11}$. Gehört d zum Radikal von $\mathfrak{D}$, so wird daher $dc_{11} \equiv 0\,(c_{11}\mathfrak{R}c_{11})$ und $d = de = dc_{11} + \cdots + dc_{ss} = \sum c_{i1}dc_{11}c_{1i} \equiv 0\,(\mathfrak{R})$. Das Radikal von $\mathfrak{D}$ ist demnach in $\mathfrak{R} \cap \mathfrak{D}$ enthalten, umgekehrt gehört $\mathfrak{R} \cap \mathfrak{D}$ zum Radikal von $\mathfrak{D}$, denn $\mathfrak{R} \cap \mathfrak{D}$ ist ein zweiseitiges Nilideal von $\mathfrak{D}$.

Wir gehen in der Zerlegung

$$\mathfrak{D}_s = \mathfrak{D}c_{11} + \cdots + \mathfrak{D}c_{ss}$$

von $\mathfrak{D}_s$ zu Restklassen modulo $\mathfrak{R}$ über

$$\overline{\mathfrak{D}}_s = \overline{\mathfrak{D}}\bar{c}_{11} + \cdots + \overline{\mathfrak{D}}\bar{c}_{ss},$$

$\overline{\mathfrak{D}}_s$ ist Matrizesring in $\overline{\mathfrak{D}}$. Da $\overline{\mathfrak{D}} = (\mathfrak{D}, \mathfrak{R})/\mathfrak{R} \cong \mathfrak{D}/\mathfrak{D} \cap \mathfrak{R}$ ist, so ist $\overline{\mathfrak{D}}$ ein Schiefkörper, also $\overline{\mathfrak{D}}_s$ einfach, d. h. $\mathfrak{D}_s$ primär.

4. Satz 7. Eindeutigkeitssatz. Ist $\mathfrak{A} = \mathfrak{D}c_{11} + \cdots + \mathfrak{D}c_{ss}$ *irgendeine Darstellung des primären Ringes* $\mathfrak{A}$ *als Matrizesring in einem vollständig primären Ring* $\mathfrak{D}$, *so erhält man jede andere solche Darstellung durch Transformation mit einem regulären Element* x:

$$\mathfrak{A} = \mathfrak{D}^* c_{11}^* + \cdots + \mathfrak{D}^* c_{ss}^*,$$

wo

$$\mathfrak{D}^* = x^{-1}\mathfrak{D}x, \qquad c_{ik}^* = x^{-1}c_{ik}x.$$

Für einfache Algebren: SCORZA [**1**], WEDDERBURN [**5**].

Beweis. Zunächst zeigen wir, daß bei gegebenen c_{ik} der Ring $\mathfrak{D}$ eindeutig bestimmt ist als Menge aller d aus $\mathfrak{A}$, die mit jedem c_{ik} vertauschbar sind. $dc_{ik} = c_{ik}d$ gehört zur Definition des Matrizenringes. Gilt für alle $c_{\nu\mu}$ die Gleichung

$$c_{\nu\mu} \cdot \sum_{i,k} d_{ik}c_{ik} = \sum_{i,k} d_{ik}c_{ik} \cdot c_{\nu\mu}$$

oder

$$\sum_k d_{\mu k}c_{\nu k} = \sum_i d_{i\nu}c_{i\mu},$$

so folgt durch Koeffizientenvergleich $d_{\mu\mu} = d_{\nu\nu}$, $d_{\nu\mu} = 0$, wenn $\nu \neq \mu$. Also ist $\sum_{i,k} d_{ik}c_{ik} = d(c_{11} + \cdots + c_{ss}) = d$.

Der Matrizengrad s ist eindeutig bestimmt als Anzahl der einfachen Linksideale, in die der Restklassenring $\mathfrak{A}/\mathfrak{R}$ zerfällt.

Sei neben $\mathfrak{A} = \sum_{i,k=1}^{s} \mathfrak{D}c_{ik}$ eine zweite Zerlegung $\mathfrak{A} = \sum_{i,k=1}^{s} \mathfrak{D}^* c_{ik}^*$ gegeben. Es ist $e_1\mathfrak{A}e_1^* \cdot e_1^*\mathfrak{A}e_1 = e_1 \cdot \mathfrak{A}e_1^*\mathfrak{A} \cdot e_1 = e_1\mathfrak{A}e_1$. Daher ist $e_1 = ab$, wo $a \subset e_1\mathfrak{A}e_1^*$, $b \subset e_1^*\mathfrak{A}e_1$. ba ist idempotent: $baba = be_1a = ba$; $ba \neq 0$, denn $e_1 = a \cdot ba \cdot b$. ba liegt in $e_1^*\mathfrak{A}e_1 \cdot e_1\mathfrak{A}e_1^* = e_1^*\mathfrak{A}e_1^*$, und da $e_1^*\mathfrak{A}e_1^*$ als vollständig primärer Ring kein Idempotent außer e_1^* enthält, so wird $ba = e_1^*$. Setzen wir $x = \sum_{i=1}^{s} c_{i1}ac_{1i}^*$, so wird $x \cdot \sum_k c_{k1}^*bc_{1k} = \sum_{i,k} c_{i1}ac_{1i}^* \cdot c_{k1}^*bc_{1k} = \sum_i c_{i1}ac_{11}^*bc_{1i} = \sum_i c_{i1}ababc_{1i} = \sum_i c_{i1}c_{11}c_{1i} = e$. x ist also regulär, $x^{-1} = \sum_i c_{i1}^*bc_{1i}$. Es wird $x^{-1}c_{ik}x = \sum_{\nu,\mu} c_{\nu}^*bc_{1\nu}c_{ik}c_{\mu 1}ac_{1\mu}^* = c_{ik}^*$, also

$$\mathfrak{A} = \sum_{i,k} x^{-1}\mathfrak{D}x \cdot c_{ik}^*,$$

und da $\mathfrak{D}^*$ eindeutig bestimmt ist, $\mathfrak{D}^* = x^{-1}\mathfrak{D}x$.

§ 10. Verhalten des Zentrums.

Ein kommutativer Ring hat stets ein Radikal, nämlich die Gesamtheit aller nilpotenten Elemente.

Satz 1. *Hat der Ring $\mathfrak{A}$ ein Radikal $\mathfrak{R}$, so ist das Radikal des Zentrums $\mathfrak{Z}$ von $\mathfrak{A}$ gleich $\mathfrak{Z} \cap \mathfrak{R}$.*

Beweis. $\mathfrak{R} \cap \mathfrak{Z}$ ist Nilideal von $\mathfrak{Z}$, also im Radikal $\mathfrak{R}_0$ von $\mathfrak{Z}$ enthalten. Ist umgekehrt a ein nilpotentes Element von $\mathfrak{Z}$, so wird $\mathfrak{A}a$ wegen $(xa)^\varrho = x^\varrho a^\varrho$ ein Nilideal von $\mathfrak{A}$, also ist die Summe $\mathfrak{A}\mathfrak{R}_0$ aller $\mathfrak{A}a$ in $\mathfrak{R}$ enthalten. Nach Hilfssatz 1, § 3, ist dann auch $(\mathfrak{R}_0, \mathfrak{A}\mathfrak{R}_0)$ ein Nilideal, daher $\mathfrak{R}_0 \equiv 0\ (\mathfrak{R})$, $\mathfrak{R}_0 = \mathfrak{R} \cap \mathfrak{Z}$.

Die Kennzeichnung des vollständig primären Ringes, in dem ein primärer Ring voller Matrizesring ist, nach Satz 6, § 9, ergibt

Satz 2. *Das Zentrum eines primären Ringes $\mathfrak{A}$ ist gleich dem Zentrum jedes vollständig primären Ringes, in dem $\mathfrak{A}$ voller Matrizesring ist.*

Hieraus folgt

Satz 3. *Das Zentrum eines einfachen Ringes ist ein Körper;*

ferner

Satz 4. *Ein kommutativer einfacher Ring ist ein Körper.*

Daher ist ein kommutativer halbeinfacher Ring direkte Summe von Körpern.

Aus Satz 3, § 2, ergibt sich:

Das Zentrum eines halbeinfachen Ringes ist direkte Summe von Körpern, nämlich der Zentren der einfachen Bestandteile.

§ 11. Algebren mit Radikal.

Satz 1. *Die Algebra $\mathfrak{A}$ über P habe das Radikal $\mathfrak{R}$. Die halbeinfache Algebra $\mathfrak{A}/\mathfrak{R}$ bleibe bei beliebiger algebraischer Erweiterung von P halbeinfach. Dann enthält $\mathfrak{A}$ eine mit $\mathfrak{A}/\mathfrak{R}$ isomorphe Teilalgebra $\mathfrak{A}^*$, so daß $\mathfrak{A} = \mathfrak{A}^* + \mathfrak{R}$ gilt.* (Dickson [**10**].)

Beweis. Hat $\mathfrak{R}$ den Rang 1, so ist $\mathfrak{A}$ entweder halbeinfach oder nilpotent, es ist also nichts zu beweisen. Der Satz sei richtig für Algebren, die kleineren Rang als $\mathfrak{A}$ haben. Ist $\mathfrak{A}$ halbeinfach, so ist nichts zu beweisen. Zuerst behandeln wir den Fall $\mathfrak{R}^2 \neq 0$.

Das Radikal von $\mathfrak{A}/\mathfrak{R}^2$ ist $\mathfrak{R}/\mathfrak{R}^2$, denn $\mathfrak{R}/\mathfrak{R}^2$ ist nilpotent und $\mathfrak{A}/\mathfrak{R}^2/\mathfrak{R}/\mathfrak{R}^2 \cong \mathfrak{A}/\mathfrak{R}$. Wegen $\mathfrak{R}^2 \neq 0$ ist $\mathfrak{A}/\mathfrak{R}^2$ von kleinerem Rang als $\mathfrak{A}$, enthält also eine mit $\mathfrak{A}/\mathfrak{R}$ isomorphe Teilalgebra $\mathfrak{A}'/\mathfrak{R}^2$. Es ist $\mathfrak{A}/\mathfrak{R}^2 = \mathfrak{A}'/\mathfrak{R}^2 + \mathfrak{R}/\mathfrak{R}^2$. Nun muß $\mathfrak{R}/\mathfrak{R}^2 \neq 0$ sein, denn $\mathfrak{R}^2 = \mathfrak{R}$ hätte $\mathfrak{R} = \mathfrak{R}^2 = \mathfrak{R}^3 = \cdots = 0$ zur Folge. Daher ist $\mathfrak{A}'$ von kleinerem Rang als $\mathfrak{A}$. Das Radikal von $\mathfrak{A}'$ ist $\mathfrak{R}^2$, denn $\mathfrak{R}^2$ ist nilpotent und $\mathfrak{A}'/\mathfrak{R}^2$ ist halbeinfach. Nach der Induktionsvoraussetzung enthält $\mathfrak{A}'$ eine mit $\mathfrak{A}'/\mathfrak{R}^2$, also mit $\mathfrak{A}/\mathfrak{R}$ isomorphe Teilalgebra $\mathfrak{A}^*$.

Es bleibt der — wesentliche — Fall $\mathfrak{R} \neq 0$, $\mathfrak{R}^2 = 0$. Es gibt eine endliche Erweiterung Ω von P, so daß die Ausdehnung des Koeffizientenbereiches von P auf Ω die halbeinfache Algebra $\overline{\mathfrak{A}} = \mathfrak{A}/\mathfrak{R}$ in eine direkte Summe von vollen Matrizesringen über Ω verwandelt (siehe III, § 3). Die erweiterte Algebra $\mathfrak{A}_\Omega$ hat das Radikal $\mathfrak{R}_\Omega$, denn $\mathfrak{R}_\Omega$ ist nilpotent und $\mathfrak{A}_\Omega/\mathfrak{R}_\Omega = \overline{\mathfrak{A}}_\Omega$ ist halbeinfach. $\mathfrak{A}_\Omega$ ist Summe von primären Ringen $\mathfrak{P}_i$ und eines Moduls $\mathfrak{n}$ aus dem Radikal, $\overline{\mathfrak{A}}_\Omega$ ist die direkte Summe der $\overline{\mathfrak{P}}_i$. Die $\overline{\mathfrak{P}}_i$ sind die zweiseitig einfachen Bestandteile von $\overline{\mathfrak{A}}_\Omega$, sie sind also volle Matrizesringe über Ω, d. h. der vollständig primäre Ring in $\mathfrak{P}_i$ ist das Radikal von $\mathfrak{P}_i$. Das bedeutet aber, daß die Matrizeseinheiten in den $\mathfrak{P}_i$, die zusammenfassend mit $e_1, \ldots, e_n$ bezeichnet seien, eine mit $\overline{\mathfrak{A}}_\Omega = \mathfrak{A}_\Omega/\mathfrak{R}_\Omega$ isomorphe Teilalgebra $\Omega e_1 + \cdots + \Omega e_n$ von $\mathfrak{A}_\Omega$ aufspannen. Für $\mathfrak{A}_\Omega$ ist damit der Satz bewiesen: es handelt sich darum, auf $\mathfrak{A}$ selbst zurückzugehen. $a_1, \ldots, a_n$ aus $\mathfrak{A}$ mögen modulo $\mathfrak{R}$ eine Basis von $\mathfrak{A}/\mathfrak{R}$ bilden. Die a_i müssen bis auf Glieder y_i aus $\mathfrak{R}_\Omega$ durch die e_i ausdrückbar sein

$$a_i = \sum_j \beta_{ij} e_j + y_i, \quad \beta_{ij} \text{ aus } \Omega.$$

Haben die a_i das Multiplikationsschema

$$a_i a_k \equiv \sum \gamma_{ikt} a_t \ (\mathfrak{R}), \qquad \gamma_{ikt} \text{ aus } \mathsf{P},$$

so muß für die $a_i' = a_i - y_i$

$$a_i' a_k' \equiv \sum \gamma_{ikt} a_t' \ (\mathfrak{R}_\Omega)$$

gelten. Da aber die $a_i' = \sum \beta_{ij} e_j$ eine Basis der Algebra $\Omega e_1 + \cdots + \Omega e_n$ bilden, so wird sogar

$$a_i' a_k' = \sum \gamma_{ikt} a_t'.$$

Sei $1, \omega_2, \ldots, \omega_N$ eine Basis von Ω/P,

$$y_i = y_{i1} \cdot 1 + \sum_{\nu=2}^{N} y_{i\nu} \omega_\nu, \qquad y_i \text{ aus } \mathfrak{R}.$$

Wir setzen $a_i^* = a_i - y_{i1} \cdot 1$. a_i liegt in $\mathfrak{A}$ und $a_i - a_i'$ in $\mathfrak{R}$.

Es ist, wegen $\mathfrak{R}^2 = 0$,

$$a_i^* a_k^* = \sum_{t=1}^{n} \gamma_{ikt} a_t^* - \sum_{\nu=2}^{N} \omega_\nu \sum_{t=1}^{n} \gamma_{ikt} y_{t\nu} + \sum_{\nu=2}^{N} \omega_\nu a_i^* y_{k\nu} + \sum_{\nu=2}^{N} \omega_\nu y_{i\nu} a_k^*.$$

Sehen wir $\mathfrak{A}_\Omega$ als Algebra über P an und nehmen wir als Basis die paarweisen Produkte einer Basis von $\mathfrak{A}/\mathsf{P}$ mit $1, \omega_2, \ldots, \omega_N$, so folgt durch Vergleich der Koeffizienten bei den mit 1 gebildeten Basiselementen

$$a_i^* a_k^* = \sum_{t=1}^{n} \gamma_{ikt} a_t^*.$$

$\mathsf{P} a_1^* + \cdots + \mathsf{P} a_n^*$ ist also eine mit $\mathfrak{A}/\mathfrak{R}$ isomorphe Teilalgebra $\mathfrak{A}^*$ von $\mathfrak{A}$, deren Existenz zu beweisen war.

Die Voraussetzung in Satz 1, daß $\mathfrak{A}/\mathfrak{R}$ bei algebraischer Erweiterung von P immer halbeinfach bleibt, ist, wie aus späteren Resultaten folgt, dann und nur dann erfüllt, wenn die Zentren der in den zweiseitig einfachen Bestandteilen von $\mathfrak{A}/\mathfrak{R}$ steckenden Divisionsalgebren separabel über P sind. Daß diese Voraussetzung nicht überflüssig ist, zeigt folgendes Beispiel:

Grundkörper P sei der Körper einer Unbestimmten τ über einem Körper der Charakteristik 2. $\mathfrak{A}$ sei die Algebra mit vier Basiselementen e, a, b, c und der Multiplikationstafel — ξ und η beliebig aus P —

	e	a	b	c
e	e	a	b	c
a	a	$\tau e + \xi b + \eta c$	c	τb
b	b	c	0	0
c	c	τb	0	0

Das Radikal ist $\mathfrak{R} = \mathsf{P}b + \mathsf{P}c$. $\mathfrak{A}/\mathfrak{R}$ ist mit $\mathsf{P}(\tau^{\frac{1}{2}})$ isomorph. In der Restklasse von e modulo $\mathfrak{R}$ gibt es nur das eine Idempotent e, denn $(e + \alpha b + \beta c)^2 = e$. Ebenso ist das Quadrat eines Elementes aus der Restklasse von a modulo $\mathfrak{R}$ stets $\tau e + \xi b + \eta c$, daher ist es unmöglich, $e' \equiv e$, $a' \equiv a\ (\mathfrak{R})$ so auszuwählen, daß $e'^2 = e'$, $e'a' = a'e' = a'$, $a'^2 = \tau e'$ wird.

III. Darstellungen der Algebren durch Matrizes.

§ 1. Darstellungen und Darstellungsmoduln.

Der wichtigste Gegenstand der Algebrentheorie sind die *einfachen Algebren*. Das methodische Hilfsmittel, dessen wir uns bei der Untersuchung der einfachen Algebren bedienen wollen, ist der Begriff der *Darstellung*. Für Teil III vgl. vor allem NOETHER [2], VAN DER WAERDEN [2], [4].

Eine *Darstellung r-ten Grades* des Ringes $\mathfrak{A}$ in dem Ring K ist eine ringhomomorphe Abbildung von $\mathfrak{A}$ auf einen Ring quadratischer r-reihiger Matrizes mit Elementen aus K. Technisch vorteilhafter ist für manche Zwecke die *reziproke Darstellung*. Eine reziproke Darstellung r-ten Grades von $\mathfrak{A}$ in K ist eine reziprok homomorphe Abbildung $a \to A$ von $\mathfrak{A}$ auf r-reihige Matrizes A aus K; das bedeutet, daß die Abbildung $a \to A$ die Regeln $a + b \to A + B$, $ab \to BA$ erfüllt. Gewöhnliche Darstellungen (auch *direkte* geheißen) und reziproke entsprechen einander umkehrbar eindeutig: aus einer reziproken Darstellung $a \to A$ von $\mathfrak{A}$ in K wird eine direkte Darstellung von $\mathfrak{A}$ in dem zu K reziprok isomorphen Ring K^*, wenn wir jede Matrix A durch die gespiegelte Matrix und dann jedes ihrer Elemente durch das ihm entsprechende Element von K^* ersetzen.

K ist meist ein Körper oder eine Divisionsalgebra. Auf jeden Fall soll vorausgesetzt werden, daß K eine Eins hat; wir müssen nämlich dauernd Linearformenmoduln in K betrachten. (Über Linearformenmoduln im allgemeinen: VAN DER WAERDEN [2].)

Zuweilen ist noch ein Bereich Ω von Operatoren ω gegeben, die auf $\mathfrak{A}$ und K wirken; es sei $\omega(x+y) = \omega x + \omega y$ für x, y aus $\mathfrak{A}$ oder aus K. In diesem Falle fordern wir von einer Darstellung $a \to A$ von $\mathfrak{A}$ in K noch, daß durchweg $\omega a \to \omega A$ gilt.

Grundlegend für die Theorie der Darstellung ist der Begriff des *Darstellungsmoduls*. (NOETHER [2], [4]; VAN DER WAERDEN [2].)

Ist $a \to A$ eine (reziproke) Darstellung $r$ten Grades von $\mathfrak{A}$ in K, so können wir einen Linearformenmodul

$$\mathfrak{M} = x_1\mathsf{K} + \cdots + x_r\mathsf{K}$$

$$(\mathfrak{M} = \mathsf{K}x_1 + \cdots + \mathsf{K}x_r \text{ für reziproke Darstellungen})$$

vom Range r in Beziehung auf K dadurch zu einem $\mathfrak{A}$-Modul machen, indem wir — $(x_1, \ldots, x_r) = \mathfrak{x}$ gesetzt — zunächst für direkte Darstellungen

$$a\mathfrak{x} = \mathfrak{x}A \quad \text{und dann allgemein} \quad a \cdot \sum x_i \varkappa_i = \sum a x_i \cdot \varkappa_i$$

für reziproke Darstellungen

$$a\mathfrak{x} = A\mathfrak{x} \quad \text{und dann allgemein} \quad a \cdot \sum \varkappa_i x_i = \sum \varkappa_i \cdot a x_i$$

setzen. Die Modulaxiome

$$(a+b)x = ax + bx \tag{1}$$

$$a(bx) = (ab)x \tag{2}$$

lassen sich leicht verifizieren. Die letzte Regel ergibt sich so:

$$ab \cdot \mathfrak{x} = \mathfrak{x} \cdot AB = (\mathfrak{x}A)B = (a\mathfrak{x})B = a(\mathfrak{x}B) = a(b\mathfrak{x})$$

bzw.

$$ab \cdot \mathfrak{x} = BA \cdot \mathfrak{x} = B(A\mathfrak{x}) = B(a\mathfrak{x}) = a(B\mathfrak{x}) = A(B\mathfrak{x}) = a(b\mathfrak{x}).$$

Dabei haben wir von der *Assoziativregel*

$$a \cdot x\alpha = ax \cdot \alpha, \qquad a \subset \mathfrak{A}, \alpha \subset \mathsf{K}, x \subset \mathfrak{M} \tag{3}$$

bei reziproken Darstellungen von der *Vertauschungsregel*

$$a \cdot \alpha x = \alpha \cdot ax \qquad a \subset \mathfrak{A}, \alpha \subset \mathsf{K}, x \subset \mathfrak{M} \tag{4}$$

Gebrauch gemacht, die sich aus der obigen Definition der Produktbildung

$$ax, \quad \text{für} \quad a \subset \mathfrak{A}, \quad x \subset \mathfrak{M}$$

unmittelbar ergeben.

Ist ein Operatorenbereich Ω gegeben, so setzen wir

$$\omega \cdot \sum x_i \varkappa_i = \sum x_i \cdot \omega \varkappa_i$$

bzw.

$$\omega \cdot \sum \varkappa_i x_i = \sum \omega \varkappa_i \cdot x_i.$$

Es gilt dann $\omega(x+y) = \omega x + \omega y$ auch für x, y aus $\mathfrak{M}$.

Aus der Forderung der Operatortreue der Abbildung ergibt sich die Regel

$$\omega a \cdot x = \omega \cdot a x \tag{5}$$

für die Anwendung der ω auf $\mathfrak{M}$.

Umgekehrt rechnet man leicht nach, daß ein Linearformenmodul

$$\mathfrak{M} = x_1 \mathsf{K} + \cdots + x_r \mathsf{K}$$

bzw.

$$\mathfrak{M} = \mathsf{K} x_1 + \cdots + \mathsf{K} x_r$$

vom Range r, der zugleich $\mathfrak{A}$-Linksmodul ist und für den die Assoziativregel $a \cdot x\alpha = ax \cdot \alpha$ bzw. die Vertauschungsregel $a \cdot \alpha x = \alpha \cdot a x$ und, wenn ein gemeinsamer Operatorenbereich Ω von $\mathfrak{A}$ und K vorliegt, die Regel $\omega a \cdot x = \omega \cdot a x$ gilt, eine direkte bzw. reziproke Darstellung $a \to A$ von $\mathfrak{A}$ in K erzeugt, indem A durch $a\mathfrak{x} = \mathfrak{x}A$ bzw. $a\mathfrak{x} = A\mathfrak{x}$ definiert wird.

Ein $\mathfrak{A}$-Linksmodul $\mathfrak{M}$, der zugleich ein Linearformenmodul in K ist und der die Regeln (3) bzw. (4) und (5) erfüllt, heißt ein *direkter bzw. ein reziproker Darstellungsmodul* von $\mathfrak{A}$ in K.

Es hat sich also ergeben, daß zu einer (reziproken) Darstellung von $\mathfrak{A}$ in K ein (reziproker) Darstellungsmodul $\mathfrak{M}$ gehört, der die Darstellung liefert als die Matrizen A, welche die durch Multiplikation mit a gegebene lineare Transformation einer gewissen Basis $\mathfrak{x}$ von $\mathfrak{M}$ zum Ausdruck bringen. Ist $\mathfrak{y}$ eine andere Basis von $\mathfrak{M}$, also $\mathfrak{y} = \mathfrak{x}Q$ ($\mathfrak{y} = Q\mathfrak{x}$), wo Q eine Matrix mit (beidseitiger) Inverser Q^{-1} ist, so wird

$$a\mathfrak{y} = a\mathfrak{x}Q = \mathfrak{x}AQ = \mathfrak{x}QQ^{-1}AQ = \mathfrak{y}Q^{-1}AQ$$

bzw.

$$a\mathfrak{y} = aQ\mathfrak{x} = Qa\mathfrak{x} = QA\mathfrak{x} = QAQ^{-1}Q\mathfrak{x} = QAQ^{-1}\mathfrak{y}.$$

Die Basis $\mathfrak{y}$ liefert also die Darstellung

$$a \to Q^{-1}AQ \quad \text{bzw.} \quad a \to QAQ^{-1}.$$

Wir nennen zwei (reziproke) Darstellungen $a \to A$ und $a \to A'$, die in der Beziehung

$$A' = Q^{-1}AQ \quad \text{bzw.} \quad A' = QAQ^{-1}$$

stehen, *äquivalent* oder *zur gleichen Klasse gehörig*.

Ein Darstellungsmodul (und alle zu ihm operatorisomorphen Moduln) gehört also zu einer ganzen Darstellungsklasse, indem seine verschiedenen Basen die einzelnen Darstellungen der Klasse erzeugen.

Eine (reziproke) Darstellung heißt reduzibel, wenn es eine ihr äquivalente Darstellung $a \to A$ gibt, deren sämtliche Matrizes A die Gestalt

$$A = \begin{pmatrix} A_0 & B \\ 0 & A_1 \end{pmatrix} \quad \text{bzw.} \quad A = \begin{pmatrix} A_0 & 0 \\ B & A_1 \end{pmatrix}$$

haben, wo A_0 eine r_0-reihige, A_1 eine r_1-reihige Matrix ist. $a \to A_0$ und $a \to A_1$ sind für sich Darstellungen von $\mathfrak{A}$ in K.

Man sieht leicht ein, daß einer reduziblen Darstellung ein Darstellungsmodul $\mathfrak{M}$ entspricht, der einen echten Darstellungsteilmodul $\mathfrak{M}_0$ enthält. Ist nämlich $x_1, \ldots, x_r$ die Basis, welche die oben angeschriebene Darstellung $a \to A$ erzeugt, so ist ersichtlich $x_1 \mathsf{K} + \cdots + x_{r_0} \mathsf{K}$ bzw. $\mathsf{K} x_1 + \cdots + \mathsf{K} x_{r_0}$ ein Teilmodul (Modul sowohl in Beziehung auf $\mathfrak{A}$ als auf A) und er erzeugt die Darstellung $a \to A_0$. Der Restklassenmodul $\mathfrak{M}/\mathfrak{M}_0$ hingegen erzeugt die Darstellung $a \to A_1$, und die Matrizes B hängen davon ab, wie sich $\mathfrak{M}$ aus dem Teilmodul $\mathfrak{M}_0$ und dem Faktormodul $\mathfrak{M}/\mathfrak{M}_0$ aufbaut.

Eine nicht weiter reduzierbare Darstellung heißt *irreduzibel.*

Wir setzen von jetzt an voraus, *daß* K *ein Körper oder eine Divisionsalgebra sei*, das hat zur Folge, daß jeder K-Modul ein Linearformenmodul ist.

Die irreduziblen Darstellungen entsprechen den *einfachen*, d. h. von echten Teilmoduln freien Darstellungsmoduln. Eine Kompositionsreihe eines Darstellungsmoduls $\mathfrak{M}$ gibt eine Reduktion der zugehörigen Darstellung auf irreduzible, und aus dem JORDAN-HÖLDERschen Satze folgt, *daß die irreduziblen Bestandteile der Darstellung eindentig bestimmt sind* (bis auf Äquivalenz).

Eine (direkte oder reziproke) Darstellung $a \to A$ heißt *zerfällbar*, wenn eine Aufspaltung

$$A = \begin{pmatrix} A_0 & 0 \\ 0 & A_1 \end{pmatrix}$$

mit Seitenmatrizes $B = 0$ möglich ist.

Offenbar entspricht einer solchen Zerfällung der Darstellung die Zerlegung des Darstellungsmoduls $\mathfrak{M}$ in die direkte Summe zweier Darstellungsteilmoduln $\mathfrak{M}_0$ und $\mathfrak{M}_1$, von denen jeder eine der Darstellungen $a \to A_0$ und $a \to A_1$ erzeugt.

Wir nennen eine Darstellung $a \to A$ *vollständig reduzibel*, wenn sie in irreduzible Darstellungen zerfällt werden kann. Für den Darstellungsmodul bedeutet das, daß er direkte Summe von einfachen Moduln ist. Ein solcher Darstellungsmodul heißt daher ebenfalls vollständig reduzibel.

Ohne Interesse sind die *Nulldarstellungen*, die allen Elementen des darzustellenden Ringes die Nullmatrix zuordnen. Jede Nulldarstellung ist offensichtlich zerfällbar in die mehrfach genommene irreduzible Nulldarstellung vom Grade Eins.

Sei $\mathfrak{A}$ ein Ring mit Eins e. Dann gilt: Jede Darstellung von $\mathfrak{A}$ in einem Ring K, welche die irreduzible Nulldarstellung enthält, kann zerfällt werden in eine Nulldarstellung und eine andere Darstellung, welche der Eins e die Einsmatrix zuordnet; also keine irreduzible Nulldarstellung mehr enthält.

Zum Beweis ist nur nötig, die entsprechende Zerlegung des Darstellungsmoduls $\mathfrak{M}$ der gegebenen Darstellung anzugeben. Wir schreiben jedes $\mathfrak{M}$-Element m in der Form $m = em + (m - em)$. $\mathfrak{M}$ ist also die

Summe des Teilmoduls $\mathfrak{M}_1$ aller em und des Teilmoduls $\mathfrak{M}_0$ aller $m - em$. Die Summe ist direkt, denn $0 = em + (m' - em')$ hat $em = e \cdot em + (em' - e \cdot em') = e \cdot 0 = 0$, $m' - em' = 0$ zur Folge. $\mathfrak{M}_0$ erzeugt eine Nulldarstellung, denn für jedes a aus $\mathfrak{A}$ ist $a \cdot (m - em) = ae \cdot (m - em) = a \cdot e(m - em) = 0$. $\mathfrak{M}_1$ ordnet der Eins e die Einsmatrix zu, denn $e \cdot em = em$.

§ 2. Darstellungen der Algebren.

Die Wichtigkeit des Darstellungsmoduls beruht auf dem folgenden Satze, der ihn mit den Idealen des dargestellten Ringes $\mathfrak{A}$ in Zusammenhang bringt:

Satz 1. *$\mathfrak{A}$ sei ein halbeinfacher Ring mit einem Operatorenbereich Ω, $\mathfrak{M}$ ein endlicher $\mathfrak{A}$-Linksmodul, der Ω auch als Operatorenbereich mit den Regeln $\omega(x + y) = \omega x + \omega y$, $\omega a \cdot x = \omega \cdot a x$, $x, y \subset \mathfrak{M}$, $a \subset \mathfrak{A}$* hat *(insbesondere $\mathfrak{A}$ eine Algebra über dem Körper $\mathsf{P} = \Omega$). Die Eins 1 von $\mathfrak{A}$ reproduziere die Elemente von $\mathfrak{M}$: $1 \cdot x = x$. Dann ist $\mathfrak{M}$ vollständig reduzibel, d. h. direkte Summe von einfachen Moduln, und jeder einfache Modul ist operatorisomorph mit einem einfachen Linksideal von $\mathfrak{A}$.*

Beweis. $\mathfrak{A} = \mathfrak{l}_1 + \cdots + \mathfrak{l}_t$ sei eine Zerlegung von $\mathfrak{A}$ in einfache Linksideale, $x_1, \ldots, x_s$ sei eine endliche Basis von $\mathfrak{M}$ in Beziehung auf $\mathfrak{A}$, also $\mathfrak{M} = (\mathfrak{A}x_1, \ldots, \mathfrak{A}x_s)$. Einsetzen ergibt, daß $\mathfrak{M}$ die Summe der Linksmoduln $\mathfrak{l}_i x_j$ ist: $\mathfrak{M} = (\ldots, \mathfrak{l}_i x_j, \ldots)$. Der einzelne Modul $\mathfrak{l}_i x_j$ ist entweder Null oder durch die Zuordnung $a \to a x_j$ (a aus $\mathfrak{l}_i$) mit $\mathfrak{l}_i$ operatorisomorph, also einfacher Linksmodul. Jeder von ihnen hat mit der Summe der vorangehenden entweder nur die Null gemeinsam oder ist in ihr enthalten. Läßt man in der Summe $(\ldots, \mathfrak{l}_i x_j, \ldots)$ der Reihe nach die Summanden fort, die in der Summe der vorangehenden enthalten sind, so wird die Summe direkt, und damit ist der Satz schon bewiesen.

Wir wenden diesen Satz an auf Algebren $\mathfrak{A}$, wo der Operatorenbereich Ω der Grundkörper P sein soll. Ein Darstellungsmodul von $\mathfrak{A}$ in P ist endlich in Beziehung auf P, also erst recht in Beziehung auf $\mathfrak{A}$, auf ihn kann also Satz 1 angewendet werden.

Satz 2. *Alle Darstellungen einer halbeinfachen Algebra in ihrem Koeffizientenkörper sind vollständig reduzibel, und die irreduziblen Darstellungen werden durch die einfachen Linksideale von $\mathfrak{A}$ gegeben.*

Die irreduziblen Darstellungen von $\mathfrak{A}$ lassen sich jetzt vollständig übersehen: Ein einfaches Linksideal $\mathfrak{l}$ von $\mathfrak{A}$ ist einfaches Linksideal eines einfachen Bestandteils $\mathfrak{A}_\nu$ von $\mathfrak{A}$. Daher wird bei dieser irreduziblen Darstellung jeder andere Bestandteil von $\mathfrak{A}$ auf Null abgebildet: eine irreduzible Darstellung ist wesentlich nur eine Darstellung einer einfachen Algebra. Ferner sehen wir sofort, daß eine einfache Algebra $\mathfrak{A} = \mathfrak{D}_s$ nur eine irreduzible Darstellung hat. Denn die einfachen Linksideale von $\mathfrak{A}$ haben nach II, § 9, die Form $\mathfrak{l}_i = \mathfrak{D}c_{1i} + \cdots + \mathfrak{D}c_{si}$, sie sind einander isomorph. Wir können die durch dieses Linksideal gegebene Darstellung auch sofort hinschreiben. Eine einfache Rechnung ergibt, daß die darstellende Matrix A eines Elementes

$$a = \sum d_{ik} c_{ik}, \qquad d_{ik} \subset \mathfrak{D},$$

von $\mathfrak{A}$ folgendermaßen gefunden wird:

Dem Element d_{ik} von $\mathfrak{D}$ werde bei der regulären Darstellung von $\mathfrak{D}$ (d. i. die durch $\mathfrak{D}$ selbst als Darstellungsmodul gelieferte Darstellung) die Matrix D_{ik} zugeordnet. Dann ist

$$A = \begin{pmatrix} D_{11} & D_{12} & \dots & D_{1s} \\ D_{21} & D_{22} & \dots & D_{2s} \\ \dots & \dots & \dots & \dots \\ D_{s1} & D_{s2} & \dots & D_{ss} \end{pmatrix}.$$

Der Grad dieser Darstellung ist ts, wenn t der Rang von $\mathfrak{D}$ ist. Die Hauptdarstellung von $\mathfrak{A}$ — $\mathfrak{A}$ selbst Darstellungsmodul! — zerfällt in die $s$mal genommene irreduzible Darstellung, denn $\mathfrak{A}$ ist direkte Summe von s einfachen Linksidealen.

Aus dem Vorangegangenen folgt, daß eine halbeinfache Algebra $\mathfrak{A}$, die direkte Summe von r einfachen Algebren $\mathfrak{A}_i$ ist, gerade r irreduzible Darstellungen hat, nämlich je eine irreduzible Darstellung eines $\mathfrak{A}_i$. Ferner zeigt sich, daß die *reguläre Darstellung* von $\mathfrak{A}$ eine irreduzible Darstellung so oft enthält, wie der Grad des Matrixringes beträgt, dessen Linksideale diese Darstellung liefern. Denn für sie ist $\mathfrak{A}$ selbst Darstellungsmodul.

Wir können jetzt auch zeigen, daß für halbeinfache Algebren die beiden regulären Darstellungen, die in I, § 1, erklärt wurden, äquivalent sind. Die zweite reguläre Darstellung steht nämlich aus Symmetriegründen zu den Rechtsidealen von $\mathfrak{A}$ in der gleichen Beziehung wie die erste reguläre Darstellung zu den Linksidealen, und da ein einfaches Rechtsideal ersichtlich dieselbe irreduzible Darstellung liefert wie ein zugehöriges einfaches Linksideal, so zerfällt die (ebenfalls vollständig reduzible) zweite reguläre Darstellung in dieselben irreduziblen Bestandteile wie die erste.

Über die Darstellungen nicht halbeinfacher Algebren zeigen wir nur folgendes:

Satz 3. *Eine irreduzible Darstellung einer Algebra $\mathfrak{A}$ in ihrem Grundkörper* P *ist zugleich eine irreduzible Darstellung des Restklassenringes von $\mathfrak{A}$ nach dem Radikal $\mathfrak{R}$, d. h. $\mathfrak{R}$ wird bei der irreduziblen Darstellung auf Null abgebildet.*

Das folgt aus dem, Satz 1 ergänzenden

Satz 4. *$\mathfrak{A}$ sei ein halbprimärer Ring, sein Radikal $\mathfrak{R}$ sei nilpotent. $\mathfrak{M}$ sei ein einfacher $\mathfrak{A}$-Linksmodul; es mag auch ein gemeinsamer Operatorenbereich Ω von $\mathfrak{A}$ und $\mathfrak{M}$ gegeben sein. Dann ist entweder $\mathfrak{M} = 0$ oder $\mathfrak{M}$ ist operatorisomorph zu einem einfachen Linksideal von $\mathfrak{A}/\mathfrak{R}$.*

Beweis. Es ist $\mathfrak{R}\mathfrak{M} = 0$. Denn $\mathfrak{R}\mathfrak{M} \neq 0$ hat $\mathfrak{R}\mathfrak{M} = \mathfrak{M}$ zur Folge, da $\mathfrak{M}$ einfach ist; es folgt

$$\mathfrak{M} = \mathfrak{R}\mathfrak{M} = \mathfrak{R}^2\mathfrak{M} = \cdots = \mathfrak{R}^\varrho\mathfrak{M} = 0.$$

$\mathfrak{R}\mathfrak{M} = 0$ bewirkt, daß $\mathfrak{M}$ als $\mathfrak{A}/\mathfrak{M}$-Modul angesehen werden kann, denn die Elemente einer Restklasse nach $\mathfrak{R}$ ergeben bei der Multiplikation mit einem Element von $\mathfrak{M}$ dasselbe Produkt. Jetzt folgt die Behauptung aus Satz 1.

§ 3. Erweiterung des Grundkörpers.

Die vorangegangenen Betrachtungen liefern ohne weiteres auch die Darstellungen einer Algebra $\mathfrak{A}$ in einer Erweiterung Ω des Grundkörpers P. Denn da eine Darstellung Δ von $\mathfrak{A}$ in Ω durch die Matrizes bestimmt ist, die Δ den Elementen einer Basis von $\mathfrak{A}/\mathsf{P}$ zuordnet, so kann eine solche Darstellung zu einer Darstellung von $\mathfrak{A}_\Omega$ erweitert werden und umgekehrt: wir müssen für $\mathfrak{A}_\Omega$ das gleiche durchführen wie oben für $\mathfrak{A}$ selbst.

Eine unmittelbare Folgerung ist, daß man alle in Ω irreduziblen Darstellungen von $\mathfrak{A}$ erhält, indem man die in P irreduziblen Darstellungen ausreduziert: denn die reguläre Darstellung von $\mathfrak{A}_\Omega$ entsteht ja durch Ausdehnung der regulären Darstellung von $\mathfrak{A}$.

Es gibt offenbar drei Gründe, aus denen eine in P irreduzible Darstellung Δ in Ω reduzibel werden kann:

1. Der einfache Bestandteil $\mathfrak{A}_i$ von $\mathfrak{A}/\mathfrak{R}$, zu dem Δ gehört, geht in eine Algebra $\mathfrak{A}_{i\Omega}$ mit Radikal über. Dadurch wird der Rang eines einfachen Ideals im Restklassenring von $\mathfrak{A}_{i\Omega}$ nach seinem Radikal kleiner als der Rang eines einfachen Ideals von $\mathfrak{A}_i$, Δ muß daher reduzibel werden.

2. $\mathfrak{A}_i$ zerfällt in mehr als einen einfachen Bestandteil. Δ enthält dann mehrere inäquivalente in Ω irreduzible Bestandteile.

3. $\mathfrak{A}_{i\Omega}$ ist ein Matrizesring von höherem Grade als $\mathfrak{A}_i$.

Diese drei Vorkommnisse können sich überlagern; wir kommen auf den Einfluß der Grundkörpererweiterung auf die Struktur einer Algebra — darauf ist ja das Verhalten der Darstellungen zurückgeführt worden — später zurück (IV, §§ 2—5).

Wir bemerken hier nur noch, daß eine Darstellung von $\mathfrak{A}$ in irgendeiner Erweiterung Z von P, die in einer algebraisch abgeschlossenen Erweiterung Ω von Z irreduzibel ist, in keiner Erweiterung reduzibel wird (daß transzendente Erweiterungen keinen Einfluß mehr haben können). Das folgt daraus, daß die halbeinfache Algebra $\mathfrak{A}^*$, die der Restklassenring von $\mathfrak{A}_\Omega$ nach dem Radikal ist, direkte Summe von vollen Matrizesringen *über* Ω ist. (Eine von ihrem Grundkörper P verschiedene Divisionsalgebra $\mathfrak{D}$ enthält nämlich echte algebraische Erweiterungen von P: jedes nicht zu P gehörige Element von $\mathfrak{D}$ erzeugt eine.) Jeder solcher Matrizesring Ω_r geht bei irgendeiner Grundkörpererweiterung Ω' eben in den Matrizesring Ω'_r über, der wie Ω_r eine irreduzible Darstellung vom Grade r erzeugt.

Daher nennen wir eine Darstellung einer Algebra $\mathfrak{A}$, die in einer algebraisch abgeschlossenen Erweiterung irreduzibel ist, *absolut* irreduzibel.

Ist Ω eine algebraisch abgeschlossene Erweiterung des Grundkörpers, so sind die irreduziblen Darstellungen von $\mathfrak{A}$ in Ω ersichtlich *alle* absolut irreduziblen Darstellungen. Adjungiert man zu P die endlich vielen Elemente der Matrizes, die den Elementen einer Basis von $\mathfrak{A}/\mathsf{P}$ durch eine absolut irreduzible Darstellung zugeordnet werden, so erhält man eine *endliche* algebraische Erweiterung von P, in der die absolut irreduzible Darstellung schon möglich ist. Näheres in IV.

Die absolut irreduziblen Darstellungen einer kommutativen Algebra sind vom Grade 1.

§ 4. Spuren und Normen.

Die Darstellung Δ von $\mathfrak{A}$ (in P oder einer Erweiterung von P) ordne dem Element a die Matrix A zu.

Die Spur $S_\Delta(a)$ der Matrix A heißt die *Spur des Elementes a bei der Darstellung* Δ, die Determinante $N_\Delta(a)$ von A nennen wir die *Norm von a bei der Darstellung* Δ. *Spur und Norm hängen nur von der Darstellungsklasse ab.*

Die Spuren sind lineare Funktionen der Gruppenelemente, d. h. es gelten die Gleichungen

$$S_\Delta(a+b) = S_\Delta(a) + S_\Delta(b)$$
$$S_\Delta(\alpha a) = \alpha S_\Delta(a) \quad \text{für } \alpha \text{ aus dem Grundkörper.}$$

Für die Normen gilt die Multiplikationsregel

$$N_\Delta a \cdot N_\Delta b = N_\Delta ab,$$

ferner

$$N_\Delta(\alpha a) = \alpha^r N_\Delta a$$

für eine Darstellung Δ vom Grade r.

Kann man Δ auf die Darstellungen $\Delta_1, \Delta_2, \ldots, \Delta_t$ reduzieren (nicht notwendig zerfällen), so wird

$$S_\Delta(a) = S_{\Delta_1}(a) + \cdots + S_{\Delta_t}(a),$$
$$N_\Delta(a) = N_{\Delta_1}(a)\, N_{\Delta_2}(a) \ldots N_{\Delta_t}(a).$$

Die Bedeutung der Spuren liegt in dem folgenden

Satz 1. *Eine vollständig reduzible Darstellung einer Algebra $\mathfrak{A}$ über einem Körper P der Charakteristik Null in ihrem Grundkörper ist durch die Spuren vollständig bestimmt.*

Beweis. Wir können uns auf halbeinfache $\mathfrak{A}$ beschränken, denn eine vollständig reduzible Darstellung von $\mathfrak{A}$ ist schon eine Darstellung von $\mathfrak{A}/\mathfrak{R}$ — $\mathfrak{R}$ das Radikal von $\mathfrak{A}$. Die gegebene Darstellung $\varDelta$ enthalte die irreduzible Darstellung $\varDelta_i$ gerade q_i-mal. Es handelt sich um die Bestimmung der Zahlen q_i. $\varDelta_i$ werde von den Linksidealen des einfachen Bestandteils $\mathfrak{A}_i$ von $\mathfrak{A}$ erzeugt. e_i sei die Eins von $\mathfrak{A}_i$. Es wird $S_{\varDelta_i}(e_i) = n_i \neq 0$, aber $S_{\varDelta_j}(e_i) = 0$, $j \neq i$. Es ist also $S_\varDelta(e_i) = q_i n_i$, und hieraus können die q_i in der Tat berechnet werden, da P die Charakteristik Null hat.

Die Spuren der absolut irreduziblen Darstellungen heißen auch die *Charaktere von* $\mathfrak{A}$.

Ferner wollen wir *Hauptspur* die Summe aller *verschiedenen* Charaktere nennen, sie ist die Spur der Darstellung, welche jede irreduzible Darstellung gerade einmal enthält. Die Hauptspur soll mit $S(a)$ bezeichnet werden.

§ 5. Diskriminanten.

$\mathfrak{A}$ sei eine feste Algebra über dem Körper P.

$S(a)$ bedeute die Hauptspur. Ist $u_1, \ldots, u_n$ eine Basis von $\mathfrak{A}$, so heißt die Matrix

$$\begin{pmatrix} S(u_1 u_1) & \ldots & S(u_1 u_n) \\ S(u_n u_1) & \ldots & S(u_n u_n) \end{pmatrix} = M(\mathfrak{u})$$

die *Diskriminantenmatrix* (Bush [1], MacDuffee [3], [4], Noether [1]) der Basis $\mathfrak{u}$. Die Determinante

$$D(\mathfrak{u}) = |M(\mathfrak{u})|$$

heißt die *Diskriminante* zur Basis $\mathfrak{u}$.

Bedeutet $\mathfrak{v} = \mathfrak{u} Q$ eine zweite Basis von $\mathfrak{A}$, so liefert eine leichte Rechnung die folgende Gleichung

$$M(\mathfrak{u}) = Q' M(\mathfrak{v}) Q,$$

wo Q' die gespiegelte Matrix Q ist. (Die Diskriminantenmatrix transformiert sich wie die Matrix einer quadratischen Form.)

Zwischen den Diskriminanten besteht daher die Beziehung

$$D(\mathfrak{u}) = D(\mathfrak{v}) \cdot |Q|^2.$$

Dies hat zur Folge, daß entweder alle Diskriminanten Null sind oder daß sie alle von Null verschieden sind.

Satz 1. *Für eine Algebra mit Radikal ist die Diskriminante gleich Null.*

Beweis. Als Basis von $\mathfrak{A}$ nehmen wir eine Basis $u_1^*, \ldots, u_m^*$ von $\mathfrak{R}$, die wir ergänzen: $u_1^*, \ldots, u_m^*, u_{m+1}, \ldots, u_n$.

Die Diskriminantenmatrix ist dann

$$\begin{pmatrix} S(u_i^* u_k^*) & S(u_i^* u_l) \\ S(u_j u_k^*) & S(u_j u_l) \end{pmatrix} = \begin{pmatrix} 0 & 0 \\ 0 & S(u_j u_l) \end{pmatrix},$$

denn die Spuren von Elementen des Radikals sind Null, weil sie bei jeder irreduziblen Darstellung durch Null dargestellt werden.

Satz 2. *Ist $\mathfrak{A}$ die direkte Summe der einfachen Algebren $\mathfrak{A}_i$, so ist das Produkt von Diskriminanten $D(\mathfrak{u}_i)$ der $\mathfrak{A}_i$ gleich der Diskriminante $D(\mathfrak{u})$ von $\mathfrak{A}$, wenn $\mathfrak{u}$ die durch Aneinanderreihen der Basen $\mathfrak{u}_i$ der $\mathfrak{A}_i$ entstehende Basis von $\mathfrak{A}$ ist.*

Beweis. Die Hauptspur eines $\mathfrak{A}_i$-Elementes a als Element von $\mathfrak{A}_i$ ist gleich seiner Hauptspur als Element von $\mathfrak{A}$, denn die irreduziblen Darstellungen von $\mathfrak{A}$, welche von den Linksidealen der $\mathfrak{A}_j$ $(j \neq i)$ erzeugt werden, bilden a auf Null ab. Da ferner Elemente aus verschiedenen $\mathfrak{A}_i$ das Produkt Null haben, so entsteht durch diagonales Aneinanderreihen der Diskriminantenmatrizes $M(\mathfrak{u}_i)$ die Diskriminantenmatrix $M(\mathfrak{u})$, wenn noch der Rest mit Nullen aufgefüllt wird. Daraus folgt die Behauptung.

Satz 3. *Die Diskriminanten $D(\mathfrak{u})$ einer Algebra $\mathfrak{A}/\mathsf{P}$ sind dann und nur dann von Null verschieden, wenn durch Erweiterung des Grundkörpers P zu einem algebraisch abgeschlossenen Körper Ω eine halbeinfache Algebra $\mathfrak{A}_\Omega$ entsteht.*

Beweis. Da eine Basis von $\mathfrak{A}$ auch eine Basis von $\mathfrak{A}_\Omega$ ist, so handelt es sich nur darum, zu beweisen, daß bei algebraisch abgeschlossenem Grundkörper eine Algebra dann eine von Null verschiedene Diskriminante hat, wenn sie halbeinfach ist. Der Grundkörper $\mathsf{P} = \Omega$ werde also algebraisch abgeschlossen vorausgesetzt.

Ist $\mathfrak{A}$ halbeinfach, so ist $\mathfrak{A}$ direkte Summe von vollen Matrizesringen über Divisionsalgebren. Da aber die einzige Divisionsalgebra über einem algebraisch abgeschlossenen Körper dieser Körper selbst ist (ein einzelnes Element einer Divisionsalgebra, das nicht zum Grundkörper gehört, erzeugt eine echte algebraische Erweiterung des Grundkörpers), so wird $\mathfrak{A}$ direkte Summe von vollen Matrizesringen über Ω. Benutzt man als Basis eines Matrizesringes ein System von Matrizeseinheiten, so ergibt eine leichte Rechnung als Diskriminante den Wert 1.

IV. Einfache Algebren.

§ 1. Sätze über Moduln in Schiefkörpern.

Satz 1. *A sei ein Schiefkörper, $\mathfrak{M} = x_1\mathsf{A} + \cdots + x_n\mathsf{A}$ ein Linearformenmodul in A. Jeder Teilmodul $\mathfrak{N} = z_1\mathsf{A} + \cdots + z_m\mathsf{A}$ von $\mathfrak{M}$ hat, bei geeigneter Numerierung der x_i, eine Basis*

$$z_i = x_i - \sum_{j=m+1}^{n} x_j \alpha_{ij}. \qquad i = 1, \ldots, m$$

NOETHER [**4**].

Beweis. Nach geeigneter Numerierung wird

$$\mathfrak{M} = \mathfrak{N} + x_{m+1}\mathsf{A} + \cdots + x_n\mathsf{A}.$$

d. h. $x_i \equiv \sum\limits_{j=m+1}^{n} x_i \alpha_{ij}$ (mod $\mathfrak{N}$), $i = 1, \ldots, m$. Die m Elemente $z_i = x_i - \sum\limits_{j=m+1}^{n} x_j \alpha_{ij}$ liegen daher in $\mathfrak{N}$. Sie bilden eine Basis von $\mathfrak{N}$, denn sie sind linear unabhängig, weil sie sogar zusammen mit den $x_{m+1}, \ldots, x_n$ linear unabhängig sind.

A sei ein A_0 umfassender Schiefkörper. Der A-Modul $\mathfrak{M} = x_1 \mathsf{A} + \cdots + x_n \mathsf{A}$ heißt *Erweiterungsmodul des* A_0-*Moduls* $\mathfrak{M}_0$, wenn eine A_0-Basis $x_1, \ldots, x_n$ von $\mathfrak{M}_0$ zugleich (linear unabhängige) A-Basis von $\mathfrak{M}$ ist.

Wenn $z_1, \ldots, z_t$ linear unabhängige Elemente von $\mathfrak{M}_0$ sind, so sind sie auch in Beziehung auf A linear unabhängig, weil sie zu einer Basis von $\mathfrak{M}_0/\mathsf{A}_0$ ergänzt werden können.

Ist $\mathfrak{T}_0 = z_1 \mathsf{A}_0 + \cdots + z_t \mathsf{A}_0$ irgendein Teilmodul von $\mathfrak{M}_0$, so ist hiernach $\mathfrak{T} = z_1 \mathsf{A} + \cdots + z_t \mathsf{A}$ Erweiterungsmodul von $\mathfrak{T}_0$. Wir behaupten nun, daß $\mathfrak{T}_0$ aus $\mathfrak{T}$ rückwärts gewonnen werden kann durch Durchschnittsbildung: $\mathfrak{T}_0 = \mathfrak{T} \cap \mathfrak{M}_0$. In der Tat liegt $\mathfrak{T}_0$ in $\mathfrak{T} \cap \mathfrak{M}_0$, andererseits, liegt a in $\mathfrak{T} \cap \mathfrak{M}_0$, so wird $a = \sum z_i \alpha_i$, die $a, z_1, z_2, \ldots, z_t$ sind also linear abhängig in Beziehung auf A, als $\mathfrak{M}_0$-Elemente sind sie linear abhängig in Beziehung auf A_0, und da $z_1, \ldots, z_t$ unabhängig sind, so muß a durch die z_i ausdrückbar sein, w. z. b. w.

Jetzt wollen wir den Fall annehmen, daß A_0 der Invariantenbereich einer Gruppe $\mathfrak{G}$ von Ringautomorphismen des Schiefkörpers A ist. Der A-Modul $\mathfrak{M}$ sei Erweiterungsmodul des A_0-Moduls $\mathfrak{M}_0$. Wir können die Gruppe $\mathfrak{G}$ auf $\mathfrak{M}$ ausdehnen, indem wir, unter G ein Element von $\mathfrak{G}$ verstanden, $Gx = x$ setzen für $x \subset \mathfrak{M}_0$, $G(\sum x_i \alpha_i) = \sum x_i G(\alpha_i)$ für x_i aus $\mathfrak{M}_0$, α_i aus A.

Der Invariantenbereich von $\mathfrak{G}$ in $\mathfrak{M}$ ist $\mathfrak{M}_0$. Denn ist $x_1, \ldots, x_n$ eine A_0-Basis von $\mathfrak{M}_0$, $m = \sum x_i \alpha_i$ ein Element von $\mathfrak{M}$, so ergibt $Gm = m$ die Gleichungen $G\alpha_i = \alpha_i$, die α_i müssen also in A_0 liegen.

Nun zeigen wir unter den gemachten Annahmen:

Satz 2. *Ein Teilmodul $\mathfrak{T}$ von $\mathfrak{M}$ wird dann und nur dann von allen Elementen der Gruppe $\mathfrak{G}$ in sich übergeführt (ist „zulässig"), wenn er Erweiterungsmodul eines Teilmoduls $\mathfrak{T}_0$ von $\mathfrak{M}_0$ ist, also $\mathfrak{T} = \mathfrak{T}_0 \mathsf{A}$, $\mathfrak{T}_0 = \mathfrak{T} \cap \mathfrak{M}_0$.* (Noether [**4**].)

Beweis. Daß $\mathfrak{T}_0 \mathsf{A}$ stets zulässig ist, ist klar. Sei umgekehrt $\mathfrak{T}$ ein zulässiger Teilmodul von $\mathfrak{M}$. $x_1, \ldots, x_n$ sei eine A_0-Basis von $\mathfrak{M}_0$, also auch eine A-Basis von $\mathfrak{M}$. Gemäß Satz 1 wählen wir eine Basis $z_i = x_i - \sum x_j \alpha_{ij}$, $i = 1, 2, \ldots, m$, $j > m$, von $\mathfrak{T}$. G sei Element von $\mathfrak{G}$, es wird $Gz_i = x_i - \sum x_j G\alpha_{ij}$. Da $\mathfrak{T}$ zulässig ist, muß Gz_i durch die z_i ausdrückbar sein; Vergleich der dabei auftretenden Koeffizienten von $x_1, \ldots, x_m$ ergibt $Gz_i = z_i$. Die z_i liegen daher in $\mathfrak{M}_0$, und $\mathfrak{T}$ wird Erweiterungsmodul von $\mathfrak{T}_0 = z_1 \mathsf{A}_0 + \cdots + z_m \mathsf{A}_0$.

§ 2. Verhalten einfacher Algebren bei Erweiterung des Grundkörpers. Struktur der direkten Produkte einfacher Algebren.

P sei ein Körper. $\mathfrak{A}, \mathfrak{B}, \ldots$ bezeichnen Algebren mit Einselement über P; $\mathsf{A}, \mathsf{B}, \ldots$ Schiefkörper, deren Zentren P umfassen, meist Divisionsalgebren. Wir betrachten direkte Produkte $\mathfrak{A}_\mathsf{A}, \mathfrak{B}_\mathsf{A}, \ldots$. Der Existenz der Eins wegen können wir $\mathfrak{A}$ und A als Teilbereiche von $\mathfrak{A}_\mathsf{A}$ ansehen.

1. Satz 1. *Ist Z das Zentrum von A, $\mathfrak{Z}$ das von $\mathfrak{A}$, so ist $\mathfrak{Z}_\mathsf{Z}$ das Zentrum von $\mathfrak{A}_\mathsf{A}$.*

Beweis. Das Zentrum von $\mathfrak{A}_\mathsf{Z}$ ist nach I § 3 gleich $\mathfrak{Z}_\mathsf{Z}$. Ist $u_1, \ldots, u_n$ eine Basis von $\mathfrak{A}/\mathsf{P}$, so ist $\mathfrak{A}_\mathsf{A} = u_1\mathsf{A} + \cdots + u_n\mathsf{A}$. Ist $x = \sum u_i\alpha_i$ aus $\mathfrak{A}_\mathsf{A}$ mit allen Elementen von $\mathfrak{A}_\mathsf{A}$ vertauschbar, so wird insbesondere $\alpha^{-1}x\alpha = \sum u_i\alpha^{-1}\alpha_i\alpha = \sum u_i\alpha_i$ für $\alpha \neq 0$ aus A. Das ergibt $\alpha^{-1}\alpha_i\alpha = \alpha_i$, $\alpha \subset \mathsf{Z}$, $x \subset \mathfrak{Z}_\mathsf{Z}$.

Satz 2. *Jedes zweiseitige Ideal $\mathfrak{a}$ von $\mathfrak{A}_\mathsf{A}$ ist Erweiterungsideal eines zweiseitigen Ideals $\mathfrak{a}_0$ von $\mathfrak{A}_\mathsf{Z}$, umgekehrt ist $\mathfrak{a}_0 = \mathfrak{a} \cap \mathfrak{A}_\mathsf{Z}$.*

Beweis. Wir wenden Satz 2, § 1 an auf $\mathfrak{A}_\mathsf{A}$ als A-Modul und $\mathfrak{a}$ als Teilmodul. Die Automorphismengruppe von A soll aus den inneren Automorphismen bestehen, ihr Invariantenkörper ist daher Z. Diese Gruppe kann auf $\mathfrak{A}_\mathsf{A}$ ausgedehnt werden, weil die $\mathfrak{A}$-Elemente mit den A-Elementen vertauschbar sind; ihr Invariantenbereich in $\mathfrak{A}_\mathsf{A}$ ist $\mathfrak{A}_\mathsf{Z}$. $\mathfrak{a}$ ist zulässiger Teilmodul wegen $\alpha^{-1}\mathfrak{a}\alpha \leqq \mathfrak{a}$ für $\alpha \subset \mathsf{A}$. Nach § 1, Satz 2, wird $\mathfrak{a}$ Erweiterungsmodul seines Durchschnittes $\mathfrak{a}_0$ mit $\mathfrak{A}_\mathsf{Z}$. $\mathfrak{a}_0$ ist zweiseitiges Ideal von $\mathfrak{A}_\mathsf{Z}$.

2. Wenden wir Satz 2 an auf das Radikal von $\mathfrak{A}_\mathsf{A}$, so folgt

Satz 3. *$\mathfrak{A}_\mathsf{A}$ ist dann und nur dann halbeinfach, wenn $\mathfrak{A}_\mathsf{Z}$ halbeinfach ist.*

Die Anzahl der einfachen Bestandteile von $\mathfrak{A}_\mathsf{A}$ ist gleich der von $\mathfrak{A}_\mathsf{Z}$, das folgt entweder wieder mittels Satz 2 oder aus der Tatsache, daß $\mathfrak{A}_\mathsf{A}$ und $\mathfrak{A}_\mathsf{Z}$ das Zentrum gemeinsam haben, dessen Zerlegung ja für die Zerlegung des ganzen Ringes in einfache Bestandteile maßgebend ist (II, § 2, Sätze 3, 4).

Insbesondere

Satz 4. *Ist P das Zentrum von A, und ist $\mathfrak{A}$ eine einfache Algebra über P, so ist $\mathfrak{A}_\mathsf{A}$ ein einfacher Ring, dessen Zentrum gleich dem Zentrum von $\mathfrak{A}$ ist.*

Wenn also A und B zwei Divisionsalgebren über P sind, von denen die eine, etwa B, P als Zentrum hat, so ist ihr direktes Produkt $\mathsf{A} \times \mathsf{B}$ über P eine einfache Algebra $\mathsf{A} \times \mathsf{B} = \Gamma \times \mathsf{P}_t$ mit dem gleichen Zentrum wie A. Für das direkte Produkt von zwei einfachen Algebren $\mathfrak{A} = \mathsf{A} \times \mathsf{P}_r$, $\mathfrak{B} = \mathsf{B} \times \mathsf{P}_s$ erhalten wir $\mathfrak{A} \times \mathfrak{B} = \Gamma \times (\mathsf{P}_r \times \mathsf{P}_s \times \mathsf{P}_t)$. Nun kann leicht ausgerechnet werden, daß das direkte Produkt von zwei Matrizesringen P_r, P_s wieder ein Matrizesring ist: $\mathsf{P}_r \times \mathsf{P}_s = \mathsf{P}_{rs}$ (Einsetzen von Matrizes für die Elemente einer anderen Matrix).

Daher

Satz 5. *Das direkte Produkt von zwei einfachen Algebren $\mathfrak{A}$, $\mathfrak{B}$ über dem Körper* P *ist wieder eine einfache Algebra über* P, *wenn nur* P *für eine der beiden Algebren Zentrum ist. Das Zentrum von $\mathfrak{A} \times \mathfrak{B}$ ist gleich dem Zentrum des andern Faktors.*

3. Wir untersuchen jetzt, was eine Erweiterung des Grundkörpers P zu einem Körper Ω für eine einfache Algebra $\mathfrak{A}/\mathsf{P}$ ausmacht. Da wir $\mathfrak{A}$ als direktes Produkt einer Divisionsalgebra A mit einem Matrizesring P_r schreiben können und $\mathfrak{A}_\Omega = (\mathsf{A} \times \mathsf{P}_r)_\Omega = \mathsf{A}_\Omega \times \Omega_r$ wird, so können wir uns auf Divisionsalgebren A beschränken. Ist Z das Zentrum von A, so ist Z_Ω das Zentrum von A_Ω.

Ist Ω rein transzendent über P, so wird Z_Ω ein Körper und A_Ω bleibt Divisionsalgebra. Denn ist $u_1, \ldots, u_n$ eine Basis von A/P, so ergeben sich für die Koordinaten ω_i eines Elementes $x = u_1\omega_1 + \cdots + u_n\omega_n$ von A_Ω mit $x^2 = 0$ algebraische Gleichungen mit Koeffizienten aus P. Diese haben in Ω keine Lösungen, weil sie in P unlösbar sind.

Ist Ω endlich algebraisch, so ist A_Ω nach Satz 3 dann und nur dann halbeinfach, wenn Z_Ω halbeinfach ist.

Nur am Zentrum Z liegt es also, ob A_Ω halbeinfach bleibt oder nicht. Bei separablem Zentrum Z ist A_Ω nach § 3, Satz 1, immer halbeinfach, bei inseparablem Zentrum aber nicht. Auch die Anzahl der verschiedenen einfachen Summanden von A_Ω ist durch Z gegeben, sie ist gleich der Anzahl der Summanden von Z_Ω.

Eine beliebige halbeinfache Algebra $\mathfrak{A}/\mathsf{P}$ bleibt bei jeder Erweiterung von P halbeinfach, wenn die Zentren ihrer einfachen Summanden separable Körper über P sind (§ 3, Satz 1).

4. Wir wenden Satz 3 schließlich noch an auf das direkte Produkt zweier einfacher Algebren $\mathfrak{A} = \mathsf{A} \times \mathsf{P}_r$ und $\mathfrak{B} = \mathsf{B} \times \mathsf{P}_s$ über P. Ist Z das Zentrum von $\mathfrak{A}$ und A, Θ das von $\mathfrak{B}$ und B, so wird $\mathsf{Z} \times \Theta$ das Zentrum von $\mathfrak{A} \times \mathfrak{B}$. $\mathfrak{A} \times \mathfrak{B}$ ist dann und nur dann halbeinfach, wenn $\mathsf{Z} \times \Theta$ halbeinfach ist, und $\mathfrak{A} \times \mathfrak{B}$ zerfällt in diesem Falle in gleich viel einfache Bestandteile wie das Produkt der Zentren $\mathsf{Z} \times \Theta$.

§ 3. Grundkörpererweiterung bei Körpern. Galoissche Theorie.

1. $\mathfrak{A}$ sei eine endliche algebraische Erweiterung des Körpers P, als Algebra angesehen. Wir untersuchen den Einfluß einer Erweiterung Λ des Grundkörpers P auf $\mathfrak{A}$.

Satz 1. *$\mathfrak{A}_\Lambda$ ist dann und nur dann vollständig reduzibel — also direkte Summe von Körpern —, bei jeder Grundkörpererweiterung Λ, wenn $\mathfrak{A}$ separabel über* P *ist.* (Noether [2], [4].)

Beweis. Λ sei so gewählt, daß alle irreduziblen Darstellungen von $\mathfrak{A}$, und daher auch die von $\mathfrak{A}_\Lambda$ in Λ den Grad 1 haben – z. B. Λ algebraisch abgeschlossen. Der Rang des Restklassenringes von $\mathfrak{A}_\Lambda$ nach seinem Radikal $\mathfrak{R}$ ist gleich der Anzahl dieser irreduziblen Darstellungen, d. h. der verschiedenen zu $\mathfrak{A}$ konjugierten Körper, denn eine Darstellung ersten Grades von $\mathfrak{A}$ in Λ ist eine isomorphe Abbildung von $\mathfrak{A}$ auf einen Teilkörper von Λ, bei der P elementweise fest bleibt. Diese Anzahl ist gleich dem Grad von $\mathfrak{A}/\mathsf{P}$ oder kleiner, je nachdem $\mathfrak{A}$ separabel über P ist oder nicht.

Ein Körper Λ/P heißt *Abspaltungskörper* von $\mathfrak{A}$, wenn $\mathfrak{A}_\Lambda/\mathfrak{R}$ mindestens einen einfachen Bestandteil vom Range 1 abspaltet, d. h. wenn es eine absolut irreduzible Darstellung von $\mathfrak{A}$ in Λ gibt.

Ein Abspaltungskörper ist also einfach ein Körper Λ/P, der einen zu $\mathfrak{A}$ isomorphen Teilkörper A/P enthält.

Λ/P heißt *Zerfällungskörper* von $\mathfrak{A}$, wenn $\mathfrak{A}_\Lambda/\mathfrak{R}$ in einfache Bestandteile vom Range 1 zerfällt, d. h. wenn alle irreduziblen Darstellungen von $\mathfrak{A}$ in Λ absolut irreduzibel sind.

Λ/P ist dann und nur dann Zerfällungskörper für $\mathfrak{A}/\mathsf{P}$, wenn in Λ ein Körper Γ/P enthalten ist, der zum galoisschen Körper von $\mathfrak{A}$ isomorph ist.

2. Sei jetzt $\mathfrak{A}$ separabel über P. Λ sei ein Zerfällungskörper von $\mathfrak{A}$. Ist $(\mathfrak{A} : \mathsf{P}) = n$, so wird $\mathfrak{A}_\Lambda$ direkte Summe von n Körpern, den n isomorphen Abbildungen (Darstellungen ersten Grades) von $\mathfrak{A}$ in Λ entsprechend. Diese Körper haben also den Grad 1 über Λ, d. h. es ist

$$\mathfrak{A} = e_1\Lambda + \cdots + e_n\Lambda \quad \text{mit} \quad e_i e_j = \begin{matrix} e_i, & i = j \\ 0, & i \neq j. \end{matrix}$$

Die verschiedenen Isomorphismen $a \to \alpha_i$ von $\mathfrak{A}$ in Λ sind durch

$$a e_i = e_i \alpha_i$$

gegeben (Darstellung des Elementes $a e_i$ durch die Basis der e_i).

Wir wollen den Fall untersuchen, daß $\mathfrak{A}/\mathsf{P}$ galoissch ist; die galoissche Gruppe von $\mathfrak{A}/\mathsf{P}$ sei $\mathfrak{G} = \{S_1, \ldots, S_n\}$. Wir schreiben a^S für das Element von $\mathfrak{A}$, das aus a durch den Automorphismus S hervorgeht. Die S können auf $\mathfrak{A}_\Lambda$ ausgedehnt werden durch die Festsetzung $\lambda^S = \lambda$ für λ aus Λ.

$\mathfrak{G}$ wird dadurch zu einer Automorphismengruppe von $\mathfrak{A}_\Lambda$. Da die $e_i\Lambda$ als einfache Bestandteile von $\mathfrak{A}_\Lambda$ eindeutig bestimmt sind, so ergibt jedes S eine Permutation der $e_i\Lambda$, insbesondere ihrer Einselemente e_i; $e_1^S, \ldots, e_n^S$ ist eine Permutation P_S der $e_1, \ldots, e_n$. Liefert e_i die Darstellung $a \to \alpha_i$, so liefert e_i^S die Darstellung $a^S \to \alpha_i$. Da $a^{S_1} \to \alpha_i, \ldots, a^{S_n} \to \alpha_i$ gerade die n verschiedenen Darstellungen von $\mathfrak{A}$ in Λ sind, so sind $e_i^{S_1}, \ldots, e_i^{S_n}$ die n verschiedenen Idempotente $e_1, \ldots, e_n$, die wir also mit Auszeichnung eines beliebigen unter ihnen auch mit $e^{S_1}, \ldots, e^{S_n}$

benennen können. Diese Tatsache ergibt unmittelbar, daß die oben eingeführten Matrizes P_S einfach die Darstellung $S \to P_S$ der Gruppe $\mathfrak{G}$ sind.

Ist jetzt $a_1, \ldots, a_n$ irgendeine Basis von $\mathfrak{A}/\mathsf{P}$, so wird die durch $(a_1^S, \ldots, a_n^S) = A_S(a_1, \ldots, a_n)$ definierte Darstellung $S \to A_S$ von $\mathfrak{G}$ in P mit der Darstellung $S \to P_S$ im Körper Λ äquivalent sein, denn $e_1, \ldots, e_n$ und $a_1, \ldots, a_n$ sind ja zwei verschiedene Basen von $\mathfrak{A}_\Lambda/\Lambda$, die auseinander durch eine Matrix von Λ hervorgehen. Da aber beide Darstellungen in P stattfinden, so sind sie schon im Körper P selbst äquivalent. Für Gruppen $\mathfrak{G}$, deren Darstellungen in P sämtlich vollständig reduzibel sind, d. h. für die der Gruppenring in P halbeinfach ist (dafür ist notwendig und hinreichend, daß n kein Vielfaches der Charakteristik von P ist), folgt dies einfach durch Abzählen der irreduziblen Darstellungen (III, § 4, Satz 1). Im allgemeinen Fall muß etwas anders geschlossen werden (DEURING [2]). Die Äquivalenz der beiden Darstellungen $S \to A_S$ und $S \to P_S$ bedeutet, daß $\mathfrak{A}$ eine Basis $a_1, \ldots, a_n$ hat mit der Eigenschaft

$$(a_1^S, \ldots, a_n^S) = P_S(a_1, \ldots, a_n),$$

oder, was auf das gleiche hinausläuft, daß die a_i die Konjugierten a^{S_ν} eines unter ihnen sind: *Normalbasis.*

Bilden wir $\mathfrak{A}$ dadurch auf den Gruppenring $\mathfrak{G}_\mathsf{P} = \mathsf{P}S_1 + \cdots + \mathsf{P}S_n$ von $\mathfrak{G}$ in P ab, daß wir die Elemente $a^{S_1}, \ldots, a^{S_n}$ einer Normalbasis der Reihe nach den Gruppenelementen $S_1, \ldots, S_n$ entsprechen lassen, so ist diese Abbildung ein Operatorisomorphismus, wenn $\mathfrak{G}$ als Rechtsoperatorenbereich genommen wird:

Satz 2. *$\mathfrak{A}/\mathsf{P}$ ist operatorisomorph mit dem Gruppenring $\mathfrak{G}_\mathsf{P}$ von $\mathfrak{G}$ in P.*

Diese Isomorphie ist nicht eindeutig bestimmt. Jedoch ist das Bild in $\mathfrak{A}$ eines Linksideals von $\mathfrak{G}_\mathsf{P}$ von der besonderen Wahl des Isomorphismus nicht abhängig. Denn zwei Isomorphismen unterscheiden sich um einen Automorphismus von $\mathfrak{G}_\mathsf{P}$. Dieser Automorphismus ist aber einfach die Linksmultiplikation von $\mathfrak{G}$ mit einem gewissen Element r, dessen Inverses r^{-1} existiert. Ein Linksideal $\mathfrak{l}$ von $\mathfrak{G}_\mathsf{P}$ geht also bei diesem Automorphismus in sich über: $r\mathfrak{l} = \mathfrak{l}$ (wenn auch nicht elementweise).

Die Bilder in $\mathfrak{A}$ der Linksideale von $\mathfrak{G}_\mathsf{P}$, die also allein durch $\mathfrak{A}$ bestimmt sind, heißen die *Galoismoduln* von $\mathfrak{A}/\mathsf{P}$. Jeder Galoismodul bestimmt eine Darstellung von $\mathfrak{G}_\mathsf{P}$ in P, indem das zugehörige Linksideal von $\mathfrak{G}_\mathsf{P}$ als Darstellungsmodul genommen wird.

$\mathfrak{B}$ sei ein Teilkörper von $\mathfrak{A}$, der P enthält, und demnach Invariantenbereich einer Untergruppe $\mathfrak{H}$ von $\mathfrak{G}$ ist, $\mathfrak{H}$ ist die galoissche Gruppe von $\mathfrak{A}$ in Beziehung auf $\mathfrak{B}$. Dann gilt

Satz 3. *Ein Galoismodul $\mathfrak{l}$ von $\mathfrak{A}/\mathsf{P}$, der zugleich $\mathfrak{B}$-Modul ist, ist auch ein Galoismodul von $\mathfrak{A}/\mathfrak{B}$. Gehört zu $\mathfrak{l}$ als $\mathfrak{B}$-Modul die Darstellung Δ*

von $\mathfrak{H}$, so definiert das gleiche $\mathfrak{l}$, als Galoismodul von $\mathfrak{A}/\mathsf{P}$ angesehen, diejenige Darstellung von $\mathfrak{G}$, die von der Darstellung $\varDelta$ der Untergruppe $\mathfrak{H}$ induziert wird.

Für den Beweis im Sonderfall $\mathfrak{l} = \mathfrak{B}$ siehe DEURING [**2**], im allgemeinen Fall DEURING [**4**].

Aus Satz 2 ergibt sich auch ein neuer Beweis für den Hauptsatz der galoisschen Theorie (DEURING [**2**]).

§ 4. Einfache Algebren.

Für die Strukturtheorie der einfachen Algebren ist es von Bedeutung, ein Mittel zur Entscheidung darüber zu haben, ob in einer einfachen Algebra $\mathfrak{A}/\mathsf{P}$ eine zu einer gegebenen Algebra $\mathfrak{B}/\mathsf{P}$ isomorphe Teilalgebra vorhanden ist. $\mathfrak{A}$ ist voller Matrizesring in einer Divisionsalgebra A, $\mathfrak{A} = \mathsf{A}_r$. Eine zu $\mathfrak{B}$ isomorphe Teilalgebra von $\mathfrak{A}$ bedeutet demnach eine Darstellung r-ten Grades von $\mathfrak{B}$ in A. So erscheint der Darstellungsbegriff als ein natürliches Hilfsmittel in unseren Untersuchungen. Der Aufbau ist hier wie bei NOETHER [**4**]. Jedoch ist die Theorie unabhängig vom Darstellungsbegriff von ALBERT und BRAUER entwickelt worden.

Eine Algebra $\mathfrak{A}/\mathsf{P}$ heißt *normal* über P, wenn P das Zentrum von $\mathfrak{A}$ ist. Jede einfache Algebra kann als normale Algebra aufgefaßt werden, da ihr Zentrum ein Körper ist, der dann als neuer Grundkörper genommen wird. Unter einer *Teilalgebra* von $\mathfrak{A}$ verstehen wir eine in $\mathfrak{A}$ enthaltene Algebra über P, die das Einselement von $\mathfrak{A}$ enthält.

1. Eine Übersicht über die möglichen Darstellungen einer Algebra $\mathfrak{B}$ in einer normalen Divisionsalgebra gibt uns der etwas allgemeinere

Satz 1. *Die irreduziblen reziproken Darstellungen einer Algebra $\mathfrak{B}/\mathsf{P}$ mit Einselement in einem P enthaltenden Schiefkörper A werden von den einfachen Linksidealen des Restklassenringes von $\mathfrak{B}_{\mathsf{A}}$ nach seinem Radikal als Darstellungsmoduln gegeben.* (*Die Darstellungen sind, wie in III, § 2, immer P-operatorhomomorph, in Anpassung an die eingangs erwähnte Fragestellung.*) *Ein reziproker Darstellungsmodul von $\mathfrak{B}$ in A ist $\mathfrak{B}_{\mathsf{A}}$-Modul, und umgekehrt.* (NOETHER [**4**].)

Beweis. $\mathfrak{M} = \mathsf{A}x_1 + \cdots + \mathsf{A}x_r$ sei ein reziproker Darstellungsmodul von $\mathfrak{B}$ in A. Wir zeigen, daß $\mathfrak{M}$ zu einem $\mathfrak{B}_{\mathsf{A}}$-Modul gemacht werden kann. Da $\mathfrak{B}$ eine Eins hat, ist A Teilbereich von $\mathfrak{B}_{\mathsf{A}}$. Um $\mathfrak{M}$ zu einem $\mathfrak{B}_{\mathsf{A}}$-Linksmodul zu machen, muß das Produkt $c \cdot m$ eines $\mathfrak{B}_{\mathsf{A}}$-Elementes c mit einem $\mathfrak{M}$-Element m definiert werden. $(u_1, \ldots, u_n) = \mathfrak{u}$ sei eine Basis der Algebra $\mathfrak{B}$. $\mathfrak{u}$ ist auch eine A-Basis von $\mathfrak{B}_{\mathsf{A}}$, c hat also eine Darstellung

$$c = \sum \beta_i u_i, \quad \beta_i \text{ aus } \mathsf{A}.$$

Wir setzen
$$c \cdot m = \sum \beta_i \cdot u_i m. \tag{1}$$
Für die Elemente c von $\mathfrak{B}$ ist das in Einklang mit der von vornherein gegebenen Produktbildung von $\mathfrak{B}$ mit $\mathfrak{M}$.

Die Vertauschungsregel $b \cdot \alpha m = \alpha \cdot bm$ ($b \subset \mathfrak{B}$. $\alpha \subset \mathsf{A}$, $m \subset \mathfrak{M}$) für den Darstellungsmodul $\mathfrak{M}$ dient zum Nachweis des zweiten Modulaxioms $c(dm) = (cd)m$, c und d aus $\mathfrak{B}$, m aus $\mathfrak{M}$. Zunächst ist für α aus A, a aus $\mathfrak{B}$ und m aus $\mathfrak{M}$: $\alpha a \cdot m = \alpha \cdot am$ nach der obigen Definition. $(cd)m = c(dm)$ braucht wegen (1) nur für Elemente $c = \alpha a$, $d = \beta b$, α, $\beta \subset \mathsf{A}$, $a, b \subset \mathfrak{B}$ bewiesen zu werden. Es ist
$$\begin{aligned}(\alpha a \cdot \beta b)m &= (\alpha\beta \cdot ab)m = \alpha\beta(ab \cdot m) = \alpha(\beta(a(bm))) = \alpha(a(\beta(bm)))\\ &= \alpha a(\beta bm).\end{aligned}$$
Die Definition von cm hängt von der benutzten Basis $\mathfrak{u}$ nicht ab. Zum Beweis betrachten wir eine zweite Basis $\mathfrak{v} = (v_1, \ldots, v_n)$ von $\mathfrak{B}$, es sei
$$u_i = \sum \varrho_{ij} v_j, \quad \varrho_{ij} \subset \mathsf{P}.$$
Weiter sei, $(x_1 \ldots, x_n) = \mathfrak{x}$ gesetzt,
$$\begin{aligned}u_i\mathfrak{x} &= U_i\mathfrak{x}\\ v_i\mathfrak{x} &= V_i\mathfrak{x} \qquad\qquad U_i,\ V_i \text{ Matrizes in } \mathsf{A},\end{aligned}$$
und $c = \sum \beta_i u_i = \sum \gamma_i v_i$. Die Bildung von $c \cdot m$ mittels $\mathfrak{u}$ gibt
$$c\mathfrak{x} = (\sum \beta_i U_j)\mathfrak{x}$$
mittels $\mathfrak{v}$:
$$c\mathfrak{x} = (\sum \gamma_j V_j)\mathfrak{x}.$$
Es ist $\gamma_j = \sum_i \varrho_{ij}\beta_i$, und $U_i = \sum_j \varrho_{ij} V_j$, daher
$$\begin{aligned}\sum_i \beta_i U_i &= \sum_{i,j} \beta_i \varrho_{ij} V_j,\\ \sum_j \gamma_j V_j &= \sum_{i,j} \beta_i \varrho_{ij} V_j,\end{aligned}$$
woraus die Behauptung folgt.

Umgekehrt ist ein Linearformenmodul in A, der zugleich $\mathfrak{B}_{\mathsf{A}}$-Linksmodul ist, reziproker Darstellungsmodul von $\mathfrak{B}$ in A, die Vertauschungsregel $\alpha \cdot am = a \cdot \alpha m$ ($\alpha \subset \mathsf{A}$, $a \subset \mathfrak{B}$, $m \subset \mathfrak{M}$) ist jetzt umgekehrt eine Folge der Assoziativregel und der Vertauschbarkeit von α mit a: $\alpha \cdot am = \alpha a \cdot m = a\alpha \cdot m = a \cdot \alpha m$.

Die irreduziblen reziproken Darstellungen von $\mathfrak{B}$ in A gehören zu einfachen Darstellungsmoduln, das sind einfache $\mathfrak{B}_{\mathsf{A}}$-Moduln. Die einfachen $\mathfrak{B}_{\mathsf{A}}$-Moduln sind aber nach III, § 2, Satz 4, zu den einfachen Linksidealen des Restklassenringes von $\mathfrak{B}_{\mathsf{A}}$ nach seinem Radikal $\mathfrak{R}$ isomorph. Es ist nur nachzuprüfen, daß $\mathfrak{B}_{\mathsf{A}}$ halbprimär und $\mathfrak{R}$ nilpotent ist. Da $\mathfrak{B}_{\mathsf{A}}$ ein A-Modul vom Rang n ist, so sind die Linksideale von $\mathfrak{B}_{\mathsf{A}}$ A-Moduln vom Höchstrang n, sie haben demnach die Maximal- und die Minimaleigenschaft, daraus folgt alles nach II.

In dem besonderen Fall einer einfachen Algebra $\mathfrak{B}/\mathsf{P}$ ergeben Satz 1 und Satz 4 in § 2:

Satz 2. *Eine einfache Algebra $\mathfrak{B}/\mathsf{P}$ hat genau eine irreduzible reziproke Darstellungsklasse in einem Schiefkörper A mit dem Zentrum P. Alle reziproken Darstellungen von $\mathfrak{B}$ in A sind vollständig reduzibel.* (Noether [**4**], Albert [**24**].)

2. Wenn $\mathfrak{B}/\mathsf{P}$ einfach ist, so wird $\mathfrak{B}_\mathsf{A}$ ein einfacher Ring, also $\mathfrak{B}_\mathsf{A} = \mathsf{A}'_t$ Matrizesring vom Grade t in einem Schiefkörper A'. Ist r der Grad der irreduziblen Darstellung von $\mathfrak{B}$ in A, so gilt

$$(\mathfrak{B} : \mathsf{P}) = rt. \tag{2}$$

Denn $\mathfrak{B}_\mathsf{A}$ ist selbst ein Darstellungsmodul vom Rang $(\mathfrak{B} : \mathsf{P})$, der nach Satz 2 in t einfache Moduln (Linksideale) zerfällt, von denen jedes den Rang r hat.

Ist A selbst (Divisions-) Algebra, so tritt zu (2) noch eine andere Beziehung für den Rang von A':

$$(\mathsf{A}' : \mathsf{P})t = (\mathsf{A} : \mathsf{P})r. \tag{3}$$

$(\mathsf{A}' : \mathsf{P})t$ ist der Rang eines einfachen Linksideals von $\mathfrak{B}_\mathsf{A}$ in Beziehung auf P. Der ist aber auch das r-fache des P-Ranges von A, da r der A-Rang eines einfachen Linksideals von $\mathfrak{B}_\mathsf{A}$ ist.

3. Wir gehen an die Untersuchung der Teilalgebren einer einfachen Algebra. A sei ein Schiefkörper mit dem Zentrum P, A^* der zu A reziprok isomorphe Schiefkörper. Gibt es zu der einfachen Algebra $\mathfrak{B}/\mathsf{P}$ eine isomorphe Teilalgebra des Matrizesringes A_f, so hat $\mathfrak{B}$ eine reziproke Darstellung $f$ten Grades in A^* und umgekehrt. Wir sagen dementsprechend:

$\mathfrak{B}$ ist irreduzibel bzw. reduzibel einbettbar in A_f, wenn $\mathfrak{B}$ eine irreduzible (reduzible) Darstellung f-ten Grades in A^* hat.

Nach Satz 2 gibt es genau eine Zahl r, so daß $\mathfrak{B}$ irreduzibel in A_r einbettbar ist; reduzibel ist $\mathfrak{B}$ einbettbar in allen A_{rs}, $s > 1$. Wir sagen, *$\mathfrak{B}$ ist s-fach einbettbar in A_{rs}.*

Satz 3. *Sind $\mathfrak{B}_1/\mathsf{P}$ und $\mathfrak{B}_2/\mathsf{P}$ zwei einfache Teilalgebren von A_f, die so isomorph aufeinander abgebildet werden können, daß P elementweise fest bleibt, so gibt es einen inneren Automorphismus $\alpha \to \beta^{-1}\alpha\beta$ von A_f, der diesen Isomorphismus $\mathfrak{B}_1 \cong \mathfrak{B}_2$ umfaßt.* (Noether [**4**], Skolem [**1**].)

Beweis. $\mathfrak{B}_1$ und $\mathfrak{B}_2$ ergeben bei der reziprok isomorphen Abbildung von A_f auf A_f^* zwei reziproke Darstellungen gleichen Grades einer Algebra $\mathfrak{B}$ in A^*; diese sind nach Satz 2 äquivalent, gehen also durch Transformation $\alpha \to \beta^{-1}\alpha\beta$ auseinander hervor.

Satz 4. *$\mathfrak{A}$ sei ein einfacher Ring, also Matrizesring in einem Schiefkörper A, dessen Zentrum P sei, $\mathfrak{A} = \mathsf{A}_f$. $\mathfrak{B}/\mathsf{P}$ sei eine in $\mathfrak{A}$ enthaltene einfache Algebra. Die Gesamtheit $\mathfrak{C}$ der mit $\mathfrak{B}$ elementweise vertauschbaren Elemente von $\mathfrak{A}$ ist wieder ein einfacher Ring, also Matrizesring* *in einem Schiefkörper* Γ, $\mathfrak{C} = \Gamma_s$. Γ *ist reziprok isomorph zu dem Schiefkörper* Γ^*, *in dem* $\mathfrak{B}_{\mathsf{A}^*}$ *Matrizesring ist:* $\mathfrak{B}_{\mathsf{A}^*} = \Gamma_r^*$. *Die Einbettung von* $\mathfrak{B}$ *in* $\mathfrak{A} = \mathsf{A}_f$ *ist s-fach. Der Durchschnitt* $\mathfrak{B} \cap \mathfrak{C}$ *ist das Zentrum von* $\mathfrak{B}$. (NOETHER [**4**].)

Beweis. Die letzte Behauptung über $\mathfrak{B} \cap \mathfrak{C}$ folgt aus der Definition von $\mathfrak{C}$ unmittelbar.

Die Voraussetzung über $\mathfrak{B}$ besagt, daß eine reziproke Darstellung f-ten Grades von $\mathfrak{B}$ in A^* vorhanden ist,

$$\mathfrak{M} = \mathsf{A}^* x_1 + \cdots + \mathsf{A}^* x_f$$

sei Darstellungsmodul für diese Darstellung. Zur Abkürzung sei die *Spalte* der x_i mit $\mathfrak{x}$ bezeichnet. Für ein Element b von $\mathfrak{B}$ ist die durch

$$b\mathfrak{x} = B\mathfrak{x}$$

definierte Matrix in A^* das Bild von b bei einer reziprok isomorphen Abbildung von $\mathfrak{A} = \mathsf{A}_f$ auf A_f^*. Einem Element c von $\mathfrak{C}$ mag bei der gleichen Abbildung die Matrix C entsprechen.

Die mit $BC = CB$ gleichbedeutende Beziehung $bc = cb$ hat zur Folge, daß

$$b \cdot C\mathfrak{x} = B \cdot C\mathfrak{x} \tag{4}$$

gilt: $b \cdot C\mathfrak{x} = C \cdot b\mathfrak{x}$ nach der Vertauschungsregel III, § 1 (4) für $\mathfrak{M}$. $C \cdot b\mathfrak{x} = CB \cdot \mathfrak{x} = BC \cdot \mathfrak{x} = B \cdot C\mathfrak{x}$. Das gilt auch umgekehrt. Ist für eine Matrix C die Gleichung (4) mit jedem $b \subset \mathfrak{B}$ richtig, so wird $BC = CB$. Die Elemente von $\mathfrak{C}$ sind also durch (4) gekennzeichnet.

(4) bedeutet aber, daß die durch den Übergang von $\mathfrak{x}$ zu $C\mathfrak{x}$ gegebene A^*-operatorisomorphe Abbildung von $\mathfrak{M}$ auf einen Teilmodul auch für die $\mathfrak{B}$-Elemente als Operatoren operatortreu ist. Fassen wir also $\mathfrak{M}$ gemäß Satz 1 als $\mathfrak{B}_{\mathsf{A}^*}$ Modul auf, so ist durch $\mathfrak{x} \to C\mathfrak{x}$ ein Operatorautomorphismus von $\mathfrak{M}$ als $\mathfrak{B}_{\mathsf{A}^*}$-Modul gegeben. Ist $\mathfrak{B}_{\mathsf{A}^*} = \Gamma_t^*$, so wird nach II, § 9, Satz 4, der Ring der C zu Γ_s^* isomorph, falls $\mathfrak{M}$ Summe von s einfachen Moduln ist. $\mathfrak{C}$ wird daher zu Γ_s^* reziprok isomorph. Damit ist der Beweis beendet.

Dem Satz 4 sei noch eine Bemerkung hinzugefügt:

Da sich $\mathfrak{B}$ s-fach in $\mathfrak{A} = \mathsf{A}_f$ einbetten läßt, so ist f durch s teilbar und $\mathfrak{B}$ ist irreduzibel einbettbar in $\mathsf{A}_{f/s}$. Der Beweis von Satz 4 zeigt, daß der mit $\mathfrak{B}$ in $\mathsf{A}_{f/s}$ elementweise vertauschbare Teilring von $\mathsf{A}_{f/s}$ zu Γ isomorph ist.

4. Bislang war von beliebigen einfachen Ringen $\mathfrak{A} = \mathsf{A}_f$ die Rede, jetzt betrachten wir einfache *Algebren* $\mathfrak{A}$.

Satz 3 behält seine Bedeutung. Er kann aber auch auf die Automorphismen von $\mathfrak{A}$ selbst angewendet werden und ergibt:

Satz 5. *Die* P *elementweise festlassenden Automorphismen einer einfachen Algebra über* P *sind innere Automorphismen.* (NOETHER [**4**], SKOLEM [**1**], BRAUER [**5**]; vgl. auch II, § 9, Satz 7).

Satz 4 kann verschärft werden: $\mathfrak{C}$ wird auch eine einfache *Algebra*, die Beziehung zwischen $\mathfrak{B}$ und $\mathfrak{C}$ erweist sich als symmetrisch, und es gelten gewisse Rangrelationen:

Satz 6. *$\mathfrak{A}/\mathsf{P}$ sei eine einfache Algebra. Die einfachen Teilalgebren von $\mathfrak{A}$ zerfallen in Paare $\mathfrak{B}$, $\mathfrak{C}$ derart, daß $\mathfrak{C}$ aus der Gesamtheit der mit $\mathfrak{B}$ elementweise vertauschbaren Elemente von $\mathfrak{A}$ besteht und umgekehrt. $\mathfrak{B}$ und $\mathfrak{C}$ haben das gemeinsame Zentrum $\mathfrak{B} \cap \mathfrak{C}$. Es wird* $(\mathfrak{A} : \mathsf{P}) = (\mathfrak{B} : \mathsf{P})(\mathfrak{C} : \mathsf{P})$. (ALBERT [**22**], NOETHER [**4**], BRAUER [**5**].)

Beweis. Es sei $\mathfrak{A} = \mathsf{A}_f$, A Divisionsalgebra. Die Einbettung von $\mathfrak{B}$ in $\mathfrak{A}$ sei s-fach, also $f = rs$, wenn r der Grad der irreduziblen Darstellung von $\mathfrak{B}$ in A^* ist. Es wird dann nach Satz 4 $\mathfrak{C} = \Gamma_s$, wenn $\mathfrak{B}_{\mathsf{A}^*} = \Gamma_t^*$. Nach (3) gilt

$$(\Gamma^* : \mathsf{P})\,tr = (\mathsf{A} : \mathsf{P})\,r^2.$$

Nach (2) ist $tr = (\mathfrak{B} : \mathsf{P})$, also

$$(\Gamma^* : \mathsf{P})(\mathfrak{B} : \mathsf{P})\,s^2 = (\mathsf{A} : \mathsf{P})\,r^2 s^2.$$

Da $(\Gamma^* : \mathsf{P})\,s^2 = (\mathfrak{C} : \mathsf{P})$, $rs = f$ ist, so folgt

$$(\mathfrak{C} : \mathsf{P})(\mathfrak{B} : \mathsf{P}) = (\mathfrak{A} : \mathsf{P}).$$

Aus dieser Rangrelation folgt, daß der Ring der mit $\mathfrak{C}$ elementweise vertauschbaren Größen von $\mathfrak{A}$, der $\mathfrak{B}$ umfaßt, nicht größer als $\mathfrak{B}$, also gleich $\mathfrak{B}$ ist.

$\mathfrak{B}$ ist irreduzibel in $\mathsf{A}_{f/s}$ einbettbar und in $\mathsf{A}_{f/s}$ elementweise vertauschbar mit einer zu Γ isomorphen Teilalgebra Γ'. Sei $\mathfrak{B} = \mathsf{B}_q$, B Divisionsalgebra. Die umgekehrte Anwendung von Satz 4 zeigt, daß Γ' q-fach in $\mathsf{A}_{f/s}$, also irreduzibel in $\mathsf{A}_{f/sq}$ einbettbar ist, der mit Γ' elementweise vertauschbare Teilring von $\mathsf{A}_{f/sq}$ ist mit B isomorph. Daher

Satz 7. *Unter den gleichen Voraussetzungen wie in Satz 6 ist der Matrizengrad f von $\mathfrak{A} = \mathsf{A}_f$ teilbar durch das Produkt der Matrizesgrade q und s von $\mathfrak{B} = \mathsf{B}_q$, $\mathfrak{C} = \Gamma_s$. Die Divisionsalgebren B, Γ werden einem Paar von elementweise vertauschbaren Teilringen von $\mathsf{A}_{f/qs}$ isomorph.* (NOETHER [4].)

Satz 8. *Die gleichen Voraussetzungen wie in Satz 6. Das innerhalb $\mathfrak{A}$ gebildete Produkt von $\mathfrak{B}$ und $\mathfrak{C}$ ist direkt, wenn das gemeinsame Zentrum $\mathfrak{B} \cap \mathfrak{C}$ von $\mathfrak{B}$ und $\mathfrak{C}$ als Grundkörper genommen wird. $\mathfrak{B} \times \mathfrak{C}$ ist der mit $\mathfrak{B} \cap \mathfrak{C}$ elementweise vertauschbare Teilring von $\mathfrak{A}$, also die größte Teilalgebra von $\mathfrak{A}$ mit dem Zentrum $\mathfrak{B} \cap \mathfrak{C}$.* (BRAUER [**6**].)

Beweis. Das direkte Produkt von $\mathfrak{B}$ und $\mathfrak{C}$ über $\mathfrak{B} \cap \mathfrak{C}$ kann, da $\mathfrak{B}$ mit $\mathfrak{C}$ elementweise vertauschbar ist, ringhomomorph auf das in $\mathfrak{A}$ gebildete Produkt abgebildet werden. Da aber das direkte Produkt von $\mathfrak{B}$ und $\mathfrak{C}$ einfach ist (§ 2, Satz 5), so ist die Abbildung ein Isomorphismus. Es gilt daher die Rangrelation

$$(\mathfrak{B}\mathfrak{C} : \mathsf{P})/(\mathfrak{B} \cap \mathfrak{C} : \mathsf{P}) = (\mathfrak{B}\mathfrak{C} : \mathfrak{B} \cap \mathfrak{C}) = (\mathfrak{B} : \mathfrak{B} \cap \mathfrak{C})(\mathfrak{C} : \mathfrak{B} \cap \mathfrak{C})$$
$$= (\mathfrak{B} : \mathsf{P})(\mathfrak{C} : \mathsf{P})/(\mathfrak{B} \cap \mathfrak{C} : \mathsf{P})^2 = (\mathfrak{A} : \mathsf{P})/(\mathfrak{B} \cap \mathfrak{C} : \mathsf{P})^2,$$
$$(\mathfrak{B}\mathfrak{C} : \mathsf{P})(\mathfrak{B} \cap \mathfrak{C} : \mathsf{P}) = (\mathfrak{A} : \mathsf{P}).$$

Nach Satz 6 sind also $\mathfrak{B}\mathfrak{C}$ und $\mathfrak{B} \cap \mathfrak{C}$ ein Paar elementweise vertauschbarer Teilringe von $\mathfrak{A}$.

5. Eine Folgerung aus Satz 8 ist

Satz 9. *Ist $\mathfrak{B}/\mathsf{P}$ eine einfache normale Teilalgebra der einfachen normalen Algebra $\mathfrak{A}/\mathsf{P}$, so ist $\mathfrak{A}$ das direkte Produkt von $\mathfrak{B}$ mit einer anderen einfachen normalen Teilalgebra $\mathfrak{C}/\mathsf{P}$ von $\mathfrak{A}$.* (WEDDERBURN [**1**], ALBERT [**19**]).

Wir nennen eine einfache normale Algebra $\mathfrak{A}/\mathsf{P}$ *primär*, wenn sie keine echte normale einfache Teilalgebra enthält. Eine primäre Algebra ist notwendigerweise eine Divisionsalgebra oder eine volle Matrizesalgebra P_p vom Primzahlgrad p.

Aus Satz 9 ergibt sich

Satz 10. *Jede Algebra ist direktes Produkt von primären Teilalgebren.* (BRAUER [**3**], [**6**], ALBERT [**19**].)

Später wird sich ergeben, daß der Rang einer primären Algebra über ihrem Zentrum stets eine Primzahlpotenz ist (V, § 3).

6. Zwei einfache Algebren $\mathfrak{A}$ und $\mathfrak{A}'$ über dem Körper P heißen *ähnlich*, in Zeichen $\mathfrak{A} \sim \mathfrak{A}'$, wenn sie Matrizesringe in der gleichen Divisionsalgebra sind: $\mathfrak{A} = \mathsf{A}_r$, $\mathfrak{A}' = \mathsf{A}_{r'}$. Alle einfachen Algebren über P zerfallen in *Klassen von paarweise ähnlichen Algebren*; jede Klasse gehört zu einer Divisionsalgebra. Wir schreiben $\{\mathfrak{A}\}$ für die Klasse, der $\mathfrak{A}$ angehört. Aus $\mathfrak{A} \sim \mathfrak{A}'$, $\mathfrak{B} \sim \mathfrak{B}'$ folgt $\mathfrak{A} \times \mathfrak{B} \sim \mathfrak{A}' \times \mathfrak{B}'$. Denn es ist

$$\mathsf{A}_r \times \mathsf{B}_s = \mathsf{A} \times \mathsf{B} \times \mathsf{P}_r \times \mathsf{P}_s = \mathsf{A} \times \mathsf{B} \times \mathsf{P}_{rs} = (\mathsf{A} \times \mathsf{B})_{rs}.$$

Nach § 2, Satz 4, 5, ist das direkte Produkt von zwei einfachen normalen Algebren über P wieder einfach und normal über P. Wir können das Produkt zweier Klassen $\{\mathfrak{A}\}$, $\{\mathfrak{B}\}$ von über P normalen einfachen Algebren erklären als die Klasse, der die Produkte $\mathfrak{A} \times \mathfrak{B}$ angehören. Die Produktbildung führt nicht aus dem Bereich der normalen Klassen heraus, sie ist assoziativ und kommutativ. Darüber hinaus gilt aber

Satz 11. *Die Klassen einfacher normaler Algebren über P bilden eine Gruppe.* (BRAUER [**3**], ALBERT [**17**], [**19**], NOETHER [**4**].)

Beweis. Gruppeneins ist die Klasse $\{\mathsf{P}\}$. Ist $\mathfrak{A}^*$ die zu $\mathfrak{A}$ invers isomorphe Algebra, so ist $\mathfrak{A} \times \mathfrak{A}^* \sim 1$. Dies folgt aus Satz 4, wenn die Einbettung von $\mathfrak{A}$ in $\mathfrak{A} = \mathsf{A}_f$ selbst vorgenommen wird. Es wird $\mathfrak{C} = \mathsf{P}$, somit $\mathfrak{A} \times \mathfrak{A}^* = \mathsf{P}_t$. Indessen ist Satz 4 zum Beweis nicht nötig, einfacher, wenn auch nicht grundsätzlich verschieden, ist folgende Schlußweise: A hat eine reziproke Darstellung ersten Grades in A^*. Für den Rang der in $\mathsf{A} \times \mathsf{A}^*$ enthaltenen Divisionsalgebra A' ergibt sich, nach (3), $(\mathsf{A}' : \mathsf{P}) = (\mathsf{A}^* : \mathsf{P})r/t = 1$, denn es ist $r = 1$, und, nach (2), $t = (\mathsf{A}^* : \mathsf{P})/r = (\mathsf{A}^* : \mathsf{P})$.

Allgemeine Sätze über die Gruppe der Algebrenklassen in V, § 3. Dort wird insbesondere gezeigt, daß alle Elemente der Algebrenklassengruppe endliche Ordnung haben. In besonderen Fällen werden wir die Algebrenklassengruppe vollständig aufstellen (für Galoisfelder, reell abgeschlossene Körper, $\mathfrak{p}$-adische Zahlkörper, Zahlkörper). Sie steht in tiefem Zusammenhang mit den algebraischen und arithmetischen Eigenschaften von P.

7. Zerfällungskörper einfacher normaler Algebren.

Satz 12. *Ist $\mathfrak{A}/\mathsf{P}$ eine einfache normale Algebra, Z ein Erweiterungskörper von P, so ist auch $\mathfrak{A}_{\mathsf{Z}}$ eine einfache normale Algebra über Z.* (ALBERT [**19**], NOETHER [**4**].)

Beweis folgt aus § 2, Satz 5.

Alle Algebren $\mathfrak{A}$ einer Klasse $\{\mathfrak{A}\}$ von P gehen demnach bei Erweiterung von P über in Algebren $\mathfrak{A}_{\mathsf{Z}}$ einer Klasse $\{\mathfrak{A}_{\mathsf{Z}}\}$ von Z; diese heißt die *Erweiterungsklasse* von $\{\mathfrak{A}\}$.

Satz 13. *Ist Z eine endliche Erweiterung von P, so ergibt sich die zur Klasse $\{\mathfrak{A}_{\mathsf{Z}}\}$ gehörige Divisionsalgebra Δ/Z aus der zu $\{\mathfrak{A}\}$ gehörigen Divisionsalgebra A folgendermaßen: Z sei irreduzibel einbettbar in A_r. Dann ist Δ isomorph zu dem mit Z elementweise vertauschbaren Teilring von A_r.* (ALBERT [**24**], BRAUER [**5**], NOETHER [**4**].)

Das folgt aus Satz 4.

Ein Erweiterungskörper Z/P heißt *Zerfällungskörper* der Klasse $\{\mathfrak{A}\}$ oder auch der einzelnen Algebra $\mathfrak{A}$, wenn $\{\mathfrak{A}_{\mathsf{Z}}\}$ die Einsklasse ist, d. h. wenn alle Algebren $\mathfrak{A}_{\mathsf{Z}}$ volle Matrizesringe über Z sind oder, wie wir auch mitunter sagen werden, wenn die $\mathfrak{A}_{\mathsf{Z}}$ *vollständig zerfallen.*

Die Existenz von Zerfällungskörpern endlichen Grades wird sich sogleich ergeben. Vgl. auch BRAUER-NOETHER [**1**].

Aus Satz 13 folgt

Satz 14. *Die endliche Erweiterung Z/P ist dann und nur dann Zerfällungskörper der Klasse $\{\mathfrak{A}\}$, wenn, unter A die zu $\mathfrak{A}$ gehörige Divisionsalgebra verstanden, die irreduzible Einbettung von Z in A_r einen maximalen Teilkörper von A_r gibt.* (ALBERT [**19**], NOETHER [**4**], BRAUER.)

Beweis. Ist Z Zerfällungskörper, so ist $\{\mathfrak{A}_{\mathsf{Z}}\} = 1$, $\mathfrak{A}_{\mathsf{Z}}$ gehört zur Divisionsalgebra $\Delta = \mathsf{Z}$, Satz 4, auf $\mathfrak{B} = \mathsf{Z}$ angewendet, ergibt also, daß Z maximaler Teilkörper von A_r, wenn die Einbettung von Z in A_r irreduzibel ist. Ist umgekehrt Z maximaler Teilkörper von A_r, so wird $\Delta = \mathsf{Z}$, da Adjunktion eines einzigen Elementes von Δ zu Z eine *kommutative* Erweiterung von Z ergibt.

Wir bemerken noch, daß ein maximaler Teil*körper* von A_r, der irreduzibel in A_r eingebettet ist, zugleich maximaler kommutativer Teil*ring* ist. Das folgt aus Satz 4, der elementweise mit Z vertauschbare Teilring von A_r in Divisionsalgebra.

Die Existenz von Zerfällungskörpern endlichen Grades ist jetzt leicht einzusehen: Ein maximaler Teilkörper der zu $\mathfrak{A}$ gehörigen Divisionsalgebra A ist irreduzibel in A eingebettet, muß also Zerfällungskörper sein.

Satz 15. *Ist $\mathfrak{A}/\mathsf{P}$ eine einfache normale Algebra, so ist $(\mathfrak{A}:\mathsf{P})$ eine Quadratzahl.* (WEDDERBURN [**1**].)

Beweis. Ist Z Zerfällungskörper von $\mathfrak{A}$, so wird $\mathfrak{A}_{\mathsf{Z}}$ voller Matrizesring über Z, $(\mathfrak{A}_{\mathsf{Z}}:\mathsf{Z}) = (\mathfrak{A}:\mathsf{P})$ ist also eine Quadratzahl.

Wesentlich sagt Satz 15 etwas aus für Divisionsalgebren. Ist m^2 der Rang der Divisionsalgebra, die in $\mathfrak{A}$ enthalten ist, so heißt m der *Index* von $\mathfrak{A}$ oder auch der ganzen Klasse $\{\mathfrak{A}\}$. $(\mathfrak{A}:\mathsf{P})$ ist durch das Quadrat des Index m teilbar.

Einen anderen Beweis von Satz 15 erhalten wir aus Satz 6: Ist Z maximaler Teilkörper der Divisionsalgebra A, so wird nach Satz 6 $(\mathsf{Z}:\mathsf{P})^2 = (\mathsf{A}:\mathsf{P})$. Damit ist zugleich gezeigt:

Satz 16. *Der Grad eines maximalen Teilkörpers einer normalen Divisionsalgebra ist gleich ihrem Index.* (DICKSON [**6**], [**10**].)

Allgemeiner gilt

Satz 17. *Ist der Zerfällungskörper Z von $\{\mathfrak{A}\}$ irreduzibel einbettbar in A_r, so wird $(\mathsf{Z}:\mathsf{P}) = mr$, m ist der Index von $\mathfrak{A}$.* (NOETHER [**4**], ALBERT [**19**].)

Wir können die gleiche Betrachtung anwenden auf irgendeine endliche Erweiterung Λ von P. Bedeutet A die Divisionsalgebra der Klasse $\{\mathfrak{A}\}$, Δ die der Erweiterungsklasse $\{\mathfrak{A}_\Lambda\}$ so ergibt sich nach Satz 13 und Satz 6

$$(\Lambda:\mathsf{P})\,(\Delta:\mathsf{P}) = (\Lambda:\mathsf{P})^2\,(\Delta:\Lambda) = (\mathsf{A}_r:\mathsf{P}) = (\mathsf{A}:\mathsf{P})\,r^2,$$

falls Λ irreduzibel in A_r einbettbar ist, der Index m' von $\{\mathfrak{A}_\Lambda\}$ ist also

$$m' = mr/(\Lambda:\mathsf{P}),$$

wenn m der Index von $\{\mathfrak{A}\}$ und r der Grad der irreduziblen Einbettung von Λ in A ist. (ALBERT [**19**], NOETHER [**4**].)

Satz 18. *Jede Klasse $\{\mathfrak{A}\}$ hat separable Zerfällungskörper, sogar solche, die maximale Teilkörper der zu $\{\mathfrak{A}\}$ gehörigen Divisionsalgebra sind.* (KÖTHE [**4**], NOETHER [**4**], ALBERT [**32**].)

Beweis. Ω sei eine algebraisch abgeschlossene Erweiterung von P. Da nach § 2, 3 A_Ω halbeinfach ist, so ist die Diskriminante von A/P nicht gleich Null (III, § 5, Satz 3). Daraus folgt, daß es in A Elemente d mit von Null verschiedener Spur gibt, die nicht im Grundkörper P liegen [für eine Basis $u_1, \ldots, u_n$ von A/P können nicht alle Produkte $u_i u_1, \ldots, u_i u_n$ in P liegen, aber auch nicht alle Spuren $S(u_i u_\nu) = 0$ sein]. Ist aber die Spur von d nicht gleich Null, so ist d ein separables Element. Hat A den Index m, so ist der Index von $\mathsf{A}_{\mathsf{P}(d)}$ gleich $m_1 = m/(\mathsf{P}(d):\mathsf{P})$. Dieses Verfahren ergibt nach endlich vielen Schritten eine separable Erweiterung $\mathsf{Z} = \mathsf{P}(d, d_1, \ldots)$ von P mit $\mathsf{A}_{\mathsf{Z}} \sim 1$, w. z. b. w.

ALBERT [**32**] beweist, daß für ein vollkommenes P mit Charakteristik $p \neq 0$ der Index einer Algebra $\mathfrak{A}/\mathsf{P}$ nicht durch p teilbar ist. Bei unvollkommenem P der Charakteristik p gibt es dagegen Algebren $\mathfrak{A}/\mathsf{P}$ mit durch p teilbarem Index. (KÖTHE [**4**]).

8. Die vorangegangenen Sätze haben uns, wie die galoissche Theorie im kommutativen, eine Übersicht über die Teilkörper und Teilalgebren einer einfachen Algebra, insbesondere einer Divisionsalgebra gebracht. Die Analogie kann noch weiter getrieben werden: es gibt ein gewisses Äquivalent des Hauptsatzes der galoisschen Theorie:

Die Automorphismengruppe einer einfachen Algebra $\mathfrak{A}$ in Beziehung auf ihr Zentrum haben wir schon als die Gruppe der inneren Automorphismen erkannt. Wir wollen die Automorphismengruppe $\mathfrak{G}$ von $\mathfrak{A}/\mathsf{P}$ die *galoissche Gruppe von* $\mathfrak{A}/\mathsf{P}$ nennen. Bezeichnet $\mathfrak{A}''$ die Gruppe der Nichtnullteiler einer Algebra $\mathfrak{A}$, so ist also $\mathfrak{G} = \mathfrak{A}''/\mathsf{P}''$. Jeder Untergruppe $\mathfrak{H}$ von $\mathfrak{G}$ entspricht eine Untergruppe H von $\mathfrak{A}''$, $\mathfrak{H} = H/\mathsf{P}''$. Eine Untergruppe $\mathfrak{H}$ von $\mathfrak{G}$ soll *abgeschlossen* heißen, wenn das zugehörige H die Gruppe der Nichtnullteiler einer einfachen Teilalgebra $\mathfrak{B}$ von $\mathfrak{A}$ ist, $H = \mathfrak{B}''$.

Es läßt sich nun leicht zeigen, daß eine einfache Algebra $\mathfrak{B}/\mathsf{P}$ durch $\mathfrak{B}''$ erzeugt wird, d. h. daß $\mathfrak{B}''$ nicht schon in einer echten Teilalgebra von $\mathfrak{B}$ enthalten ist (für Divisionsalgebren $\mathfrak{B}$ ist es selbstverständlich). Beachten wir dies, so folgt aus Satz 6

Satz 19. *Die einfachen Teilalgebren* $\mathfrak{B}/\mathsf{P}$ *einer einfachen normalen Algebra* $\mathfrak{A}/\mathsf{P}$ *entsprechen den abgeschlossenen Untergruppen* $\mathfrak{H}$ *der galoisschen Gruppe* $\mathfrak{G}$ *von* $\mathfrak{A}/\mathsf{P}$ *eineindeutig, so daß* $\mathfrak{H}$ *die volle Gruppe aller* $\mathfrak{B}$ *elementweise festlassenden Automorphismen von* $\mathfrak{A}/\mathsf{P}$ *und umgekehrt* $\mathfrak{B}$ *der Ring aller Elemente von* $\mathfrak{A}$ *ist, die bei allen in* $\mathfrak{H}$ *enthaltenen Automorphismen von* $\mathfrak{A}/\mathsf{P}$ *fest bleiben.* (Noether [**4**], Shoda [**1**], Brauer [**5**].)

Über Divisionsalgebren unendlichen Ranges: Köthe [**3**].

§ 5. Abspaltungskörper und Zerfällungskörper bei beliebigen Algebren. (Noether [**4**], van der Waerden [**4**].)

Der Begriffsname Zerfällungskörper erschien zweimal: bei algebraischen Erweiterungskörpern Z/P und bei einfachen normalen Algebren. Beide Begriffe sind nur besondere Fälle eines allgemeineren Begriffes:

Eine Erweiterung Z des Grundkörpers P einer Algebra $\mathfrak{A}/\mathsf{P}$ heißt ein *Zerfällungskörper* von $\mathfrak{A}$, wenn alle in Z irreduziblen Darstellungen von $\mathfrak{A}$ schon absolut irreduzibel sind.

Im Falle eines Körpers $\mathfrak{A}$ ist das wörtlich die Definition in § 3, aber auch für eine einfache normale Algebra ergibt die gegenwärtige Definition das gleiche wie in § 4. In der Tat ist die einzige absolut irreduzible Darstellung einer einfachen normalen Algebra $\mathfrak{A}$ f^2-ten Ranges vom Grade f, und ein Zerfällungskörper wurde gerade definiert als ein Körper Z, für den $\mathfrak{A}_{\mathsf{Z}}$ Summe von f einfachen Linksidealen wird. Wir erkennen zugleich, daß es für einfache normale Algebren nicht nötig ist, *Abspaltungskörper* gesondert einzuführen wie in § 3; es gibt ja nur eine absolut irreduzible Darstellung. Jetzt aber definieren wir allgemein:

Z ist ein *Abspaltungskörper* der Algebra $\mathfrak{A}/\mathsf{P}$, wenn mindestens eine der in Z irreduziblen Darstellungen von $\mathfrak{A}$ absolut irreduzibel ist.

Aus den Ergebnissen der letzten Paragraphen schließt man leicht: Ist $\mathfrak{A}/\mathsf{P}$ eine einfache Algebra mit dem Zentrum $\mathfrak{Z}$, so sind die Abspaltungskörper von $\mathfrak{A}$ gegeben durch die maximalen Teilkörper der zu $\mathfrak{A}$ ähnlichen Algebren. Ein Zerfällungskörper ist Kompositum eines Abspaltungskörpers mit einem Zerfällungskörper von $\mathfrak{Z}$, also mit einem Körper, der einen zu dem Normalkörper von $\mathfrak{Z}$ isomorphen Teilkörper enthält.

Wir können auch von Zerfällungs- und Abspaltungskörpern einer einzelnen irreduziblen Darstellung von $\mathfrak{A}$ in P sprechen, darunter soll einfach ein Zerfällungs- bzw. Abspaltungskörper des einfachen Bestandteils des Restklassenringes von $\mathfrak{A}$ nach seinem Radikal verstanden werden, zu dem die irreduzible Darstellung gehört.

Während für Körper ein Abspaltungskörper (Zerfällungskörper) immer einen Abspaltungs- (Zerfällungs-) Körper vom kleinstmöglichen Grad enthält (nämlich einen zu dem gegebenen Körper bzw. dessen Normalkörper isomorphen Körper), so ist das für nichtkommutative Algebren nicht der Fall (Brauer-Noether [**1**] geben für den rationalen Quaternionenkörper minimale Zerfällungskörper vom Grade 2^n bei beliebigem n an, vgl. auch VII § 5).

§ 6. Divisionsalgebren über Galoisfeldern und reell abgeschlossenen Körpern.

Wir wenden die allgemeinen Sätze in § 4 auf zwei besondere Fälle als Beispiele an:

Satz 1. *Jeder Schiefkörper mit endlich vielen Elementen ist kommutativ, ist also ein Galoisfeld.* (Artin [**1**], Dickson [**10**], Wedderburn [**6**], Witt [**1**], van der Waerden [**2**].)

Beweis. Ein endlicher Schiefkörper A ist eine normale Divisionsalgebra über einem Galoisfeld P. Alle maximalen Teilkörper von A sind isomorph (weil es nur einen Typ von Galoisfeldern gegebener Elementezahl gibt). Nach § 4, Satz 3, gehen sie alle aus einem durch Transformation hervor. Die Gruppe $\mathfrak{G}$ der von Null verschiedenen Elemente von A ist also die Vereinigungsmenge der Konjugierten einer Abelschen Untergruppe (der multiplikativen Gruppe eines maximalen Teilkörpers). Wäre A nicht kommutativ, so wäre $\mathfrak{G}$ die Vereinigung der Konjugierten einer echten Untergruppe $\mathfrak{H}$. Das ist aber bei einer endlichen Gruppe unmöglich. Denn da zwei Elemente a und ha einer Restklasse $\mathfrak{H}a$ die gleiche konjugierte Gruppe $a^{-1}h^{-1}\mathfrak{H}ha = a^{-1}\mathfrak{H}a$ ergeben, so ist die Anzahl der verschiedenen $a^{-1}\mathfrak{H}a$ höchstens gleich dem Index von $\mathfrak{H}$, die Anzahl der Elemente in der Vereinigung der

$a^{-1}\mathfrak{H}a$ also nur dann gleich der Ordnung von $\mathfrak{G}$, wenn wirklich $(\mathfrak{G}:\mathfrak{H})$ verschiedene $a^{-1}\mathfrak{H}a$ vorhanden sind und diese kein Element gemeinsam haben. Sie haben aber alle die Eins gemeinsam.

Eine andere Beweismöglichkeit für Satz 1 in V, § 5.

Satz 2. *P sei der Körper der reellen Zahlen oder auch nur ein reell abgeschlossener Körper. Die einzige normale Divisionsalgebra A/P ist die Quaternionenalgebra*

$$\mathsf{A} = \mathsf{P}\cdot 1 + \mathsf{P}\cdot i + \mathsf{P}\cdot j + \mathsf{P}\cdot k$$

mit der Multiplikationstafel

$$i^2 = j^2 = k^2 = -1,$$

$$ij = -ji = k, \quad jk = -kj = i, \quad ki = -ik = j.$$

Beweis. Da $\mathsf{P}(\sqrt{-1})$ die einzige echte algebraische Erweiterung von P ist, so ist ein maximaler Teilkörper $\mathsf{P}(i)$, $i^2 = -1$ von A vorhanden, und der Index von A ist 2. Nach § 4, Satz 3, gibt es ein $j_0 \neq 0$ in A mit $j_0^{-1} i j_0 = -i$. Da j_0 nicht in $\mathsf{P}(i)$ liegen kann, so wird A von i und j_0 erzeugt, denn zwischen $\mathsf{P}(i)$ und A kann keine Algebra liegen ($(\mathsf{P}(i):\mathsf{P}) = 2$, $(\mathsf{A}:\mathsf{P}) = 4$). Wegen $j_0^{-2} i j_0^2 = i$ liegt also j_0^2 im Zentrum und muß ein negatives Element $-\alpha^2$ sein, weil j_0 nicht in P liegt. Setzen wir $j_0\alpha^{-1} = j$ und $ij = k$, so wird, wie leicht nachzurechnen, $1, i, j, k$ eine Basis von A/P mit dem angegebenen Multiplikationsschema. (Vgl. auch HAZLETT [**2**].)

§ 7. Rangpolynome, Hauptpolynome, Spuren und Normen bei einfachen Algebren.

1. Die in I, § 1, 7 und § 4, eingeführten Begriffe charakteristisches Polynom, Minimalpolynom, Rangpolynom und Hauptpolynom wollen wir für einfache Algebren näher untersuchen. Eine sinngemäße Ausdehnung der Ergebnisse auf halbeinfache Algebren ist leicht.

$\mathfrak{A}/\mathsf{P}$ sei einfach, Z sei das Zentrum von $\mathfrak{A}$, $(\mathsf{Z}:\mathsf{P}) = m$, $(\mathfrak{A}:\mathsf{Z}) = n^2$, der Index von $\mathfrak{A}$ sei n_0, so daß die in $\mathfrak{A}$ enthaltene Divisionsalgebra A den Rang n_0^2 über Z hat. Wir wollen uns auf den Fall beschränken, daß das Zentrum Z separabel über P ist.

Satz 1. *Das Rangpolynom $F(x;\, \xi_1, \ldots, \xi_{mn^2})$ von $\mathfrak{A}/\mathsf{P}$ ist irreduzibel und (in x) vom Grad mn.*

Beweis. Da nach Satz 5 in § 4 eine kommutative Teilalgebra von $\mathfrak{A}$ höchstens den Rang nm über P hat, das allgemeine Element y aber eine kommutative Teilalgebra von $\mathfrak{A}_{\mathsf{P}(\xi_1,\ldots,\xi_{n^2m})}$ erzeugt, so hat F höchstens den Grad nm. Andererseits hat $\mathfrak{A}_{\mathsf{P}(\xi_1,\ldots,\xi_{n^2m})}$ separable Teilkörper vom Grade nm über P. Denn ist Σ_0 ein separabler maximaler Teilkörper von A, λ eine Nullstelle des in $\Sigma_0(\xi_1, \ldots, \xi_{n^2m})$ irreduziblen Polynoms $x^{\frac{n}{n_0}} + \xi_1 x^{\frac{n}{n_0}-1} + \cdots + \xi_{\frac{n}{n_0}}$, so ist $\Sigma_0(\xi_1, \ldots, \xi_{n^2m}, \lambda) = \Sigma$ ein nach § 4 in $\mathfrak{A}_{\mathsf{P}(\xi_1,\ldots,\xi_{n^2m})}$ einbettbarer separabler Körper. Da das Minimalpolynom eines primitiven Elementes ϱ von Σ den Grad nm hat, so muß das Rangpolynom mindestens diesen Grad haben, weil es durch Spezialisierung in das Minimalpolynom von ϱ übergeht. Da außerdem das Minimalpolynom von ϱ irreduzibel ist, so gilt gleiches für das Rangpolynom.

Wir haben zugleich erkannt, daß das *Hauptpolynom* eines Elementes von $\mathfrak{A}$ den Grad nm hat.

Satz 2. *Für eine einfache Algebra $\mathfrak{A}$ vom Range n^2 über ihrem Zentrum ist das charakteristische Polynom eines Elementes die n-te Potenz des Hauptpolynoms.*

Beweis. Dies gilt für das allgemeine Element, weil dessen Hauptpolynom, das Rangpolynom, irreduzibel ist. Durch Spezialisieren ergibt sich die Behauptung für beliebige Elemente von $\mathfrak{A}$.

2. Satz 3. *Ist $\mathfrak{A}$ einfach und normal über P, so ist die galoissche Gruppe des Rangpolynoms von $\mathfrak{A}$ die volle symmetrische Gruppe.* (ALBERT [**3**].)

Beweis. Z/P sei ein Zerfällungskörper endlichen Grades von $\mathfrak{A}$. Das Rangpolynom $F(x;\xi)$ von $\mathfrak{A}/\mathsf{P}$ ist gemäß seiner Definition auch Rangpolynom von $\mathfrak{A}_\mathsf{Z}/\mathsf{Z}$. Da $\mathfrak{A}_\mathsf{Z}$ voller Matrizesring vom Grade n über Z ist, so ist jede Erweiterung $n$ten Grades von $\mathsf{Z}(\xi_1,\ldots,\xi_{n^2})$ in $\mathfrak{A}_{\mathsf{Z}(\xi_1,\ldots,\xi_n)}$ einbettbar. Insbesondere gilt das für den Körper $\mathsf{Z}(\xi_1,\ldots,\xi_{n^2},\zeta)$, wo ζ eine Nullstelle des Polynoms $x^n+\xi_1x^{n-1}+\cdots+\xi_n$ ist. Da ζ durch Spezialisierung aus dem allgemeinen Element y hervorgeht, so ist die galoissche Gruppe des zu ζ gehörigen Polynoms eine Untergruppe der galoisschen Gruppe des Rangpolynoms. Das Polynom mit der Nullstelle ζ hat aber unabhängige Unbestimmte über Z als Koeffizienten, hat also die volle symmetrische Gruppe als Galoisgruppe; das gleiche gilt daher auch für das Rangpolynom, w. z. b. w.

Eine Folgerung aus Satz 3 ist:

Satz 4. *Gilt für Polynome in P der* HILBERT*sche Irreduzibilitätssatz, d. h. lassen sich in jedem irreduziblen Polynom $f(x;\xi_1,\ldots,\xi_r)$ von unabhängigen Unbestimmten $x,\xi_1,\ldots,\xi_r$ die ξ_i so durch P-Elemente α_i ersetzen, daß $f(x,\alpha_1,\ldots,\alpha_r)$ irreduzibel bleibt, so enthält jede normale einfache Algebra vom Index n über P affektlose Körper n-ten Grades (solche mit der symmetrischen Gruppe als Galoisgruppe).* (ALBERT [**3**].)

Die endlichen algebraischen Zahlkörper fallen unter die in Satz 4 genannten Körper, Algebren über endlichen Zahlkörpern enthalten also affektlose Körper vom Höchstgrad (vgl. hierzu VII, § 5, Satz 2).

3. $a\to A$ sei eine Darstellung der einfachen Algebra $\mathfrak{A}/\mathsf{P}$ mit separablem Zentrum Z, welche jede absolut irreduzible Darstellung genau einmal enthält. Da $\mathfrak{A}_\Lambda$ für einen Zerfällungskörper Λ von $\mathfrak{A}$ gleich der direkten Summe von $m=(\mathsf{Z}:\mathsf{P})$ vollen Matrizesringen vom Range $n^2=(\mathfrak{A}:\mathsf{Z})$ über Λ ist, so gibt es m absolut irreduzible Darstellungsklassen, alle vom Grad n. $a\to A$ hat also den Grad mn.

Die Spur Sa von A, also die Hauptspur im Sinne von III, § 4, heißt die Spur von a schlechthin; soll zum Ausdruck gebracht werden, daß die Spur von a als Element der Algebra $\mathfrak{A}$ über dem Grundkörper P gemeint ist, so schreiben wir ausführlicher $S_{\mathfrak{A}\to P}a$.

Entsprechend heißt $|A| = Na = N_{\mathfrak{A}\to P}a$ die Norm von a schlechthin. Da das n-fache von Sa die mittels der Hauptdarstellung von $\mathfrak{A}$ gebildete Spur von a ist, so zeigt sich, daß Sa *rational* ist, d. h. im Grundkörper P liegt — vorausgesetzt, daß n kein Vielfaches der Charakteristik von P ist. Von dieser Einschränkung uns frei machen und Entsprechendes auch für die Norm beweisen, können wir mittels

Satz 5. *Das Hauptpolynom von a ist das charakteristische Polynom der Matrix A.*

Beweis. Die Matrix A, n-mal diagonal aneinandergereiht, ergibt die Matrix der regulären Hauptdarstellung (in transformierter irrationaler Gestalt). Daher ist die $n$te Potenz des charakteristischen Polynoms von A das charakteristische Polynom von a, nach Satz 4 wird mithin das charakteristische Polynom von A das Hauptpolynom von a.

Satz 6. *Ist $f(x) = x^{nm} - \alpha x^{mm-1} + \cdots + (-1)^{nm}\beta$ das Hauptpolynom von a, so ist $\alpha = S_{\mathfrak{A}\to P}a$, $\beta = N_{\mathfrak{A}\to P}a$.*

V. Faktorensysteme.

§ 1. Faktorensysteme und Transformationsgrößen.

1. Die normale einfache Algebra $\mathfrak{A}$ vom Range n^2 über P habe einen galoisschen maximalen Teilkörper $\mathfrak{K}$. Durch n in Beziehung auf $\mathfrak{K}$ linear unabhängige Größen $u_1, \ldots, u_n$ läßt sich jedes Element a von $\mathfrak{A}$ eindeutig in der Gestalt

$$a = k_1 u_1 + \cdots + k_n u_n$$

mit Koeffizienten k aus $\mathfrak{K}$ ausdrücken, und die Struktur von $\mathfrak{A}$ ist bekannt, wenn die Vertauschungsregeln

$$u_i k = \sum_j c_{ij}(k) u_j, \quad k \text{ aus } \mathfrak{K},\ c_{ij}(k) \text{ aus } \mathfrak{K},$$

und die Multiplikationsregeln

$$u_i u_j = \sum_l d_{ijl} u_l, \qquad d_{ijl} \text{ aus } \mathfrak{K}$$

bekannt sind.

Satz 3 in IV, § 4, legt nahe, als u_i Elemente u_S in Ansatz zu bringen, welche die n Automorphismen S von $\mathfrak{K}/P$ erzeugen: $u_S^{-1} k u_S = k^S$ für k aus $\mathfrak{K}$. Dann nehmen nämlich die Vertauschungsregeln die einfache Form

$$k u_S = u_S k^S$$

an, und die Multiplikationsregeln werden eingliedrig

$$u_S u_T = u_{ST} a_{S,T}, \qquad a_{S,T} \text{ aus } \mathfrak{K}.$$

Das folgt daraus, daß $u_{ST}^{-1} u_S u_T$ als mit jedem Element von $\mathfrak{K}$ vertauschbares Element von $\mathfrak{A}$ zu $\mathfrak{K}$ gehören muß (VI, § 4, Bemerkung nach Satz 14). Beweisen wir also noch, daß solche n Größen u_S in Beziehung auf $\mathfrak{K}$ linear unabhängig sind, so ist gezeigt:

Satz 1. *Eine normale einfache Algebra $\mathfrak{A}/\mathsf{P}$ vom Range n^2 mit dem galoisschen maximalen Teilkörper $\mathfrak{K}$ enthält n den Automorphismen S von $\mathfrak{K}/\mathsf{P}$ zugeordnete Elemente u_S, durch die jedes Element a von $\mathfrak{A}$ linear mit Koeffizienten aus $\mathfrak{K}$ ausgedrückt werden kann, und die die Relationen*

$$u_S^{-1} k u_S = k^S, \qquad \text{für jedes } k \text{ aus } \mathfrak{K} \tag{1}$$

$$u_S u_T = u_{ST} a_{S,T}, \qquad a_{S,T} \text{ aus } \mathfrak{K} \tag{2}$$

erfüllen.

Die lineare Unabhängigkeit der u_S oder, was das gleiche bedeutet, die Gleichung $(\mathfrak{K} u_{S_1}, \ldots, \mathfrak{K} u_{S_n}) = \mathfrak{A}$ ergibt sich nach L. Schwarz folgendermaßen:

$\mathfrak{K} u_S$ ist $\mathfrak{K}$-Linksmodul, nach (1) aber auch $\mathfrak{K}$-Rechtsmodul, also Darstellungsmodul von $\mathfrak{K}$ in $\mathfrak{K}$; und nach (1) ist die durch ihn erzeugte Darstellung gerade $k \to k^S$. Die Summe $\mathfrak{M} = (\mathfrak{K} u_{S_1}, \ldots, \mathfrak{K} u_{S_n})$ ist infolgedessen ein Darstellungsmodul von $\mathfrak{K}$ in $\mathfrak{K}$, und die von $\mathfrak{M}$ erzeugte Darstellung ist vom Grade n, weil sie die n inäquivalenten Darstellungen $k \to k^S$ enthält. Daher ist $\mathfrak{M}$ vom Range n über $\mathfrak{K}$, w. z. b. w. Wir können $\mathfrak{A} = \mathfrak{K} u_1 + \cdots + \mathfrak{K} u_n$ schreiben.

2. Die einfache Form der Relationen (1) und (2) legt es nahe, zu einem gegebenen galoisschen Körper $\mathfrak{K}/\mathsf{P}$ vom Grade n einen Ring $\mathfrak{A}$ zu konstruieren durch Einführung von n den Automorphismen S von $\mathfrak{K}/\mathsf{P}$ zugeordneten Symbolen u_S und von Relationen

$$k u_S = u_S k^S,$$

$$u_S u_T = u_{ST} a_{S,T}, \qquad a_{S,T} \neq 0 \text{ aus } \mathfrak{K},$$

die zusammen mit dem distributiven Gesetz für die Elemente des Linearformenmoduls

$$\mathfrak{A} = \mathfrak{K} u_{S_1} + \cdots + \mathfrak{K} u_{S_n}$$

eine Multiplikation stiften. Es ist unmittelbar einleuchtend, daß $\mathfrak{A}$ auf diese Weise zu einer Algebra über P wird, falls die Größen $a_{S,T}$ die Relationen

$$a_{S,TR} a_{T,R} = a_{ST,R} a_{S,T}^R \tag{3}$$

erfüllen, die sich aus den Assoziativbedingungen

$$u_S (u_T u_R) = (u_S u_T) u_R$$

durch Ausmultiplizieren auf beiden Seiten ergeben. Ein System von n^2 Elementen $a_{S,T} \neq 0$ aus $\mathfrak{K}$, die den Relationen (3) genügen, heißt ein *Faktorensystem zu dem galoisschen Körper $\mathfrak{K}/\mathsf{P}$.*

Diese Betrachtungen erhalten ihre Bedeutung durch den

Satz 2. *$a_{S,T}$ sei ein Faktorensystem zu dem galoisschen Körper n-ten Grades $\mathfrak{K}/\mathsf{P}$. Die mittels n Symbolen u_S und der Relationen* (1), (2) *definierte Algebra* $\mathfrak{A} = \mathfrak{K}u_S + \cdots + \mathfrak{K}u_{S_n}$ *ist einfach und normal über* P. $\mathfrak{A}$ *heißt das verschränkte Produkt von* $\mathfrak{K}$ *mit seiner galoisschen Gruppe* $\mathfrak{G}$ *zum Faktorensystem* $a_{S,T}$ *und wird mit* $\mathfrak{A} = (a, \mathfrak{K})$ *bezeichnet.*

Beweis. 1. $\mathfrak{A}$ hat eine Eins, nämlich $1 = a_{E,E}^{-1}u_E$: Es ist nach (1), (2)

$$a_{E,E}^{-1}u_E \cdot \sum_S k_S u_S = \sum_S a_{E,E}^{-1} a_{E,S}^{S^{-1}} k_S u_S$$

und

$$\sum_S k_S u_S \cdot a_{E,E}^{-1} u_E = \sum_S k_S a_{E,E}^{-S^{-1}} a_{S,E}^{S^{-1}} u_S.$$

Es ist aber $a_{E,E}^S = a_{E,S}$, wie aus (3) durch Ersetzen von S durch E, von T durch E und von R durch S folgt; ferner $a_{E,E} = a_{S,E}$, das ergibt sich aus (3), indem man T und R durch E ersetzt.

Die Elemente $1 \cdot k$, k aus $\mathfrak{K}$, identifizieren wir mit den k, dadurch wird $\mathfrak{K}$, wie in I, § 1, ein Teilkörper von $\mathfrak{A}$, und zwar wird $\mathfrak{K} = 1 \cdot \mathfrak{K} = a_{E,E}^{-1} u_E \mathfrak{K} = u_E \mathfrak{K}$. Ebenso identifizieren wir $u_S \cdot 1$ mit u_S.

Jedes u_S hat ein Inverses:

$$u_S \cdot u_{S^{-1}} a_{E,E}^{-1} a_{S,S^{-1}}^{-1} = u_E a_{E,E}^{-1} = 1,$$

also

$$u_S^{-1} = u_{S^{-1}} a_{E,E}^{-1} a_{S,S^{-1}}^{-1}.$$

2. Jedes mit jedem Element von $\mathfrak{K}$ vertauschbare Element w von $\mathfrak{A}$ gehört zu $\mathfrak{K}$: sei $w = \sum_S c_S u_S$, $c_S \subset \mathfrak{K}$; es wird

$$\sum_S z c_S u_S = \sum_S c_S u_S z = \sum_S c_S z^{S^{-1}} u_S,$$

also

$$z c_S = z^{S^{-1}} c_S$$

für jedes c_S und alle z. Das ist aber im Falle $S \neq E$ nur für $c_S = 0$ möglich, weil es für $S \neq E$ ein z mit $z^S \neq z$ gibt. Daher ist $w = c_E u_E \subset \mathfrak{K} u_E = \mathfrak{K}$.

3. Das Zentrum von $\mathfrak{A}$ ist P: ein Element z des Zentrums muß nach 2. zu $\mathfrak{K}$ gehören, da es aber auch mit allen u_S vertauschbar ist, so wird $z^S = u_S^{-1} z u_S = z$ für alle S, also liegt z in P.

4. Die Behauptung, daß $\mathfrak{A}$ einfach ist, beweisen wir in der allgemeineren Form:

Jede $\mathfrak{K}$ *umfassende Teilalgebra* $\mathfrak{B}$ *von* $\mathfrak{A}$ *ist einfach und hat die Gestalt*

$$\mathfrak{B} = u_{T_1}\mathfrak{K} + \cdots + u_{T_m}\mathfrak{K},$$

wo die T_i *eine Untergruppe* $\mathfrak{H}$ *von* $\mathfrak{G}$ *bilden.*

$\mathfrak{a} \neq 0$ sei ein zweiseitiges Ideal von $\mathfrak{B}$. $\mathfrak{a}$ ist wegen $\mathfrak{K} \subseteq \mathfrak{B}$ ein $\mathfrak{K}$-Rechts- und Linksmodul, also ein Darstellungsmodul von $\mathfrak{K}$ in $\mathfrak{K}$. $\mathfrak{A}$ ist als $\mathfrak{K}$-Doppelmodul vollständig reduzibel: die $u_S\mathfrak{K}$ sind wegen (2) (einfache) $\mathfrak{K}$-Doppelmoduln. Daher ist der Teilmodul $\mathfrak{a}$ auch vollständig reduzibel

$$\mathfrak{a} = v_1\mathfrak{K} + \cdots + v_m\mathfrak{K},$$

die einfachen $\mathfrak{K}$-Doppelmoduln sind nämlich als $\mathfrak{K}$-Rechtsmoduln vom Range 1, da die irreduziblen Darstellungen des *kommutativen* Körpers $\mathfrak{K}$

den Grad 1 haben. Die durch ein v gegebene Darstellung $k \to k'$, $kv = vk'$, ist eine der n Darstellungen $k \to k^S$, also $kv = vk^S$. Daraus folgt aber, daß $u_S^{-1}v$ mit allen Elementen von $\mathfrak{K}$ vertauschbar ist, so daß $v = u_S c_S$, $c_S \neq 0$ aus $\mathfrak{K}$, gilt. Daher ist

$$\mathfrak{a} = u_{R_1}\mathfrak{K} + \cdots + u_{R_s}\mathfrak{K}$$

mit gewissen der u_S, insbesondere

$$\mathfrak{B} = u_{T_1}\mathfrak{K} + \cdots + u_{T_m}\mathfrak{K}.$$

Die T_i bilden eine Gruppe, denn $u_{T_i}u_{T_j} = u_{T_iT_j}a_{T_i,T_j}$ kommt in $\mathfrak{B}$ vor. Die R_i sind unter den T_i enthalten. Daraus folgt, daß die R_i mit den T_i zusammenfallen: weil $\mathfrak{a}\mathfrak{B} = \mathfrak{a}$ ist, so wird für irgendein T_i das Element $u_R \cdot u_{R^{-1}}u_{T_i} = u_{T_i}a_{E,T_i}a_{R,R^{-1}}^{T_i}$ in $\mathfrak{a}$ liegen. Das bedeutet aber $\mathfrak{a} = \mathfrak{B}$, also die Einfachheit der Algebra $\mathfrak{B}$.

Die Sätze 1 und 2 lassen sich kurz dahin zusammenfassen, daß die verschränkten Produkte von $\mathfrak{K}$ mit $\mathfrak{G}$ zu allen möglichen Faktorensystemen $a_{S,T}$ und die normalen einfachen Algebren über P mit dem maximalen Teilkörper $\mathfrak{K}$ die gleiche Gesamtheit von Algebren ausmachen.

3. In einer gegebenen einfachen normalen Algebra $\mathfrak{A}/\mathsf{P}$ mit dem maximalen Teilkörper $\mathfrak{K}$ sind die u_S nicht eindeutig bestimmt. Ist aber v_S ein Element, das wie u_S durch Transformation den Automorphismus S von $\mathfrak{K}$ erzeugt, $v_S^{-1}kv_S = k^S$, so wird $u_S^{-1}v_S = c_S$ mit allen $\mathfrak{K}$-Elementen vertauschbar, also ein von Null verschiedenes Element von $\mathfrak{K}$. Daher gehen alle Systeme v_S von Transformatoren aus einem, u_S durch Multiplikation mit n beliebigen $c_S \neq 0$ aus $\mathfrak{K}$ hervor:

$$v_S = u_S c_S.$$

Gehört zu den v_S das Faktorensystem $b_{S,T}$, d. h. $v_S v_T = v_{ST} b_{S,T}$, so ergibt Einsetzen von $v_S = u_S c_S$ die Gleichungen

$$b_{S,T} = a_{S,T}\frac{c_S^T c_T}{c_{ST}}. \tag{4}$$

Stehen umgekehrt zwei Faktorensysteme a und b in einer Beziehung (4), so wird $(a, \mathfrak{K})$ mit $(b, \mathfrak{K})$ isomorph. Denn in $(a, \mathfrak{K})$ liegen die Größen $v_S = u_S c_S$, mit deren Hilfe $(a, \mathfrak{K})$ als verschränktes Produkt $(b, \mathfrak{K})$ geschrieben werden kann.

Zwei in der Relation (4) stehende Faktorensysteme a und b heißen *assoziiert*. Die Größen $c_S^T c_T / c_{ST}$ heißen *Transformationsgrößen*.

Alle Faktorensysteme zu $\mathfrak{K}$ zerfallen in *Klassen* von paarweise assoziierten Faktorensystemen, und die Klassen assoziierter Faktorensysteme entsprechen den normalen einfachen Algebren $\mathfrak{A}/\mathsf{P}$ mit $\mathfrak{K}$ als maximalem Teilkörper umkehrbar eindeutig. Die hier erläuterten Faktorensysteme wurden von E. NOETHER eingeführt; sie beruhen auf einer allgemeineren Art von Faktorensystemen von R. BRAUER [**1**].

Hierüber auch VAN DER WAERDEN **[4]**. Die NOETHERsche Theorie in HASSE **[3]**.

Das verschränkte Produkt ist in Sonderfällen vielfach untersucht worden. (DICKSON **[2]**, **[6]**, **[9]**, **[10]**, ALBERT **[1]**, **[3]**, **[4]**, **[11]**, **[13]**, **[14]**, **[15]**, **[17]**, **[19]**, CECIONI **[1]**, WILLIAMSON **[1]**, GARVER **[1]**, REES **[1]**.) Insbesondere hat DICKSON den Fall eines zyklischen $\mathfrak{K}$ eingehend betrachtet (siehe § 5).

§ 2. Der Multiplikationssatz.

Bilden wir zu zwei Faktorensystemen $a_{S,T}$ und $b_{S,T}$ die Größen $c_{S,T}=a_{S,T}b_{S,T}$. $c_{S,T}$ ist wieder ein Faktorensystem, denn Formel (3) in § 1 überträgt sich unmittelbar auf c. Mit $a_{S,T}$ ist auch $a_{S,T}^{-1}$ ein Faktorensytem. Daher bilden die Faktorensysteme bei der Multiplikation eine Gruppe. Die Eins dieser Gruppe ist $a_{S,T} = 1$. Die mit $a_{S,T}$ assoziierten Faktorensysteme, also die Transformationsgrößen, bilden eine Untergruppe, wie unmittelbar einleuchtend. Daher bilden die Klassen assoziierter Faktorensysteme eine multiplikative Gruppe.

Wir können die Klassen assoziierter Faktorensysteme auch den Algebrenklassen mit $\mathfrak{K}$ als Zerfällungskörper umkehrbar eindeutig zuordnen, denn jede solche Klasse enthält ja genau eine Algebra mit einem maximalen Teilkörper $\mathfrak{K}$.

Satz 1. *Die eineindeutige Beziehung zwischen den von $\mathfrak{K}$ zerfällten einfachen normalen Algebrenklassen über P und den Klassen assoziierter Faktorensysteme zu $\mathfrak{K}$ ist ein Isomorphismus zwischen der multiplikativen Gruppe dieser Algebrenklassen und der multiplikativen Gruppe der Klassen assoziierter Faktorensysteme.*

Beweis. Es genügt, zu zeigen, daß das direkte Produkt zweier verschränkter Produkte $(a, \mathfrak{K})$ und $(b, \mathfrak{K})$ zu $(ab, \mathfrak{K})$ ähnlich ist. Zur Bildung des direkten Produktes müssen wir das $\mathfrak{K}$ in $(b, \mathfrak{K})$ von dem in $(a, \mathfrak{K})$ unterscheiden, wir deuten das durch Querstriche an: $(\bar{b}, \bar{\mathfrak{K}})$, denken uns also einen festen Isomorphismus $k \leftrightarrow \bar{k}$ zwischen $\mathfrak{K}$ und $\bar{\mathfrak{K}}$ gegeben. Da $(a, \mathfrak{K}) \times (\bar{b}, \bar{\mathfrak{K}})$ vom Range n^4 ist, so müssen wir von $(a, \mathfrak{K}) \times (\bar{b}, \bar{\mathfrak{K}})$ eine Matrizesalgebra P_n vom Range n^2 abspalten, um zu einer ähnlichen Algebra vom Range n^2 zu gelangen. In $(a, \mathfrak{K}) \times (\bar{b}, \bar{\mathfrak{K}})$ ist das direkte Produkt $\mathfrak{K} \times \bar{\mathfrak{K}}$ enthalten. Nach IV, § 3, wird

$$\mathfrak{K} \times \bar{\mathfrak{K}} = e^{S_1}\mathfrak{K} + \cdots + e^{S_n}\mathfrak{K},$$

wo e ein Idempotent mit der Eigenschaft $ek = ek$ für alle $k \subset \mathfrak{K}$ bedeutet und die Ausübung der Automorphismen S von $\mathfrak{K}/\mathsf{P}$ auf die Elemente von $\mathfrak{K} \times \bar{\mathfrak{K}}$ durch $(\sum a_i \bar{b}_i)^S = \sum a_i^S \bar{b}_i$ definiert ist. Die e^{S_i} sind orthogonale Idempotente. Da die u_S aus $(a, \mathfrak{K})$, welche die Automorphismen von $\mathfrak{K}/\mathsf{P}$ erzeugen, mit allen $(\bar{b}, \bar{\mathfrak{K}})$-Elementen vertauschbar sind, so wird auch $u_S^{-1} x u_S = x^S$ für Elemente x von $\mathfrak{K} \times \bar{\mathfrak{K}}$, insbesondere $u_S^{-1} e^T u_S = e^{TS}$. Mittels dieser Regel ergibt sich nun, daß die n^2 Elemente

$$e_{S,T} = u_S^{-1} u_T e^T = u_S^{-1} e u_T = e^{S^{-1}} u_S^{-1} u^T$$

von $(a, \mathfrak{K}) \times (\bar{b}, \bar{\mathfrak{K}})$ ein System von Matrizeseinheiten bilden:

$$e_{S,T} e_{T,R} = e_{S,R}, \quad e_{S,T} e_{T',R} = 0, \quad \text{wenn} \quad T \neq T',$$

e kommt unter den $e_{S,T}$ vor; $e_{E,E} = e$.

Es gibt eine Algebra $\tilde{\mathfrak{A}}$ von mit allen $e_{S,T}$ vertauschbaren Elementen, so daß $\tilde{\mathfrak{A}} \times \mathsf{P}_n = (a, \mathfrak{K}) \times (\bar{b}, \bar{\mathfrak{K}})$ wird. Man erhält $\tilde{\mathfrak{A}}$ auf die folgende Weise: Sei zur Abkürzung $(a, \mathfrak{K}) \times (\bar{b}, \bar{\mathfrak{K}}) = \mathfrak{C}$ gesetzt. Dann bilde man zu jedem Element eye von $e\mathfrak{C}e$ das Element

$$Y = \sum_S e_{S,E} \cdot eye \cdot e_{E,S}.$$

Die Gesamtheit der Y ist ein durch $Y \to eye$ mit $e\mathfrak{C}e$ isomorpher Ring $\tilde{\mathfrak{A}}$, und $\mathfrak{C}$ ist der Ring aller n-reihigen quadratischen Matrizes mit Elementen aus $\tilde{\mathfrak{A}}$. $\tilde{\mathfrak{A}}$ ist also eine zu $(a, \mathfrak{K}) \times (\bar{b}, \bar{\mathfrak{K}})$ ähnliche Algebra vom Range n^2, und wir haben zu zeigen, daß sie sich in der Gestalt $(ab, \mathfrak{K})$ darstellen läßt. Das geschieht am einfachsten, indem wir statt $\tilde{\mathfrak{A}}$ die mit ihr isomorphe Algebra $e\mathfrak{C}e$ betrachten.

Es sei $(\bar{b}, \bar{\mathfrak{K}}) = \bar{u}_{\bar{S}_1} \bar{\mathfrak{K}} + \cdots + \bar{u}_{\bar{S}_n} \bar{\mathfrak{K}}$, wo $\bar{S}$ die durch $k \longleftrightarrow k$ gegebene Übertragung von S auf $\bar{\mathfrak{K}}$ ist. Dann wird jedes Element y von $\mathfrak{C}$ in der Form

$$y = \sum_{S, \bar{T}} u_S \bar{u}_{\bar{T}} a_S b_{T'}$$

mit a_S aus $\mathfrak{K}$, $b_{T'}$ aus $\mathfrak{K}$ eindeutig darstellbar sein. Wir haben dann, da e mit den a_S und den $\bar{b}_{\bar{T}}$ vertauschbar ist,

$$eye = \sum e u_S \bar{u}_{\bar{T}} e a_S b_{\bar{T}}.$$

Wir können das vordere e hinter das u_S ziehen gemäß $u_S^{-1} e u_S = e^S$. Entsprechend wollen wir das andere e vor $\bar{u}_{\bar{T}}$ bringen. Wir dehnen die Automorphismen T von $\bar{\mathfrak{K}}/\mathsf{P}$ durch die Festsetzung $(\sum a_i \bar{b}_i)^{\bar{T}} = \sum a_i \bar{b}_i^{\bar{T}}$ auf $\mathfrak{K} \times \bar{\mathfrak{K}}$ aus. Dann folgt aus $ke = \bar{k}e$ die Gleichung $ke^{\bar{T}} = \bar{k}^{\bar{T}} e^{\bar{T}}$ oder $k^{T^{-1}} e^{\bar{T}} = \bar{k} e^{\bar{T}}$. Andererseits ist $k^{T^{-1}} \cdot e^{T^{-1}} = k e^{T^{-1}}$ und das Idempotent $e^{T^{-1}}$ ist durch diese Gleichung (welche eine der n Darstellungen von $\bar{\mathfrak{K}}$ in $\mathfrak{K}$ definiert) eindeutig bestimmt. Das bedeutet $e^{T'} = e^{T^{-1}}$, somit wird $\bar{u}_{\bar{T}}^{-1} e \bar{u}_{\bar{T}} = e^{\bar{T}} = e^{T^{-1}}$, und wir haben

$$eye = \sum_{S, \bar{T}} u_S e^S e^T \bar{u}_{\bar{T}} a_S \bar{b}_{T'}.$$

In dieser Summe sind alle Glieder mit $S \neq T$ Null, die Elemente von $e\mathfrak{C}e$ sind daher

$$\sum_S u_S \bar{u}_{\bar{S}} e a_S b_S \qquad a_S \subset \mathfrak{K}, \qquad b_{\bar{S}} \subset \bar{\mathfrak{K}},$$

oder kürzer, da $eb_S = eb_{\bar{S}}$ ist,

$$\sum_S u_S \bar{u}_{\bar{S}} e a_S, \qquad a_S \text{ aus } \mathfrak{K}.$$

Dies läßt vermuten, daß $e\mathfrak{C}e$ ein verschränktes Produkt $(c, e\mathfrak{K})$ mit den Transformatoren $u_S^* = u_S u_{\bar{S}} e$ ist. In der Tat gilt

$$ea \cdot u_S \bar{u}_{\bar{S}} e = eu_S a^S \bar{u}_{\bar{S}} e = eu_S \bar{u}_{\bar{S}} a^S e = u_S e^S \bar{u}_{\bar{S}} a^S = u_S \bar{u}_{\bar{S}} e a^S$$

oder

$$u_S^{*-1} e a u_S^* = e a^S,$$

und $ea \to ea^S$ ist ja die Übertragung des Automorphismus S auf $e\mathfrak{K}$. Zur Vollendung des Beweises ist lediglich noch festzustellen, daß

$$u_S^* u_T^* = u_{ST}^* \cdot e a_{S,T} b_{S,T}$$

gilt:

$$u_S u_{\bar{S}} e \cdot u_T \bar{u}_{\bar{T}} e = u_S \bar{u}_{\bar{S}} u_T e^T \bar{u}_{\bar{T}} e = u_S \bar{u}_{\bar{S}} u_T \bar{u}_{\bar{T}} e e$$

$$= u_S u_T u_{\bar{S}} \bar{u}_{\bar{T}} e = u_{ST} a_{S,T} \bar{u}_{\bar{S}\bar{T}} \bar{b}_{\bar{S},\bar{T}} e = u_{ST} \bar{u}_{\bar{S}\bar{T}} a_{S,T} \bar{b}_{\bar{S},\bar{T}} e$$

$$= u_{ST} \bar{u}_{\bar{S}\bar{T}} e \cdot e a_{S,T} b_{S,T}.$$

Jetzt sind wir in der Lage, mit Hilfe der Faktorensysteme eine Reihe von neuen Sätzen über normale einfache Algebren zu beweisen.

§ 3. Die Brauersche Gruppe.

Satz 1. *Hat die Algebrenklasse* $\{\mathfrak{A}\}$ *den Index* t, *so ist* $\{\mathfrak{A}\}^t = 1$. (Albert [**19**], Brauer [**2**].)

Beweis. Wir betrachten irgendeinen galoisschen Zerfällungskörper $\mathfrak{K}$ der Klasse $\{\mathfrak{A}\}$, sein Grad sei n, $\mathfrak{K}$ ist dann maximaler Teilkörper einer in $\{\mathfrak{A}\}$ enthaltenen Algebra $\mathfrak{A}$ vom Range n^2. $\mathfrak{A}$ ist ein verschränktes Produkt $\mathfrak{A} = (a, \mathfrak{K})$, und wir haben zu beweisen, daß die t-te Potenz des Faktorensystems a zu 1 assoziiert ist, mit anderen Worten, daß sich n Elemente c_S aus $\mathfrak{K}$ finden lassen mit

$$a_{S,T}^t = \frac{c_S^T c_T}{c_{ST}}.$$

Das geschieht auf die folgende Weise: $\mathfrak{A}$ sei volle Matrixalgebra in der Divisionsalgebra $\mathfrak{D}$, $\mathfrak{D}$ hat den Rang t^2, demnach hat ein einfaches Rechtsideal $\mathfrak{r}$ von $\mathfrak{A}$ den Rang $t^2 \cdot n/t = nt$ über P. $\mathfrak{r}$ ist ein $\mathfrak{K}$-Rechtsmodul, und da $\mathfrak{K}$ den Rang n hat, so ist $\mathfrak{r}$ vom Range t in Beziehung auf $\mathfrak{K}$. Die einzeilige Matrix R sei eine $\mathfrak{K}$-Basis von $\mathfrak{r}$. Jedem Element a von $\mathfrak{A}$ entspricht eine durch

$$Ra = RA$$

definierte Matrix A von t Zeilen und Spalten mit Elementen aus $\mathfrak{K}$. Die Matrizes U_S, die den Elementen u_S entsprechen, haben ähnliche Eigenschaften wie eine Darstellung von $\mathfrak{A}$ (vgl. hierüber Speiser [**1**] und die anschließende Arbeit von Schur). Denn es ist

$$Ru_S u_T = RU_S u_T = Ru_T U_S^T = RU_T U_S^T,$$

so daß dem Produkt $u_S u_T$ die Matrix $U_T U_S^T$ entspricht. Wir können das auch durch die Gleichung

$$U_{ST} a_{S,T} = U_T U_S^T \tag{1}$$

ausdrücken. Da die u_S Inverse haben, so gilt das auch für die Matrizes U_S, wir können U_S^{-1} sogar direkt angeben, aus der vorigen Gleichung erhält man nämlich, da wegen $u_E = a_{E,E}$ die $a_{E,E}$-fache Einsmatrix gleich U_E ist, indem man $T = S^{-1}$ setzt

$$U_S^{-1} = U_{S^{-1}}^S a_{S^{-1},S}^{-1} a_{E,E}^{-1}.$$

Die Determinanten $c_S = |U_S|$ sind also von Null verschieden, und aus (1) folgt

$$a_{S,T}^t = c_S^T c_T / c_{ST}, \text{ w. z. b. w.} \tag{2}$$

Die Ordnung von $\{\mathfrak{A}\}$ als Element der Algebrenklassengruppe heißt der *Exponent* von $\mathfrak{A}$ oder $\{\mathfrak{A}\}$.

Satz 1 wird ergänzt durch

Satz 2. *Der Exponent eines Elementes $\{\mathfrak{A}\}$ der* BRAUER*schen Gruppe, der ein Teiler des Index t von $\{\mathfrak{A}\}$ ist, ist umgekehrt durch jede in t aufgehende Primzahl teilbar.* (BRAUER [**2**.])

Beweis. K sei irgendein galoisscher Zerfällungskörper von $\{\mathfrak{A}\}$. Ein Primfaktor p des Index t muß im Grade n von K aufgehen. Ist p^ϱ die höchste in n enthaltene Potenz von p, so bedeute $\mathfrak{S}$ eine Untergruppe der Ordnung p^ϱ in der galoisschen Gruppe von K/P und Λ den zu $\mathfrak{S}$ gehörigen Teilkörper von K. Λ ist dann kein Zerfällungskörper, da sein Grad nicht durch p teilbar ist; die Algebra $\mathfrak{A}_\Lambda$ über dem Grundkörper Λ ist demnach keine volle Matrixalgebra, ihr Index ist aber eine Potenz von p, da K ein Zerfällungskörper von $\mathfrak{A}_\Lambda$ ist, dessen Grad eine Potenz von p ist. Die Ordnung der zum Grundkörper Λ gehörigen Algebrenklasse $\{\mathfrak{A}_\Lambda\}$ ist also eine echte Potenz von p, etwa $p^\sigma > 1$. Da aus $\{\mathfrak{A}\}^m = 1$ ohne weiteres $\{\mathfrak{A}_\Lambda\}^m = 1$ folgt, so muß also der Exponent m von $\{\mathfrak{A}\}$ durch p^σ teilbar sein. Jedoch ist nicht immer der Exponent von $\{\mathfrak{A}\}$ gleich m (BRAUER [**1**], ALBERT [**23**]). BRAUER [**7**] zeigt, daß bei gegebenem Index m der Exponent jeden Wert annehmen kann, der den Bedingungen von Satz 1 und Satz 2 genügt. Vgl. aber VII, § 5, Satz 7.

Satz 3. *$\mathfrak{D}$ sei eine Divisionsalgebra vom Range t^2. Ist $t = \prod_{i=1}^{m} p_i^{\varrho_i}$ die Primfaktorzerlegung von t, so ist $\mathfrak{D}$ direktes Produkt von m Divisionsalgebren $\mathfrak{D}_i$ der Indizes $p_i^{\varrho_i}$.* (ALBERT [**19**], BRAUER [**2**].)

Beweis. Nach Satz 2 ist die durch $\{\mathfrak{D}\}$ erzeugte zyklische Untergruppe der Algebrenklassengruppe direktes Produkt von m zyklischen Untergruppen der Ordnungen $p_i^{\alpha_i}$, $\alpha_i \leqq \varrho_i$, dementsprechend

$$\{\mathfrak{D}\} = \prod_{i=1}^{m} \{\mathfrak{D}_i\},$$

wo $\mathfrak{D}_i$ eine Divisionsalgebra bedeutet, deren Klasse $\{\mathfrak{D}_i\}$ den Exponenten $p_i^{\alpha_i}$ hat. Der Index von $\mathfrak{D}_i$ muß also nach Satz 1 eine Potenz p^{σ_i} von p_i sein. Da $\{\mathfrak{D}_i\}$ eine Potenz der Klasse $\{\mathfrak{D}\}$ ist, so ist jeder Zerfällungskörper von $\{\mathfrak{D}\}$ auch einer von $\{\mathfrak{D}_i\}$, der Index $p_i^{\sigma_i}$ von $\mathfrak{D}_i$ teilt also t, d. h. $\sigma_i \leqq \varrho_i$. Sei nun

$$\prod_{i=1}^{m} \mathfrak{D}_i = \mathfrak{D}_r.$$

Rangvergleich ergibt

$$\prod_{i=1}^{m} p_i^{\sigma_i} = \prod_{i=1}^{m} p_i^{\varrho_i} \cdot r.$$

Da aber $\sigma_i \leqq \varrho_i$ war, so muß $r = 1$, $\sigma_i = \varrho_i$ sein, also

$$\prod_{i=1}^{m} \mathfrak{D}_i = \mathfrak{D}, \text{ w. z. b. w.}$$

Aus Satz 3 ergibt sich, daß eine primäre Divisionsalgebra (IV, § 4, 5) Primzahlpotenzrang hat. Hat eine Algebra von Primzahlpotenzindex p^λ auch den Exponenten p^λ, so ist sie sicherlich primär. Das umgekehrte ist jedoch *nicht* richtig (ALBERT [**28**]).

§ 4. Erweiterung des Grundkörpers. Teilkörper als Zerfällungskörper.

1. $\mathsf{\Lambda}$ sei eine Erweiterung des Grundkörpers P. Die Erweiterung $(a, \mathfrak{K})_\mathsf{\Lambda}$ eines verschränkten Produktes $(a, \mathfrak{K})$ über P hat einen Zerfällungskörper $\mathsf{K\Lambda}$, wenn $\mathsf{K\Lambda}$ das Körperkompositum von $\mathsf{\Lambda}$ mit einer zu $\mathfrak{K}$ isomorphen Koeffizientenerweiterung K bedeutet. Daher ist $(a, \mathfrak{K})_\mathsf{\Lambda}$ ähnlich zu einem verschränkten Produkt $(a', \mathfrak{K}^\mathsf{\Lambda})$, das mit einem zu $\mathsf{K\Lambda}$ isomorphen Körper $\mathfrak{K}^\mathsf{\Lambda}$ über $\mathsf{\Lambda}$ gebildet ist. Das Faktorensystem a' muß aus a ableitbar sein. Um a' zu finden, gehen wir ähnlich vor wie beim Beweis von Satz 1 in § 2. Es sei $(a, \mathfrak{K}) = \mathfrak{A}$ gesetzt. In $\mathfrak{A}_\mathsf{\Lambda}$ ist das direkte Produkt $\mathfrak{K} \times \mathsf{\Lambda}$ enthalten. $\mathfrak{K} \times \mathsf{\Lambda}$ wird nach IV, § 3 direkte Summe von t Körpern

$$\mathfrak{K} \times \mathsf{\Lambda} = e_1(\mathfrak{K} \times \mathsf{\Lambda}) + \cdots + e_t(\mathfrak{K} \times \mathsf{\Lambda}),$$

wenn t den Index der Untergruppe $\mathfrak{H}$ in der galoisschen Gruppe $\mathfrak{G}$ von $\mathfrak{K}/\mathsf{P}$ bedeutet, zu der $\mathfrak{K} \cap \mathsf{\Lambda}$ gehört; $\mathfrak{H}$ ist die galoissche Gruppe von $\mathfrak{K}^\mathsf{\Lambda}/\mathsf{\Lambda}$. Die Idempotente e_i gehen aus einem von ihnen, etwa e, durch Anwendung der Elemente S von $\mathfrak{G}$ hervor, wenn wieder $(\sum a_i b_i)^S$, wo $a_i \subset \mathfrak{K}$, $b_i \subset \mathsf{\Lambda}$, durch $(\sum a_i b_i)^S = \sum a_i^S b_i$ erklärt wird. Die Elemente von $\mathfrak{H}$ lassen e fest. Die einzelnen Körper $e_i(\mathfrak{K} \times \mathsf{\Lambda})$ sind zu $\mathfrak{K}^\mathsf{\Lambda}$ isomorph.

Nun können wir ein System von t^2 Matrizeseinheiten in $\mathfrak{A}_\mathsf{\Lambda}$ bilden

$$e_{S,T} = u_S^{-1} e\, u_T = u_S^{-1} u_T e^T = e^S u_S^{-1} u_T,$$

S, T feste Repräsentanten der Restklassen $\mathfrak{H}S$ von $\mathfrak{G}$ modulo $\mathfrak{H}$;

e kommt unter den $e_{S,T}$ vor; $e = e_{E,E}$.

Bilden wir zu jedem Element eye von $e\mathfrak{A}_\mathsf{\Lambda} e$ die Summe $Y = \sum_{S \bmod \mathfrak{H}} e_{S,E}\, eye\, e_{E,S}$, so bilden die Y einen mit $e\mathfrak{A}_\mathsf{\Lambda} e$ isomorphen Ring $\tilde{\mathfrak{A}}$, und es wird $\mathfrak{A}_\mathsf{\Lambda} = \sum_{S,T} \tilde{\mathfrak{A}} e_{S,T}$. Daher wird es genügen, den Ring $e\mathfrak{A}_\mathsf{\Lambda} e$ als verschränktes Produkt darzustellen. Jedes Element y von $\mathfrak{A}$ hat die Form

$$y = \sum_{S \subset \mathfrak{G}} u_S d_S, \qquad d_S \text{ aus } \mathfrak{K} \times \Lambda,$$

also

$$y = \sum_{S \subset \mathfrak{G}} \sum_{T \bmod \mathfrak{H}} u_S f_{S,T}, \qquad f_{S,T} \text{ aus } e^T(\mathfrak{K} \times \Lambda).$$

Da $f_{S,T} e = f_{S,T} e^T e = 0$ für $T \not\subset \mathfrak{H}$ und $e^S f_{S,T} = 0$ für $S \not\subset \mathfrak{H}$ ist, so gilt

$$e y e = \sum_{S \subset \mathfrak{H}} u_S f_{S,E}.$$

Das heißt aber

$$e \mathfrak{A}_\Lambda e = \sum_{S \subset \mathfrak{H}} u_S e \cdot e(\mathfrak{K} \times \Lambda).$$

Liegt f in $e(\mathfrak{A} \times \Lambda)$ und S in $\mathfrak{H}$, so wird

$$f \cdot u_S e = u_S f^S e = u_S e \cdot f^S.$$

$e\mathfrak{A}_\Lambda e$ ist also ein verschränktes Produkt des zu $\mathfrak{K}^\Lambda$ isomorphen Körpers $e(\mathfrak{K} \times \Lambda)$ mit seiner Gruppe. Wir rechnen das Faktorensystem aus

$$u_S e \cdot u_T e = u_S u_T e = u_{ST} a_{S,T} e = u_{ST} e \cdot a_{S,T} e.$$

Das Faktorensystem ist also einfach der auf die Untergruppe $\mathfrak{H}$ sich beziehende Teil des Systems a, in dem Körper $e(\mathfrak{K} \times \Lambda)$ genommen, der hier als maximaler Teilkörper auftritt. Damit ist bewiesen

Satz 1. *Die Erweiterung $(a, \mathfrak{K})_\Lambda$ eines verschränkten Produktes ist ähnlich zu dem verschränkten Produkt $(a^\Lambda, \mathfrak{K}^\Lambda)$ des Körperkompositums $\mathfrak{K}^\Lambda$ mit dessen galoisscher Gruppe $\mathfrak{H}$ über Λ, zu dem allein auf die Untergruppe $\mathfrak{H}$ sich beziehenden Teil a^Λ von a als Faktorensystem.* (Hasse [**3**].)

2. Dieser Satz gibt das Mittel, in der Gruppe der durch einen galoisschen Körper K/P zerfällten Algebrenklassen über P die Untergruppe der Klassen, die durch einen Teilkörper K_0 von K zerfällt werden, an den Faktorensystemen auszuzeichnen. Wendet man Satz 1 auf einen Teilkörper K_0 von K an und beachtet, daß die Bedingung für $(a, \mathfrak{K}) \backsim 1$ die Assoziiertheit von a zu 1 ist, so erkennt man

Satz 2. *Ein verschränktes Produkt $(a, \mathfrak{K})$ wird dann und nur dann von dem Teilkörper K_0 einer zu $\mathfrak{K}$ isomorphen Koeffizientenerweiterung K zerfällt, wenn a zu einem Faktorensystem a' assoziiert ist, in dem $a'_{H,H_1} = 1$ für die H, H_1 ist, die in der Untergruppe $\mathfrak{H}$ liegen, zu der K_0 nach dem Hauptsatz der galoisschen Theorie gehört.*

Es ist auch leicht möglich, von der durch K_0 zerfällten Algebra $(a, \mathfrak{K})$ einen Matrizesring P_h abzuspalten $(h = (\mathsf{K} : \mathsf{K}_0))$. (Noether [**6**].)

Setzen wir, unter der Annahme $a_{H,H_0} = 1$ für $H, H_0 \subset \mathfrak{H}$

$$\sum_{H \subset \mathfrak{H}} u_H = E_{\mathfrak{H}},$$

so wird

$$E_{\mathfrak{H}} u_H = u_H E_{\mathfrak{H}} = E_{\mathfrak{H}},$$

ferner, wenn S die Spur in Beziehung auf K_0 bezeichnet

$$E_{\mathfrak{H}} \cdot a \cdot E_{\mathfrak{H}} = \sum_{H} \sum_{H_1} u_H a u_{H_1} = \sum_{H} \sum_{H_1} u_H \cdot u_{H_1} a^{H_1} = \sum_{H} u_H \cdot \sum_{H_2} a^{H_2} = E_{\mathfrak{H}} \cdot Sa$$

Es sei $(a_1, \ldots, a_h)$ eine Basis von $\mathfrak{K}/\mathfrak{K}_0$. Die Determinante der Matrix $(S_{\mathfrak{K}\to\mathfrak{K}_0}(a_i a_j))_{i,j=1,\ldots,h}$ ist nach III, § 5 von Null verschieden; daher wird durch

$$(\tilde{a}_1, \ldots, \tilde{a}_h) = (a_1, \ldots, a_h)\,((S_{\mathfrak{K}\to\mathfrak{K}_0}\, a_i a_j))^{-1}$$

eine zweite Basis von $\mathfrak{K}/\mathfrak{K}_0$ definiert. Sie ist *zu* $(a_1, \ldots, a_h)$ *komplementär*, d. h. es gelten die Gleichungen

$$S_{\mathfrak{K}\to\mathfrak{K}_0}(a_i \cdot \tilde{a}_j) = \delta_{ij} = \begin{cases} 1, \text{ wenn } i = j \\ 0, \text{ wenn } i \neq j \end{cases}.$$

Denn es ist

$$\begin{aligned}(a_i \tilde{a}_j)_{i,j=1,\ldots,h} &= \begin{pmatrix} a_1 & & \\ & \ddots & \\ & & a_h \end{pmatrix} (\tilde{a}_1, \ldots, \tilde{a}_h) \\ &= \begin{pmatrix} a_1 & & \\ & \ddots & \\ & & a_h \end{pmatrix} (a_1, \ldots, a_h)\,(S_{\mathfrak{K}\to\mathfrak{K}_0}(a_i a_j))^{-1} \\ &= (a_i a_\nu)_{i,\nu=1,\ldots,h}\,(S_{\mathfrak{K}\to\mathfrak{K}_0}(a_i a_j))^{-1},\end{aligned}$$

also

$$(S_{\mathfrak{K}\to\mathfrak{K}_0}(a_i \tilde{a}_j)) = (S_{\mathfrak{K}\to\mathfrak{K}_0}(a_i a_j))\,(S_{\mathfrak{K}\to\mathfrak{K}_0}(a_i a_j))^{-1} = \begin{pmatrix} 1 & & \\ & \ddots & \\ & & 1 \end{pmatrix}.$$

(Vgl. auch VI § 5). Es ist jetzt

$$a_i E_{\mathfrak{H}} \tilde{a}_k \cdot a_j E_{\mathfrak{H}} \tilde{a}_l = \begin{cases} a_i E_{\mathfrak{H}} \tilde{a}_l, \text{ wenn } k = j, \\ 0, \text{ wenn } k \neq j. \end{cases}$$

Die

$$c_{ik} = a_i E_{\mathfrak{H}} \tilde{a}_k$$

sind also Matrizeseinheiten. Die c_{ik} sind mit allen Elementen von $\mathfrak{K}_0$ vertauschbar, und die Gesamtheit der mit allen c_{ik} vertauschbaren Elemente bildet eine zu $(a, \mathfrak{K})$ ähnliche Algebra mit $\mathfrak{K}_0$ als maximalem Teilkörper (siehe IV, § 4).

Wir können das Faktorensystem a einer durch K_0 zerfällten Algebra $(a, \mathfrak{K})$ noch etwas anders schreiben: an Stelle der in Satz 2 angegebenen Bedingung $a_{H,H_1} = 1$ für H, H_1 aus der zu K_0 gehörigen Untergruppe $\mathfrak{H}$ können wir nämlich auch die folgende setzen: es soll $a_{S,T} = a_{S',T}$ sein, falls $S' = HS$, $H \subset \mathfrak{H}$ ist. Diese Form nimmt das Faktorensystem an, wenn wir $\mathfrak{G}$ nach $\mathfrak{H}$ zerlegen $\mathfrak{G} = \mathfrak{H} T_1 + \cdots + \mathfrak{H} T_{M_0}$, und dann die Transformatoren u_{HT_i} durch $u_{HT_i} = u_H u_{T_i}$ definieren, wo die u_{T_i} beliebig, die u_H aber so gewählt sind, daß $u_H u_{H_1} = u_{HH_1}$ wird.

Mit Hilfe des auf diese Weise normierten Faktorensystems kann ein zweiter Beweis des Satzes 1, § 3, geführt werden. (Brauer [**5**].) Lassen wir in der Assoziativrelation

$$a_{S,TR}\, a_{T,R} = a_{ST,R}\, a_{S,T}^{R}$$

S ein Restsystem von $\mathfrak{G}$ modulo $\mathfrak{H}$ durchlaufen und multiplizieren wir die erhaltenen Gleichungen, so kommt

$$\prod_{S \bmod \mathfrak{H}} a_{S,TR} \cdot a_{T,R}^{n_0} = \prod_{S \bmod \mathfrak{H}} a_{S,R} \Big(\prod_{S \bmod \mathfrak{H}} a_{S,T}\Big)^R.$$

Wird $\prod_{S \bmod \mathfrak{H}} a_{S,T} = e_T$ gesetzt, so ist also

$$a_{T,R}^{n_0} = e_T^R e_R / e_{TR},$$

$a_{T,R}^{n_0}$ ist demnach zu eins assoziiert, und da für n_0 der Index von $(a, \mathfrak{K})$ gewählt werden kann, so ist Satz 1, § 3, aufs neue bewiesen.

3. Wenn der Teilkörper K_0 galoissch ist, so entsteht die weitere Aufgabe, zu einer schon durch K_0 zerfällte Algebra $(a, \mathfrak{K})$ ein ähnliches verschränktes Produkt $(a^0, \mathfrak{K}_0)$ anzugeben, und umgekehrt zu einer gegebenen Algebra $(a^0, \mathfrak{K}_0)$ eine ähnliche Algebra $(a, \mathfrak{K})$ zu finden. Sie wird gelöst durch den

Satz 3. *K_0 sei ein zum Normalteiler $\mathfrak{N}$ der galoisschen Gruppe $\mathfrak{G}$ von K/P gehöriger galoisscher Teilkörper. Das verschränkte Produkt $(a, \mathfrak{K})$ werde von K_0 zerfällt. Das Faktorensystem a kann in seiner Klasse so gewählt worden, daß $a_{S,T} = a_{S',T'}$, ist für $S \equiv S'(\mathfrak{N})$, $T \equiv T'(\mathfrak{N})$. Es wird $(a, \mathfrak{K}) \sim (a^0, \mathfrak{K}_0)$, wenn $a^0_{S\mathfrak{N},T\mathfrak{N}} = a_{S,T}$ gesetzt wird. Liest man diese Gleichung umgekehrt als Definition von $a_{S,T}$ bei gegebenem $a^0_{S\mathfrak{N},T\mathfrak{N}}$, so erhält man zu gegebenem $(a^0, \mathfrak{K}_0)$ ein ähnliches $(a, \mathfrak{K})$.* (Hasse [**4**].)

Beweis. 1. Daß die $a_{S,T}$ in $\mathfrak{K}_0$ liegen, wenn sie die angegebenen Bedingungen erfüllen, folgt aus (3) in § 1. Wird nämlich für R ein Element N von $\mathfrak{N}$ eingesetzt, so kommt

$$a_{S,TN}\, a_{T,N} = a_{ST,N}\, a_{S,T}^N,$$

dafür kann aber nach Voraussetzung auch

$$a_{S,T}\, a_{T,E} = a_{ST,E}\, a_{S,T}^N$$

geschrieben werden. Für $N = E$ wird

$$a_{S,T}\, a_{T,E} = a_{ST,E}\, a_{S,T}.$$

Division der vorletzten Gleichung durch die letzte ergibt

$$a_{S,T}^N = a_{S,T}.$$

2. Der Grad von K über K_0, also die Ordnung von $\mathfrak{N}$, sei s. Wir wollen jetzt in einem $(a, \mathfrak{K})$, dessen Faktorensystem a die in Satz 3 ausgesprochene Bedingung erfüllt, ein System von s^2 Matrizeseinheiten konstruieren. Wir können $a_{N,N'} = 1$ annehmen für N, N' aus $\mathfrak{N}$: Es sei $a_{E,E} = a$, also $a_{N,N'} = a$ für N, N' aus $\mathfrak{N}$. Wir ersetzen u_N durch $u_N a^{-1}$. Dann kommt $a_{N,N'} = a \cdot \dfrac{a^{-N} a^{-1}}{a^{-1}} = a^{1-N} = 1$.

Jetzt können wir, wie unter 2, von $(a, \mathfrak{K})$ das System von Matrizeseinheiten

$$c_{ik} = a_i \sum_{N \subset \mathfrak{N}} u_N \tilde{a}_k$$

abspalten. Es liegt nahe, die allgemeineren Bildungen

$$u_{S_0 ik} = a_i \sum_{S \subset S_0} u_S \tilde{a}_k$$

vorzunehmen. Dabei soll S_0 ein Element von $\mathfrak{G}/\mathfrak{N}$, also eine Restklasse von $\mathfrak{G}$ modulo $\mathfrak{N}$ bedeuten. Für diese Größen gelten die Relationen

$$u_{S_0 i k} u_{T_0 j l} = \begin{cases} 0 & , k \neq j, \\ u_{S_0 T_0 i l} a_{S_0, T_0}, & k = j. \end{cases}$$

In der Tat

$$a_i \sum_{S \subset S_0} u_S \tilde{a}_k a_j \sum_{T \subset T_0} u_T a_l = a_i \sum_{S \subset S_0, T \subset T_0} \sum u_S u_T a_k^T a_j^T a_l = a_i \sum_{S \subset S_0, T \subset T_0} \sum u_{ST} \tilde{a}_k^T a_j^T \tilde{a}_l a_{S_0, T_0}$$

$$= a_i \sum_{R \subset S_0 T_0} u_R \Big(\sum_{N \subset \mathfrak{N}} \tilde{a}_k^N a_j^N \Big)^{T^*} \tilde{a}_l a_{S_0, T_0} = \begin{cases} a_i \sum\limits_{R \subset S_0 T_0} u_R \tilde{a}_l a_{S_0, T_0}, & j = k, \\ 0 & , j \neq k. \end{cases}$$

T^* bedeutet ein festes Element von T_0.

Innerhalb der $u_{S_0 i k}$ bilden die $u_{E_0 i k} = c_{ik}$ ein System von Matrizeseinheiten. Die Elemente von $\mathfrak{K}_0$ sind mit den c_{ik} vertauschbar, denn sie sind mit den u_N vertauschbar. Es ist ferner leicht einzusehen, daß die Größen

$$u_{S_0}^* = \sum_{i=1}^{s} u_{S_0 i i}$$

mit allen c_{ik} vertauschbar sind. Denn es wird

$$u_{S_0}^* \cdot c_{ik} = \sum_{j=1}^{s} u_{S_0 j j} u_{E_0 i k} = u_{S_0 i k} a_{S_0, E_0}$$

und

$$c_{ik} u_{S_0 j j}^* = u_{S_0 i k} a_{E_0, S_0};$$

und da $a_{S_0, E_0} = a_{E_0, S_0}^{S_0^{-1}} = a_{E_0, E_0} = 1$ ist, so sind beide Ausdrücke gleich. Wir schließen jetzt, daß der von $\mathfrak{K}_0$ und den n/s Größen $u_{S_0}^*$ aufgespannte Ring $\mathfrak{A}^*$ eine zu $(a, \mathfrak{K})$ ähnliche Algebra ist, denn es gilt ja $\sum \mathfrak{A}^* c_{ik} = \mathfrak{A}_s^* = (a, \mathfrak{K})$. $\mathfrak{A}^*$ ist aber ein verschränktes Produkt $(a^0, \mathfrak{K}_0)$, denn für ein Element b von $\mathfrak{K}_0$ gilt:

$$b u_{S_0}^* = b \cdot \sum_j \sum_S a_j u_S \tilde{a}_j = \sum_j \sum_S a_j u_S \tilde{a}_j b^S = u_S^* b^{S_0},$$

und es wird

$$u_{S_0}^* u_{T_0}^* = \sum_i \sum_j u_{S_0 i i} u_{T_0 j j} = \sum_i u_{S_0 T_0 i i} a_{S_0, T_0} = u_{S_0, T_0}^* a_{S_0, T_0}.$$

3. Zu gegebenen $(a^0, \mathfrak{K}_0)$ kann jetzt nach der in Satz 3 angegebenen Vorschrift ein ähnliches $(a, \mathfrak{K})$ gefunden werden. Da umgekehrt ein durch K_0 zerfälltes $(a', \mathfrak{K})$ zu einem $(a^0, \mathfrak{K}_0)$ ähnlich ist, so ist das Faktorensystem $a_{S,T}$ zu einem $a_{S,T}$ von der in Satz 3 angegebenen Art assoziiert.

§ 5. Zyklische Algebren.

Besonders wichtig sind die Faktorensysteme bei zyklischen Körpern. Es sei $\mathfrak{K} = \mathfrak{Z}$ eine zyklische Erweiterung n-ten Grades von P. Zur Bildung eines verschränkten Produktes $(a, \mathfrak{Z})$ greifen wir ein erzeugendes Element S der galoisschen Gruppe von $\mathfrak{Z}/\mathsf{P}$ heraus, ordnen ihm ein Element u_S und seinen Potenzen S^i, $i = 0, 1, 2, \ldots, n-1$, die Potenzen $u_{S^i} = u_S^i$ zu. Bei dieser speziellen Wahl der Transformatoren ist das Faktorensystem durch eine einzige Größe a vollständig bestimmt, nämlich durch $u_S^n = a_{S^{n-1},S} = a$. Denn es wird

$$u_S^i u_S^j = u_S^{i+j}, \text{ wenn } i + j < n,$$

$$u_S^i u_S^j = u_S^{i+j-n} a, \text{ wenn } i + j \geqq n,$$

somit
$$a_{S^i,S^j} = a, \text{ wenn } i + j \geqq n,$$

$$a_{S^i,S^j} = 1, \text{ wenn } i + j < n.$$

Was die Assoziativbedingungen für a bedeuten, überlegt man sich leicht: Damit $u^i(u^j u^k) = (u^i u^j)u^k$ wird, ist nur nötig, daß $u^n = a$ mit allen u^i vertauschbar ist, mit anderen Worten, daß a im Grundkörper P liegt. Das kann man aus den Relationen (3), § 1, auch herleiten. Da a in P liegt, wollen wir an seiner Statt α schreiben. Das verschränkte Produkt $(a, \mathfrak{Z})$ bezeichnen wir jetzt mit

$$(\alpha, \mathfrak{Z}, S)$$

und nennen es eine *zyklische Algebra*. $(\alpha, \mathfrak{Z}, S)$ besteht also aus allen Elementen $\sum_{i=0}^{n-1} u^i z_i, z_i \subset \mathfrak{Z}$ mit den Rechenregeln $u^n = \alpha$, und $zu = uz^S$, $z \subset \mathfrak{Z}$; S ist ein erzeugender Automorphismus von $\mathfrak{Z}/\mathrm{P}$.

Die nächste Frage ist: Wann sind zwei zyklische Algebren $(\alpha, \mathfrak{Z}, S)$ und $(\beta, \mathfrak{Z}, S)$ isomorph, d. h. wann sind die durch α und β gegebenen *normierten* Faktorensysteme assoziiert? Ersetzen wir u durch einen anderen möglichen Transformator $v = uc$, $c \neq 0$ aus $\mathfrak{Z}$, so wird $v^2 = ucuc = u^2 c^{S+1}, \ldots, v^i = u^i c^{S^{i-1}+S^{i-2}+\cdots+1}, v^n = u^n c^{S^{n-1}+\cdots+S+1}$. Daher ist die Bedingung für Assoziiertheit von α und β einfach $\beta/\alpha = N_{\mathfrak{Z}\to\mathrm{P}} c$:

Satz 1. *Die zyklischen Algebren $(\alpha, \mathfrak{Z}, S)$ und $(\beta, \mathfrak{Z}, S)$ sind dann und nur dann isomorph, wenn α/β Norm eines Elementes c von $\mathfrak{Z}$ ist.* (Wedderburn [**3**], Dickson [**6**].)

Wir nennen die Faktorgruppe der multiplikativen Gruppe des Körpers P nach der Untergruppe derjenigen Elemente, die Normen von Elementen aus $\mathfrak{Z}$ sind, kurz die *Normfaktorgruppe* von $\mathfrak{Z}/\mathrm{P}$, die Elemente dieser Gruppe *Normenklassen.*

Dann spezialisiert sich Satz 1 in § 2 in der folgenden Weise:

Satz 2. *Die Klassen der zyklischen Algebren $(\alpha, \mathfrak{Z}, S)$ über* P *bilden eine durch $\alpha \to (\alpha, \mathfrak{Z}, S)$ mit der Normfaktorgruppe von $\mathfrak{Z}/\mathrm{P}$ isomorphe Gruppe. Es ist $(\alpha, \mathfrak{Z}, S)(\beta, \mathfrak{Z}, S) \sim (\alpha\beta, \mathfrak{Z}, S)$.*

Aus diesem Satz folgt aufs neue der Satz, daß der Körper der komplexen Zahlen Ω und der Quaternionenkörper die einzigen Divisionsalgebren über dem Körper P der reellen Zahlen sind. Als maximaler Teilkörper einer echten Divisionsalgebra über P kommt nur Ω in Frage. Ω ist zyklisch vom Grade 2. Eine reelle Zahl ist dann und nur dann Norm einer komplexen Zahl, wenn sie nicht negativ ist. Die Normfaktorgruppe hat die Ordnung 2. Daher gibt es außer der Einsklasse nur eine Brauersche Algebrenklasse: die des Quaternionenkörpers, der ja in seiner üblichen Definition gerade als zyklische Algebra dargestellt ist.

Aus dem WEDDERBURNschen Satz 1, IV, § 6, daß jede endliche Divisionsalgebra kommutativ ist, können wir jetzt den Satz ableiten, daß die Normfaktorgruppe eines Galoisfeldes in Beziehung auf einen Teilkörper die Ordnung 1 hat, oder: daß jedes Element des Teilkörpers Norm eines Elementes aus dem Erweiterungskörper ist. (Siehe Hilfssatz 1 in VII, § 1.) Diese Tatsache kann man auch leicht direkt ausrechnen und erhält auf diese Weise einen neuen Beweis des WEDDERBURNschen Satzes (BRAUER [**3**]).

S ist als erzeugendes Element der galoisschen Gruppe nicht eindeutig bestimmt, es fragt sich, wie eine Algebra $(\alpha, \mathfrak{Z}, S)$ mittels eines anderen erzeugenden Elementes S^r darzustellen ist. Da zu S^r in $(\alpha, \mathfrak{Z}, S)$ der Transformator u_S^r gehört und $(u_S^r)^n = (u_S^n)^r = \alpha^r$ ist, so gilt

Satz 3. *Beim Übergang von S zu einer anderen Erzeugenden S^r ist α durch α^r zu ersetzen:* $(\alpha, \mathfrak{Z}, S) = (\alpha^r, \mathfrak{Z}, S^r)$.

2. Wir gehen daran, die allgemeinen Sätze über Faktorensysteme auf den zyklischen Fall anzuwenden. Satz 1, § 4, überträgt sich folgendermaßen:

Satz 4. *Bedeutet Λ eine Erweiterung des Grundkörpers, so gilt* $(\alpha, \mathfrak{Z}, S)_\Lambda = (\alpha, \mathfrak{Z}^\Lambda, S_\Lambda)$, *wenn $\mathfrak{Z}^\Lambda$ das Körperkompositum von $\mathfrak{Z}$ mit Λ ist und S_Λ die niedrigste Potenz von S bezeichnet, die in der galoisschen Gruppe von $\mathfrak{Z}_\Lambda/\Lambda$ liegt.* (HASSE [**3**].)

Aus Satz 3, § 4, folgt

Satz 5. *Ist $\mathfrak{Z}_0$ ein Teilkörper von $\mathfrak{Z}$ und $(\mathfrak{Z} : \mathfrak{Z}_0) = s$, so wird* $(\alpha^s, \mathfrak{Z}, S) = (\alpha, \mathfrak{Z}_0, S_0)$*; wenn unter S_0 der von S im Teilkörper $\mathfrak{Z}_0$ erzeugte Automorphismus verstanden wird.* (ALBERT [**26**], HASSE [**4**].)

Beweis. Wir machen aus dem durch α gegebenen Faktorensystem von $(\alpha, \mathfrak{Z}_0, S_0)$ ein Faktorensystem für $\mathfrak{Z}$, indem wir gemäß Satz 3, § 4, $a_{S,T} = a_{S_0,T_0}$ setzen, falls S in der Restklasse S_0 der galoisschen Gruppe von $\mathfrak{Z}/\mathrm{P}$ nach der zu $\mathfrak{Z}_0$ gehörigen Untergruppe liegt und ebenso T in der Restklasse T_0. Zwar wird dann kein normiertes Faktorensystem entstehen, aber dem Automorphismus S, dessen Wirkung auf $\mathfrak{Z}_0$ gerade S_0 ist, wird ein Transformator u_S entsprechen, dessen $n$te Potenz u_S^n gemäß $u_{S_0}^{*\,n} = (u_{S_0}^{*\,n_0})^s = \alpha^s = u_{E_0}^* \cdot \alpha^s$ zu α^s sich berechnet, denn $u_S^n = u_E \beta$ entspricht $u_{S_0}^{*\,n} = u_{E_0}^* \beta$.

§ 6. Die Gruppe der Transformationsgrößen.

Die zu 1 assoziierten Faktorensysteme oder *Transformations*größen sind

$$a_{S,T} = \frac{c_S^T c_T}{c_{ST}}$$

mit beliebigen $c_S \neq 0$ aus $\mathfrak{K}$.

Satz 1. *Wenn $c_S^T c_T / c_{ST} = 1$ ist, so gibt es ein b in $\mathfrak{K}$ mit $c_S = b^{1-S}$, und umgekehrt hat $c_S = b^{1-S}$ zur Folge, daß $c_S^T c_T = c_{ST}$.* (SPEISER [**4**], NOETHER [**5**].)

Beweis. Ist $c_S^T c_T / c_{ST} = 1$, so sind in irgendeinem verschränkten Produkt $(a, \mathfrak{K})$, etwa $(1, \mathfrak{K})$, neben den u_S auch die $u'_S = u_S c_S$ ein System von Transformatoren zum Faktorensystem a. Durch $a \to a$ für a aus $\mathfrak{K}$, $u_S \to u'_S$ entsteht ein Automorphismus von $(a, \mathfrak{K})$, der nach

IV, § 4, Satz 5 durch ein Element b von $\mathfrak{K}$ erzeugt werden muß: $b^{-1}u_S b = u'_S = u_S c_S$ oder $c_S = b^{1-S}$. Diese Betrachtung läßt sich umkehren. Indessen führt eine direkte Rechnung einfacher zum Beweis der Umkehrung: ist $c_S = b^{1-S}$, so wird $c_S^T c_T = b^{(1-S)T+1-T} = b^{1-ST} = c_{ST}$.

Wir formulieren diesen Satz im Falle eines zyklischen Körpers $\mathfrak{K}$ für die normierten Faktorensysteme:

Satz 2. *Ist $\mathfrak{K}$ zyklisch über k, so ist die Norm eines Elementes c von $\mathfrak{K}$ in Beziehung von k dann und nur dann gleich 1, wenn $c = b^{1-S}$ ist, unter S einen erzeugenden Automorphismus von $\mathfrak{K}/k$ verstanden.* (D. Hilberts Bericht über die Theorie der algebraischen Zahlkörper, Satz 90.)

§ 7. Reduktion der Faktorensysteme auf Einheitswurzeln.

Die Faktorensysteme durch geeignete Wahl der Transformatoren u_S auf eine einfache Normalform zu bringen — wie im Fall der zyklischen Körper —, ist im allgemeinen nicht gelungen. Durch passende Erweiterung des maximalen Teilkörpers $\mathfrak{K}$ kann man aber erreichen, daß das Faktorensystem aus Einheitswurzeln bestehend angenommen werden kann. Für diesen Paragraph vgl. Brauer [**6**], Shoda [**6**].

Satz 1. *Der Teilkörper $\mathfrak{K}$ einer Algebra $(a, \mathfrak{K})$ hat stets eine solche über P galoissche Erweiterung $\mathfrak{K}'$, daß das Faktorensystem der zu $(a, \mathfrak{K})$ ähnlichen Algebra $(a', \mathfrak{K}')$ als aus Einheitswurzeln bestehend angenommen werden kann.*

Beweis. Der Satz wird durch die Tatsache nahegelegt, daß, wenn e den Exponenten von $(a, \mathfrak{K})$ bezeichnet, $a^e_{S,T}$ zu 1 assoziiert ist:

$$a^e_{S,T} = c_S^T c_T / c_{ST}.$$

$\mathfrak{K}'$ sei galoissch und umfasse außer $\mathfrak{K}$ die Größen $c_S^{\frac{1}{e}}$. Wird ein Faktorensystem a'' zu $\mathfrak{K}'$ erklärt durch $a''_{S',T'} = a_{S,T}$, wenn S' in der Restklasse S, T' in der Restklasse T liegt, so wird $(a, \mathfrak{K})$ zu $(a'', \mathfrak{K}')$ ähnlich, aber a'' ist assoziiert zu

$$a'_{S',T'} = a''_{S',T'} \frac{c'_{S'T'}}{c'^{T'}_{S'} c'_{T'}}, \text{ wo } c'_{S'} = c_S^{\frac{1}{e}} \text{ gesetzt ist;}$$

und da $a'^e_{S',T'} = 1$ wird, so sind die $a'_{S',T'}$ $e$te Einheitswurzeln.

Brauer [**6**] gibt ein Kriterium dafür an, daß ein Faktorensystem $a_{S,T}$ aus Einheitswurzeln zu 1 assoziiert ist, das darin besteht, daß $\mathfrak{K}$ in einen galoisschen Körper $\mathfrak{K}/\mathsf{P}$ einbettbar sein soll, dessen Galois-Gruppe in durch $a_{S,T}$ bestimmter Weise homomorph auf $\mathfrak{G}$ abgebildet sein muß.

VI. Theorie der ganzen Größen.

$\mathfrak{A}$ sei eine Algebra über dem Körper P; P sei der Quotientenkörper eines Ringes $\mathfrak{g}$, in dem jedes Ideal eindeutig als Primidealpotenzprodukt darstellbar ist. Die beiden Fälle, auf die es uns ankommt, sind: $\mathfrak{g}$ ist der Ring der ganzen algebraischen Zahlen eines Zahlkörpers (der Ring der ganzen rationalen Zahlen im besonderen), und: $\mathfrak{g}$ ist der Ring der ganzen Zahlen eines $\mathfrak{p}$-adischen Zahlkörpers. Für die allgemeine Arithmetik der Algebren vgl. ARTIN [2], BRANDT [6], [7], DICKSON [6], [10], SPEISER [2], [3].

§ 1. Ganze Größen, Ordnungen, Ideale.

P-Elemente heißen rational, $\mathfrak{g}$-Elemente ganzrational.

Definition 1. *Ein $\mathfrak{A}$-Element a heißt ganz, wenn es eine Gleichung*

$$f(a) = a^n + \alpha_{n-1} a^{n-1} + \cdots + \alpha_0 = 0$$

mit ganzrationalen α_ν gibt.

Das Minimalpolynom eines ganzen Elementes hat ganze Koeffizienten, denn nach I, § 1, 7, teilt es das Polynom $f(x)$. Da charakteristisches Polynom und Hauptpolynom Teiler einer Potenz des Minimalpolynomes sind, so gilt

Satz 1. *Minimalpolynom, charakteristisches Polynom und Hauptpolynom eines ganzen Elementes haben ganzrationale Koeffizienten. Norm und Spur ganzer Elemente sind ganzrational.*

Der wesentliche Unterschied, den die Theorie der ganzen Größen einer Algebra gegenüber der Theorie der ganzen Größen eines algebraischen Zahlkörpers bietet, liegt in dem Umstand, daß die ganzen Größen einer Algebra im allgemeinen keinen Ring bilden.

Beispiel. $\mathfrak{g}$ der Ring der ganzen rationalen Zahlen, $\mathfrak{A}$ die Quaternionenalgebra über P (vgl. IV § 6, Satz 2). Das Hauptpolynom von

$$a = \alpha + \beta i + \gamma j + \delta k$$

ist
$$x^2 - 2\alpha x + (\alpha^2 + \beta^2 + \gamma^2 + \delta^2)\,.$$

Daher sind i und $\frac{3}{5} j + \frac{4}{5} k$ ganz, ihre Summe aber nicht.

Satz 2. *Summe und Produkt vertauschbarer ganzer Größen sind ganz.*

Beweis. Man kann alle Potenzen $s, s^2, \ldots$ der Summe $s = a + b$ oder des Produktes $s = ab$ zweier vertauschbarer ganzer Größen a und b linear mit ganzrationalen Koeffizienten durch die Potenzprodukte $a^i b^j$, $1 \leqq i \leqq n$, $1 \leqq j \leqq m$ ausdrücken — n ist der Grad des Minimalpolynoms von a, m der Grad des Minimalpolynoms von b. Man kann nämlich, da man a und b untereinander und mit den Größen aus P vertauschen darf, jeden Ausdruck s^r nach Potenzen von a und b ordnen und die höheren Potenzen mittels der Minimalpolynome auf die genannten nm Ausdrücke zurückführen. Die Kette der $\mathfrak{g}$-Moduln

$$s\mathfrak{g}, \quad (s\mathfrak{g}, s^2\mathfrak{g}), \ldots, \quad (s\mathfrak{g}, s^2\mathfrak{g}, \ldots, s^h\mathfrak{g}), \ldots$$

ist also in dem endlichen $\mathfrak{g}$-Modul

$$(\ldots, a^i b^j \mathfrak{g}, \ldots) \qquad 1 \leqq i \leqq n,\ 1 \leqq j \leqq m$$

enthalten. Daraus folgt bekanntlich (VAN DER WAERDEN [2], § 97), daß diese Kette nur endlich viel verschiedene Glieder enthält. Es muß also eine Gleichung

$$(s\mathfrak{g}, \ldots, s^{h-1}\mathfrak{g}) = (s\mathfrak{g}, \ldots, s^h\mathfrak{g})$$

bestehen. Das bedeutet aber

$$s^h = \gamma_1 s + \gamma_2 s^2 + \cdots + \gamma_{h-1} s^{h-1}$$

mit ganzen rationalen γ_ν.

Die Größen aus $\mathfrak{g}$ sind ganz: $1 \cdot \gamma^1 - \gamma = 0$. Sie sind die einzigen ganzen Größen aus P: das folgt aus der Eigenschaft von $\mathfrak{g}$, daß jedes Ideal von $\mathfrak{g}$ eindeutig als Primidealpotenzprodukt darstellbar ist (VAN DER WAERDEN [2], XIV). Die Existenz ganzer Größen von $\mathfrak{A}$, die nicht in $\mathfrak{g}$ liegen, ist leicht einzusehen, wir zeigen sogleich etwas mehr: Es gibt Ringe ganzer Größen in $\mathfrak{A}$, die eine Basis von $\mathfrak{A}$ enthalten. Sei $u_1, \ldots, u_n$ eine Basis von $\mathfrak{A}$, $u_i u_j = \sum \varrho_{ijk} u_k$. $\varepsilon \neq 0$ aus $\mathfrak{g}$ sei so gewählt, daß alle $\varrho^*_{ijk} = \varepsilon \varrho_{ijk}$ ganz sind. Es sei $u^*_i = u_i \varepsilon$. Die Menge aller $\sum \gamma_i u^*_i$ mit ganzrationalen γ_i ist ein Ring, denn $u^*_i u^*_j = \sum \varrho^*_{ijk} u^*_k$. Er enthält die Basis der u^*_i. Er besteht aus ganzen Größen, denn die mittels der Basis der u^*_i gebildete charakteristische Matrix eines seiner Elemente hat ganzrationale Koeffizienten.

Wählen wir $u_1 = 1$ und setzen wir dann $u^*_1 = u_1 = 1$, $u^*_i = \varepsilon u_i$ für $i \geqq 2$, so wird $\mathfrak{g} u^*_1 + \cdots + \mathfrak{g} u^*_n$ ein Ring aus ganzen Größen, der $\mathfrak{g}$ umfaßt. Der folgende Begriff der Ordnung ist demnach nicht leer.

Definition 2. *Eine Ordnung von $\mathfrak{A}$ ist ein Ring aus ganzen Größen, der $\mathfrak{g}$ umfaßt und ebensoviel linear unabhängige Elemente wie $\mathfrak{A}$ enthält.*

Definition 3. *$\mathfrak{o}$ sei eine Ordnung von $\mathfrak{A}$. Eine Teilmenge $\mathfrak{a}$ von $\mathfrak{A}$ heißt ein Rechts- (Links-, zweiseitiges) Ideal von $\mathfrak{o}$, wenn*

1. *$\mathfrak{a}$ ein rechts- (links-, zwei-) seitiger $\mathfrak{o}$-Modul ist,*
2. *$\mathfrak{a}$ ein rationales Element $\varrho \neq 0$ enthält,*
3. *es ein rationales Element $\mu \neq 0$ gibt, so daß $\mu\mathfrak{a}$ in $\mathfrak{o}$ enthalten ist.*

(Über den Idealbegriff: MACDUFFEE [2], [5], SHOVER-MACDUFFEE [1]. Dort auch eine andere Auffassung der Idealtheorie.)

(Die Bedingung 3 soll, wie in der Theorie der algebraischen Zahlen, das Auftreten „beliebig hoher Nenner" ausschalten. Bedingung 2 wird eingeführt, um zu erreichen, daß jedes Ideal eine Basis der Algebra enthält. Sie ist nur in Divisionsalgebren eine Folgerung aus 1.

Unter den Ordnungen eines Zahlkörpers hat bekanntlich die Hauptordnung [aller ganzen Zahlen] eine besonders einfache Struktur. Genau die gleiche Rolle spielen in einer Algebra die maximalen Ordnungen.)

Definition 4. *Die Ordnung $\mathfrak{o}$ von $\mathfrak{A}$ heißt maximal, wenn es keine Ordnung gibt, die $\mathfrak{o}$ umfaßt, aber nicht gleich $\mathfrak{o}$ ist.*

Wir zielen jetzt auf die Existenz von Maximalordnungen.

Satz 3. *Ist $\mathfrak{R}$ das Radikal von $\mathfrak{A}$, $\mathfrak{o}$ irgendeine Ordnung, so ist die Modulsumme $(\mathfrak{o}, \mathfrak{R})$ auch eine Ordnung.*

Beweis. 1. $(\mathfrak{o}, \mathfrak{R})$ ist ein Ring $(\mathfrak{o}, \mathfrak{R})(\mathfrak{o}, \mathfrak{R}) = (\mathfrak{R}^2, \mathfrak{o}\mathfrak{R}, \mathfrak{R}\mathfrak{o}, \mathfrak{o}) = (\mathfrak{o}, \mathfrak{R})$.

2. $(\mathfrak{o}, \mathfrak{R})$ besteht aus ganzen Größen: Sei $a \equiv 0(\mathfrak{o}, \mathfrak{R})$. Dann ist $a \equiv a_0(\mathfrak{R})$, wo $a_0 \equiv 0\,(\mathfrak{o})$. Sei $f(x)$ die Minimalgleichung von a_0, sie hat ganzrationale Koeffizienten. Es ist $f(a) \equiv f(a_0)\,(\mathfrak{R})$, also $f(a) \equiv 0(\mathfrak{R})$, demnach $f(a)^\varrho = 0$, a ist also ganz.

Satz 4. *Ist $\mathfrak{a}$ Rechtsideal der $\mathfrak{R}$ umfassenden Ordnung $\mathfrak{o}$, so ist $\mathfrak{R}$ in $\mathfrak{a}$ enthalten.*

Beweis. Sei $\mu \neq 0$ *in $\mathfrak{a}$ enthalten. Dann ist* $\mathfrak{R} = \mu\mathfrak{R} \subseteqq \mathfrak{a}\mathfrak{o} = \mathfrak{a}$.

Nach Satz 3 entsprechen die Maximalordnungen von $\mathfrak{A}$ umkehrbar eindeutig den Maximalordnungen der halbeinfachen Algebra $\mathfrak{A}/\mathfrak{R}$. Nach

Satz 4 ist die Idealtheorie der Maximalordnungen von $\mathfrak{A}$ nicht reicher als die von $\mathfrak{A}/\mathfrak{R}$: aus diesem Grunde wollen wir uns von jetzt an auf halbeinfache $\mathfrak{A}$ beschränken. *Wir müssen aber außerdem noch voraussetzen, daß die Zentren der einfachen Bestandteile von $\mathfrak{A}$ separabel über* P *sind* (siehe hierfür VAN DER WAERDEN [**2**], § 99).

Satz 5. *Ein Ideal* $\mathfrak{a}$ *(in irgendeiner Ordnung* $\mathfrak{o}$*) ist ein endlicher* $\mathfrak{g}$*-Modul. Insbesondere sind alle Ordnungen endliche* $\mathfrak{g}$*-Moduln.* (ARTIN [**3**], HAZLETT [**3**].)

Beweis. $u_1, \ldots, u_n$ sei eine in $\mathfrak{o}$ enthaltene Basis von $\mathfrak{A}/\mathsf{P}$; es sei $\mu\mathfrak{a} \subset \mathfrak{o}$, $\mu \neq 0$ aus $\mathfrak{g}$. Ist $a = \sum \alpha_i u_i$ irgendein $\mathfrak{a}$-Element, so ist

$$a u_i = \sum \alpha_k u_k u_i,$$

daraus folgt

$$(\mu a u_1, \ldots, \mu a u_n) = (\alpha_1, \ldots, \alpha_n)(\mu u_i u_k).$$

$(\mu u_i u_k)$ bezeichnet eine Matrix mit i als Zeilen- und k als Spaltenindex. Von dieser Gleichung nehmen wir die Spur (vgl. IV, § 7)

$$(Sp(\mu a u_1), \ldots, Sp(\mu a u_n)) = (\alpha_1, \ldots, \alpha_n)(\mu Sp(u_i u_k)). \qquad (1)$$

Die Determinante

$$|\mu Sp(u_i u_k)| = \Delta$$

ist nach III, § 5, Satz 3, von Null verschieden. Sie liegt in $\mathfrak{g}$, da die Spuren der ganzen Elemente $u_i u_k$ ganz sind. Wir können die Gleichung (1) nach den α_i auflösen und erhalten jedes α_i als einen Quotienten, dessen Nenner Δ und dessen Zähler eine Determinante mit ganzen Elementen, also eine ganze Größe ist. Das bedeutet, daß $\mathfrak{a}$ in dem endlichen $\mathfrak{g}$-Modul mit der Basis $u_1\Delta^{-1}, \ldots, u_n\Delta^{-1}$ enthalten ist. Daraus folgt, daß $\mathfrak{a}$ selbst endlich ist.

Wie in der Theorie der algebraischen Zahlen beweist man: Ist in $\mathfrak{g}$ jedes Ideal Hauptideal, so hat jedes Ideal $\mathfrak{a}$ in $\mathfrak{A}$ eine Minimalbasis $u_1, \ldots, u_n$ in Beziehung auf $\mathfrak{g}$, d. h. $\mathfrak{a}$ ist die Menge aller $\sum \alpha_i u_i$, α_i aus $\mathfrak{g}$.

Satz 6. *Jede Ordnung* $\mathfrak{o}_0$ *von* $\mathfrak{A}$ *ist in einer Maximalordnung enthalten.*

Beweis. Ist die Ordnung $\mathfrak{o}_0$ nicht maximal, so kann sie durch Adjunktion eines $a_1 \not\subset \mathfrak{o}_0$ zu einer Ordnung $\mathfrak{o}_1$ erweitert werden. Ist $\mathfrak{o}_1$ auch nicht maximal, so kann man $\mathfrak{o}_1$ zu einer Ordnung $\mathfrak{o}_2$ erweitern usw. Nach endlich vielen Schritten muß man zu einer Maximalordnung gelangen. Denn wenn es eine unendliche Folge $\mathfrak{o}_0 \subset \mathfrak{o}_1 \subset \mathfrak{o}_2 \subset \cdots$ gäbe, so wäre sie in der Vereinigungsmenge aller $\mathfrak{o}_\nu$, die selbst eine Ordnung $\mathfrak{o}$ ist, eine unendliche Teilerkette, was unmöglich ist, denn in dem endlichen $\mathfrak{g}$-Modul $\mathfrak{o}$ gilt der Teilerkettensatz, weil er in $\mathfrak{g}$ gilt (vgl. VAN DER WAERDEN [**2**], § 98).

Aus Satz 2 folgt

Satz 7. *Die ganzen Größen des Zentrums $\mathfrak{Z}$ von $\mathfrak{A}$ bilden die (einzige) Maximalordnung von $\mathfrak{Z}$. Sie ist in jeder Maximalordnung von $\mathfrak{A}$ enthalten.*

Satz 8. *Wenn für ein Element c aus $\mathfrak{A}$ alle Ausdrücke μc^n, $\mu \neq 0$ aus P, in einem endlichen $\mathfrak{g}$-Modul $\mathfrak{M}$, z. B. in einer Ordnung liegen, so ist c ganz.*

Beweis. Die aufsteigende Kette von $\mathfrak{g}$-Moduln

$$\mu c\mathfrak{g}, \quad (\mu c\mathfrak{g}, \mu c^2\mathfrak{g}), \ldots, \quad (\mu c\mathfrak{g}, \mu c^2\mathfrak{g}, \ldots, \mu c^n\mathfrak{g}), \ldots$$

ist in $\mathfrak{M}$ enthalten. In dem endlichen $\mathfrak{g}$-Modul $\mathfrak{M}$ gilt der Teilerkettensatz. Daher gibt es eine Gleichung

$$(\mu c\mathfrak{g}, \ldots, \mu c^{h-1}\mathfrak{g}) = (\mu c\mathfrak{g}, \ldots, \mu c^h\mathfrak{g}),$$

d. h.
$$c^h = \alpha_1 c + \cdots + \alpha_{h-1} c^{h-1}; \quad \alpha_\nu \subset \mathfrak{g}.$$

Eine Folgerung ist

Satz 9. *Ein Teilring $\mathfrak{o}$ von $\mathfrak{A}$, der $\mathfrak{g}$ umfaßt und endlich in Beziehung auf $\mathfrak{g}$ ist, ist eine Ordnung, wenn er eine Basis von $\mathfrak{A}/\mathsf{P}$ enthält.*

Beweis. Für jedes c aus $\mathfrak{o}$ liegen alle $1 \cdot c^n$ in $\mathfrak{o}$.

Satz 10. *Ist $\mathfrak{a}$ ein Ideal (Rechts- oder Linksideal) in der Ordnung $\mathfrak{o}_0$, so ist die Menge aller c aus $\mathfrak{A}$ mit $\mathfrak{a}c \subseteqq \mathfrak{a}$ ($c\mathfrak{a} \subseteqq \mathfrak{a}$) eine Ordnung $\mathfrak{o}_r$ ($\mathfrak{o}_l$), die Rechts- (Links-) Ordnung von $\mathfrak{a}$ · $\mathfrak{a}$ ist Rechts- (Links-) Ideal von $\mathfrak{o}_r$ ($\mathfrak{o}_l$).*

Beweis. $\mathfrak{o}_r$ ($\mathfrak{o}_l$) ist, wie leicht zu sehen, ein Ring. $\mathfrak{g}$ ist in $\mathfrak{o}_r$ ($\mathfrak{o}_l$) enthalten, weil $\mathfrak{g} \subseteqq \mathfrak{o}_0$ und $\mathfrak{g}$ mit $\mathfrak{a}$ vertauschbar ist. $\mathfrak{o}_r$ ($\mathfrak{o}_l$) enthält eine Basis der Algebra. Ist $u_1, \ldots, u_n$ irgendeine Basis von $\mathfrak{A}$, $a_1, \ldots, a_m$ eine $\mathfrak{g}$-Basis von $\mathfrak{a}$, so drücke man alle $a_i u_k$ ($u_k a_i$) mit rationalen Koeffizienten durch die a_i aus — das ist möglich, weil $\mathfrak{a}$ eine Basis von $\mathfrak{A}$ enthält. Ist μ ein gemeinsamer Nenner dieser Koeffizienten, so liegt die Basis $\mu u_1, \ldots, \mu u_n$ von $\mathfrak{A}$ in $\mathfrak{o}_r$ ($\mathfrak{o}_l$).

Liegt $\mu \neq 0$ in $\mathfrak{a}$, so liegt $\mu\mathfrak{o}_r$ ($\mathfrak{o}_l\mu$) in dem endlichen $\mathfrak{g}$-Modul $\mathfrak{a}$. Daher ist $\mu\mathfrak{o}_r$ ($\mathfrak{o}_l\mu$), also auch $\mathfrak{o}_r$ ($\mathfrak{o}_l$) ein endlicher $\mathfrak{g}$-Modul, nach Satz 9 also eine Ordnung. Es ist nach Definition $\mathfrak{a}\mathfrak{o}_r = \mathfrak{a}$, ($\mathfrak{o}_l\mathfrak{a} = \mathfrak{a}$), es gibt in $\mathfrak{a}$ ein $\varrho \neq 0$ nach Voraussetzung, und wenn $\mu\mathfrak{a} \subseteqq \mathfrak{o}_0$ ($\mu \neq 0$) ist, wenn ferner $\mathfrak{o}_0 = (v_1\mathfrak{g}, \ldots, v_t\mathfrak{g})$ und $\delta v_\nu \subset \mathfrak{o}_r$ ($\delta \neq 0$) ist, so gilt $\delta\mu\mathfrak{a} \subseteqq \delta\mathfrak{o}_0 \subseteqq \mathfrak{o}_r$.

Wir unterscheiden die verschiedenen Ordnungen durch Indizes: $\mathfrak{o}_i, \mathfrak{o}_k, \ldots$. Ein Ideal mit der Linksordnung $\mathfrak{o}_i$ und der Rechtsordnung $\mathfrak{o}_k$ wird mit $\mathfrak{a}_{ik}$ bezeichnet. Die Ideale $\mathfrak{a}_{ii}$ heißen *gleichseitig*, die übrigen *ungleichseitig*.

Ist $\mathfrak{a}_{ik} \subseteqq \mathfrak{o}_k$, so ist $\mathfrak{a}_{ik}\mathfrak{a}_{ik} \subseteqq \mathfrak{a}_{ik}$, $\mathfrak{a}_{ik} \subseteqq \mathfrak{o}_i$ und umgekehrt. Daher

Definition 5. *Ein Ideal heißt ganz, wenn es in einer seiner Ordnungen (und daher auch in der anderen) enthalten ist.*

Unter dem Produkt zweier Ideale $\mathfrak{a}_{ik}$ und $\mathfrak{b}_{jl}$ verstehen wir die Menge aller Summen von Größen ab, $a \equiv 0\,(\mathfrak{a}_{ik})$, $b \equiv 0\,(\mathfrak{b}_{jl})$. Man sieht sofort, daß $\mathfrak{a}_{ik}\mathfrak{b}_{jl}$ ein Ideal $\mathfrak{a}_{i'l'}$ mit $\mathfrak{o}_i \subseteqq \mathfrak{o}_{i'}$, $\mathfrak{o}_l \subseteqq \mathfrak{o}_{l'}$ ist. Die Bedingung 3 von Definition 3 folgt so: Ist $\mathfrak{a}_{ik} = (\mathfrak{g}v_1, \ldots, \mathfrak{g}v_r)$, $\mathfrak{b}_{jl} = (\mathfrak{g}w_1, \ldots, \mathfrak{g}w_s)$, $\mu \neq 0$ so, daß alle $\mu v_\nu w_\mu$ in $\mathfrak{o}_{i'}$ liegen, so ist $\mu \mathfrak{a}_{i'l'} \subseteqq \mathfrak{o}_{i'}$.

Satz 11. *Ist* $\mathfrak{A} = \sum\limits_{i,k} \mathfrak{D} c_{ik}$ *voller Matrizesring in* $\mathfrak{D}$ (*etwa* $\mathfrak{A}$ *einfach,* $\mathfrak{D}$ *Divisionsalgebra*), *ist* $\mathfrak{o}_0$ *eine Maximalordnung von* $\mathfrak{D}$, *so ist* $\mathfrak{o} = \sum\limits_{i,k} \mathfrak{o}_0 c_{ik}$ *eine Maximalordnung von* $\mathfrak{A}$.

Beweis. $\mathfrak{o}$ ist eine Ordnung, denn es ist leicht einzusehen, daß das charakteristische Polynom eines $\mathfrak{o}$-Elementes ganze Koeffizienten hat. Sei $\mathfrak{o}^*$ eine $\mathfrak{o}$ enthaltende Maximalordnung. $a = \sum\limits_{i,k} a_{ik} c_{ik}$, $a_{ik} \subset \mathfrak{D}$, liege in $\mathfrak{o}^*$. Dann liegt auch $a_{ik} = \sum\limits_{\nu} c_{\nu i} a c_{k\nu}$ in $\mathfrak{o}^*$, ist also ganz. Die a_{ik}, die als Koeffizienten von $\mathfrak{o}^*$-Elementen auftreten, bilden einen Ring $\mathfrak{o}_0^*$: Ist $a = \sum\limits_{i,k} a_{ik} c_{ik} \subset \mathfrak{o}^*$, so auch $c_{1i} a c_{k1} = a_{ik} c_{11} \subset \mathfrak{o}^*$, und wenn $\sum\limits_{i,k} a_{ik} c_{ik}$, $\sum\limits_{i,k} a'_{ik} c_{ik}$ in $\mathfrak{o}^*$ liegen, so gehören hiernach auch $a_{ik} c_{11} + a'_{jl} c_{11} = (a_{ik} + a'_{jl}) c_{11}$ und $a_{ik} c_{11} \cdot a'_{jl} c_{11} = a_{ik} a'_{jl} c_{11}$ zu $\mathfrak{o}^*$. Als Ring ganzer Größen, der $\mathfrak{o}_0$ umfaßt, muß $\mathfrak{o}_0^* = \mathfrak{o}_0$ sein.

§ 2. Die normalen Ideale.

1. Definition 1. *Ein Ideal* $\mathfrak{a}_{ik}$ *heißt normal, wenn* $\mathfrak{o}_i$ *und* $\mathfrak{o}_k$ *maximal sind.*

Genau so, wie für die arithmetische Struktur der Zahlkörper die Hauptordnungen maßgebend sind, spielen in der Arithmetik der Algebren die Maximalordnungen und daher die normalen Ideale eine Hauptrolle. Brandt hat erkannt, daß die normalen Ideale bei geeigneter Definition der Multiplikation ein Gruppoid mit den Maximalordnungen als Einheiten bildet. Angelpunkt dieser Theorie ist der Begriff des *inversen Ideals.*

Zu irgendeinem Ideal $\mathfrak{a}_{ik}$ bilden wir die Menge $\mathfrak{a}_{ik}^{-1}$ aller c aus $\mathfrak{A}$ mit $\mathfrak{a}_{ik} c \mathfrak{a}_{ik} \subseteqq \mathfrak{a}_{ik}$. $\mathfrak{a}_{ik}^{-1}$ ist ein Ideal $\mathfrak{a}_{k'i'}$ mit $\mathfrak{o}_i \subseteqq \mathfrak{o}_{i'}$, $\mathfrak{o}_k \subseteqq \mathfrak{o}_{k'}$.

1. Aus $\mathfrak{a}_{ik} c \mathfrak{a}_{ik} \subseteqq \mathfrak{a}_{ik}$, $\mathfrak{a}_{ik} d \mathfrak{a}_{ik} \subseteqq \mathfrak{a}_{ik}$ folgt $\mathfrak{a}_{ik}(c - d) \mathfrak{a}_{ik} \subseteqq \mathfrak{a}_{ik}$; $\mathfrak{a}_{ik} \cdot \mathfrak{o}_k \mathfrak{a}_{ik}^{-1} \cdot \mathfrak{a}_{ik} = \mathfrak{a}_{ik} \mathfrak{a}_{ik}^{-1} \mathfrak{a}_{ik} \subseteqq \mathfrak{a}_{ik}$, $\mathfrak{a}_{ik} \cdot \mathfrak{a}_{ik}^{-1} \mathfrak{o}_i \cdot \mathfrak{a}_{ik} = \mathfrak{a}_{ik} \mathfrak{a}_{ik}^{-1} \mathfrak{a}_{ik} \subseteqq \mathfrak{a}_{ik}$.

2. Liegt $\varrho \neq 0$ in $\mathfrak{a}_{ik}$, so ist $\varrho \mathfrak{a}_{ik}^{-1} \mathfrak{a}_{ik} \subseteqq \mathfrak{a}_{ik}$, $\varrho \mathfrak{a}_{ik}^{-1} \subseteqq \mathfrak{o}_i$. Ist $\mu \mathfrak{a}_{ik} \subseteqq \mathfrak{o}_k$, so ist $\mathfrak{a}_{ik} \mu \mathfrak{a}_{ik} \subseteqq \mathfrak{a}_{ik} \mathfrak{o}_k \subseteqq \mathfrak{a}_{ik}$; $\mu \subseteqq \mathfrak{a}_{ik}^{-1}$.

Wegen $\mathfrak{a}_{ik} \mathfrak{a}_{ik}^{-1} \mathfrak{o}_i \mathfrak{a}_{ik} = \mathfrak{a}_{ik} \mathfrak{a}_{ik}^{-1} \mathfrak{a}_{ik}$ ist $\mathfrak{o}_{i'} \supseteqq \mathfrak{o}_i$, ebenso $\mathfrak{o}_{k'} \supseteqq \mathfrak{o}_k$.

Definition 2. $\mathfrak{a}_{ik}^{-1}$ *heißt das zu* $\mathfrak{a}_{ik}$ *inverse Ideal.*

Wir bemerken, daß, falls $\mathfrak{o}_i$ maximal ist, $\mathfrak{a}_{ik}^{-1}$ *genau* die Rechtsordnung $\mathfrak{o}_i$ hat.

2. Wir behandeln nun zuerst die *gleichseitigen* Ideale einer festen Ordnung $\mathfrak{o}_i$ und lassen solange die Indizes i fort.

Definition 3. *Das ganze Ideal* $\mathfrak{p}$ *heißt Primideal, wenn es kein durch* $\mathfrak{p}$ *teilbares Produkt* $\mathfrak{a}\mathfrak{b}$ *von ganzen Idealen gibt, dessen beide Faktoren nicht durch* $\mathfrak{p}$ *teilbar sind.*

Der Durchschnitt $\mathfrak{p} \cap \mathfrak{g}$ ist ein Primideal von $\mathfrak{g}$. Denn: 1. ist $\mathfrak{p} \cap \mathfrak{g}$ ein ganzes $\mathfrak{g}$-Ideal; 2. ist $\mathfrak{p} \cap \mathfrak{g} \neq \mathfrak{g}$, weil 1 nicht in $\mathfrak{p} \cap \mathfrak{g}$ liegt; 3. wenn $\alpha\beta \equiv 0\ (\mathfrak{p} \cap \mathfrak{g})$, so ist $\alpha\mathfrak{o}\beta\mathfrak{o} \equiv 0\ (\mathfrak{p})$, also entweder $\alpha\mathfrak{o} \equiv 0\ (\mathfrak{p})$ oder $\beta\mathfrak{o} \equiv 0\ (\mathfrak{p})$, d. h. entweder $\alpha \equiv 0\ (\mathfrak{p} \cap \mathfrak{g})$ oder $\beta \equiv 0\ (\mathfrak{p} \cap \mathfrak{g})$.

Das im Restklassenring $\mathfrak{o}/\mathfrak{p}$ enthaltene Teilsystem der $\mathfrak{p}$-Restklassen von $\mathfrak{g}$-Elementen können wir dadurch isomorph auf $\mathfrak{g}/\mathfrak{p} \cap \mathfrak{g}$ beziehen, daß wir die Restklassen eines $\mathfrak{g}$-Elementes γ modulo $\mathfrak{p}$ und modulo $\mathfrak{p} \cap \mathfrak{g}$ einander entsprechen lassen. Wir identifizieren die so als isomorph erkannten Körper. Aus der Definition der Algebren folgt nun, daß $\mathfrak{o}/\mathfrak{p}$ eine Algebra über $\mathfrak{g}/\mathfrak{p} \cap \mathfrak{g}$ ist.

Satz 1. $\mathfrak{o}/\mathfrak{p}$ *ist eine einfache Algebra über* $\mathfrak{g}/\mathfrak{p} \cap \mathfrak{g}$.

Beweis. $\bar{\mathfrak{a}}$ sei ein zweiseitiges $\mathfrak{o}/\mathfrak{p}$-Ideal mit $\bar{\mathfrak{a}}^2 = 0$. Auflösen der Restklassen, aus denen $\bar{\mathfrak{a}}$ besteht, in ihre Elemente ergibt ein zweiseitiges $\mathfrak{o}$-Ideal $\mathfrak{a}$ mit $\mathfrak{a}^2 \equiv 0\ (\mathfrak{p})$. Hieraus folgt $\mathfrak{a} \equiv 0\ (\mathfrak{p})$, $\bar{\mathfrak{a}} = 0$. Demnach ist $\mathfrak{o}/\mathfrak{p}$ halbeinfach. $\mathfrak{o}/\mathfrak{p}$ ist einfach, denn ist $\mathfrak{o}/\mathfrak{p} = \bar{\mathfrak{a}}' + \bar{\mathfrak{a}}''$ ($\bar{\mathfrak{a}}'$, $\bar{\mathfrak{a}}''$ zweiseitige Ideale), so folgt $\bar{\mathfrak{a}}'\bar{\mathfrak{a}}'' = 0$, $\mathfrak{a}'\mathfrak{a}'' \equiv 0\ (\mathfrak{p})$, daher entweder $\mathfrak{a}' \equiv 0$ oder $\mathfrak{a}'' \equiv 0 \pmod{\mathfrak{p}}$, d. h. entweder $\bar{\mathfrak{a}}' = 0$ oder $\bar{\mathfrak{a}}'' = 0$.

Definition 4. *Der Rang* f *von* $\mathfrak{o}/\mathfrak{p}$ *über* $\mathfrak{g}/\mathfrak{p} \cap \mathfrak{g}$ *heißt der Grad von* $\mathfrak{p}$. *Ist* $\mathfrak{o}/\mathfrak{p}$ ein *$\varkappa$-reihiger Matrizesring über einer Divisionsalgebra, so heißt* $\varkappa$ *die Kapazität von* $\mathfrak{p}$.

Satz 2. *Ein Primideal hat keine echten ganzen gleichseitigen Teiler.*

Beweis. Die ganzen gleichseitigen Teiler von $\mathfrak{p}$ entsprechen den zweiseitigen Idealen von $\mathfrak{o}/\mathfrak{p}$.

Satz 3. *Ein von* $\mathfrak{o}$ *verschiedenes ganzes* $\mathfrak{o}$*-Ideal* $\mathfrak{p}$ *ohne echte gleichseitige ganze Teiler ist ein Primideal.*

Beweis. Sei $\mathfrak{a}\mathfrak{b} \equiv (\mathfrak{p})$, aber $\mathfrak{a} \not\equiv 0\ (\mathfrak{p})$. Dann ist $(\mathfrak{a}, \mathfrak{p})$ ein von $\mathfrak{p}$ verschiedener Teiler von $\mathfrak{p}$, also gleich $\mathfrak{o}$. Demnach $\mathfrak{b} = \mathfrak{o}\mathfrak{b} = (\mathfrak{a}\mathfrak{b}, \mathfrak{p}\mathfrak{b}) \equiv 0\ (\mathfrak{p})$.

Satz 4. *Jedes von* $\mathfrak{o}$ *verschiedene gleichseitige ganze* $\mathfrak{o}$*-Ideal ist durch ein Primideal teilbar.*

Beweis. In $\mathfrak{o}$ gilt der Teilerkettensatz. Daher hat $\mathfrak{a}$ von $\mathfrak{o}$ verschiedene teilerlose Teiler: die sind nach Satz 3 prim.

Satz 5. *Jedes ganze* $\mathfrak{o}$*-Ideal* $\mathfrak{a}$ *ist Teiler eines Produktes von Primidealen.*

Beweis. Ist $\mathfrak{a}$ prim, so ist $\mathfrak{a} \equiv 0\ (\mathfrak{a})$. Ist $\mathfrak{a}$ nicht prim, so sei $\mathfrak{b}'\mathfrak{b}'' \equiv 0\ (\mathfrak{a})$, $\mathfrak{b}' \not\equiv 0$, $\mathfrak{b}'' \not\equiv 0\ (\mathfrak{a})$. Sei $\mathfrak{a}' = (\mathfrak{b}', \mathfrak{a})$, $\mathfrak{a}'' = (\mathfrak{b}'', \mathfrak{a})$. Dann ist $\mathfrak{a}'\mathfrak{a}'' \equiv 0\ (\mathfrak{a})$ und $\mathfrak{a}'$, $\mathfrak{a}''$ sind echte Teiler von $\mathfrak{a}$. Ist eines der beiden Ideale $\mathfrak{a}'$, $\mathfrak{a}''$ nicht prim, etwa $\mathfrak{a}'$, so gibt es zwei echte Teiler $\mathfrak{a}'^{,\prime}$, $\mathfrak{a}'^{,\prime\prime}$ von $\mathfrak{a}'$, so daß $\mathfrak{a}'^{,\prime}\mathfrak{a}'^{,\prime\prime} \equiv 0\ (\mathfrak{a}')$, also $\mathfrak{a}'^{,\prime}\mathfrak{a}'^{,\prime\prime}\mathfrak{a}'' \equiv 0\ (\mathfrak{a})$. Wegen des Teilerkettensatzes muß man auf diese Weise nach endlich vielen Schritten auf ein durch $\mathfrak{a}$ teilbares Primidealprodukt stoßen.

3. Bisher war noch nicht von Maximalordnungen die Rede. Von jetzt an werden wir *Ideale in Maximalordnungen* untersuchen.

Satz 6. *$\mathfrak{o}$ sei maximal. Ist $\mathfrak{a}$ ganzes gleichseitiges $\mathfrak{o}$-Ideal, das aber von $\mathfrak{o}$ verschieden ist, so ist $\mathfrak{a}^{-1}$ nicht ganz.*

Beweis. $\mathfrak{p}$ sei ein Primidealteiler von $\mathfrak{a}$, $\mu \neq 0$ liege in $\mathfrak{p}$, $\mathfrak{p}_1 \cdot \ldots \cdot \mathfrak{p}_r$ sei ein durch $\mu\mathfrak{o}$ teilbares Primidealprodukt mit möglichst kleiner Faktorenzahl r. Einer der Faktoren $\mathfrak{p}_\nu$ muß durch $\mathfrak{p}$ teilbar, also gleich $\mathfrak{p}$ sein. Demnach ist $\mathfrak{p}_1 \cdot \ldots \cdot \mathfrak{p}_r$ von der Form $\mathfrak{b}\mathfrak{p}\mathfrak{c}$. Es ist $\mu^{-1}\mathfrak{b}\mathfrak{p}\mathfrak{c} \equiv 0\ (\mathfrak{o})$, $\mathfrak{p}\mathfrak{c}\mu^{-1}\mathfrak{b}\mathfrak{p}\mathfrak{c} \equiv 0\ (\mathfrak{p}\mathfrak{c})$. $\mathfrak{o}$ ist als maximale Ordnung auch die Linksordnung von $\mathfrak{p}\mathfrak{c}$, daher folgt weiter $\mathfrak{p}\mathfrak{c}\mu^{-1}\mathfrak{b} \equiv 0\ (\mathfrak{o})$, $\mathfrak{p}\mu^{-1}\mathfrak{c}\mathfrak{b}\mathfrak{p} \equiv 0\ (\mathfrak{p})$, $\mu^{-1}\mathfrak{c}\mathfrak{b} \equiv 0\ (\mathfrak{p}^{-1})$, $\mu^{-1}\mathfrak{c}\mathfrak{b} \equiv 0\ (\mathfrak{a}^{-1})$. $\mathfrak{c}\mathfrak{b}$ ist ein Primidealprodukt von $r - 1$ Faktoren, ist also nicht durch $\mu\mathfrak{o}$ teilbar, daher ist $\mu^{-1}\mathfrak{c}\mathfrak{b}$, um so mehr $\mathfrak{a}^{-1}$ nicht ganz.

Satz 7. *Ist $\mathfrak{o}_i$ maximal, so gilt für alle Ideale $\mathfrak{a}_{ik}$ die Gleichung $\mathfrak{a}_{ik}\mathfrak{a}_{ik}^{-1} = \mathfrak{o}_i$. Die gleichseitigen $\mathfrak{o}_i$-Ideale bilden also eine multiplikative Gruppe.*

Beweis. $\mathfrak{a}_{ik}\mathfrak{a}_{ik}^{-1}$ ist ein Ideal $\mathfrak{b}_{ii}$, wegen $\mathfrak{a}_{ik}\mathfrak{a}_{ik}^{-1} \subseteqq \mathfrak{o}_i$ ist es ganz. Aus

$$\mathfrak{a}_{ik}\mathfrak{a}_{ik}^{-1}(\mathfrak{a}_{ik}\mathfrak{a}_{ik}^{-1})^{-1}\mathfrak{a}_{ik}\mathfrak{a}_{ik}^{-1} \subseteqq \mathfrak{a}_{ik}\mathfrak{a}_{ik}^{-1}$$

folgt wegen der Maximalität von $\mathfrak{o}_i$, daß $\mathfrak{a}_{ik}\mathfrak{a}_{ik}^{-1}(\mathfrak{a}_{ik}\mathfrak{a}_{ik}^{-1})^{-1} \subseteqq \mathfrak{o}_i$, $\mathfrak{a}_{ik}\mathfrak{a}_{ik}^{-1}(\mathfrak{a}_{ik}\mathfrak{a}_{ik}^{-1})^{-1}\mathfrak{a}_{ik} \subseteqq \mathfrak{a}_{ik}$, $\mathfrak{a}_{ik}^{-1}(\mathfrak{a}_{ik}\mathfrak{a}_{ik}^{-1})^{-1} \subseteqq \mathfrak{a}_{ik}^{-1}$. Daraus wegen der Maximalität von $\mathfrak{o}_i$: $(\mathfrak{a}_{ik}\mathfrak{a}_{ik}^{-1})^{-1} \subseteqq \mathfrak{o}_i$. Nach dem vorigen Satz folgt aus der Ganzheit von $(\mathfrak{a}_{ik}\mathfrak{a}_{ik}^{-1})^{-1}$ und von $\mathfrak{a}_{ik}\mathfrak{a}_{ik}^{-1}$, daß $\mathfrak{a}_{ik}\mathfrak{a}_{ik}^{-1} = \mathfrak{o}_i$.

Satz 8. *Ist $\mathfrak{o}$ maximal, so ist jedes ganze gleichseitige $\mathfrak{o}$-Ideal $\mathfrak{a}$ ein Primidealprodukt.*

Beweis. $\mathfrak{p}_1$ sei ein Primidealteiler von $\mathfrak{o}$. $\mathfrak{a}_1 = \mathfrak{a}\mathfrak{p}_1^{-1}$ ist ganz, aber ein echter Teiler von $\mathfrak{a}$, da $\mathfrak{p}_1^{-1} \supseteqq \mathfrak{o}$, $\mathfrak{p}_1^{-1} \neq \mathfrak{o}$ ist. Durch fortgesetztes Wegdividieren von Primidealen muß man wegen des Teilerkettensatzes schließlich auf $\mathfrak{o}$ stoßen, $\mathfrak{a}\mathfrak{p}_1^{-1} \cdot \ldots \cdot \mathfrak{p}_r^{-1} = \mathfrak{o}$. Daraus durch Rückwärtsmultiplizieren nach dem vorhergehenden Satz $\mathfrak{a} = \mathfrak{p}_r\mathfrak{p}_{r-1} \cdot \ldots \cdot \mathfrak{p}_1$.

Sind $\mathfrak{p}$, $\mathfrak{p}'$ zwei verschiedene Primideale von $\mathfrak{o}$, so ist $\mathfrak{p}\mathfrak{p}' = \mathfrak{p}'\mathfrak{p}$. Denn $\mathfrak{p}^{-1}\mathfrak{p}'\mathfrak{p}$ ist wegen $\mathfrak{p}^{-1}\mathfrak{p}'\mathfrak{p} \subset \mathfrak{p}^{-1}\mathfrak{o}\mathfrak{p} = \mathfrak{o}$ ganz, $\mathfrak{p}\mathfrak{p}^{-1}\mathfrak{p}'\mathfrak{p} = \mathfrak{p}'\mathfrak{p}$ ist durch $\mathfrak{p}'$ teilbar; da $\mathfrak{p} \not\equiv 0\ (\mathfrak{p}')$, so ist $\mathfrak{p}^{-1}\mathfrak{p}'\mathfrak{p} \equiv 0\ (\mathfrak{p}')$, $\mathfrak{p}'\mathfrak{p} \equiv 0\ (\mathfrak{p}\mathfrak{p}')$, ebenso $\mathfrak{p}\mathfrak{p}' \equiv 0\ (\mathfrak{p}'\mathfrak{p})$, also $\mathfrak{p}'\mathfrak{p} = \mathfrak{p}\mathfrak{p}'$.

Satz 9. *Die Gruppe der gleichseitigen Ideale einer Maximalordnung ist abelsch, und sie ist das direkte Produkt der von den Primidealen erzeugten unendlichen Zyklen.*

Das ist nach dem Vorhergehenden klar.

Wir kommen zu den *ungleichseitigen normalen Idealen.* Zuerst beweisen wir eine Verallgemeinerung von Satz 6.

Satz 10. *Ist $\mathfrak{o}_i$ maximal, $\mathfrak{a}_{ik}$ ein ganzes Ideal mit der Linksordnung $\mathfrak{o}_i$, das von $\mathfrak{o}_i$ selbst verschieden ist, so ist $\mathfrak{a}_{ik}^{-1}$ nicht ganz.*

Als Vorbereitung beweisen wir

Satz 11. *$\mathfrak{q}_{il}$ sei ein ganzes $\mathfrak{o}_i$-Linksideal, das von $\mathfrak{o}_i$ verschieden ist und keinen echten $\mathfrak{o}_i$-Linksteiler hat. Es gibt genau ein durch $\mathfrak{q}_{il}$ teilbares Primideal $\mathfrak{p}_{ii}$, $\mathfrak{q}_{il}$ hat die Form $\mathfrak{q}_{il} = (\mathfrak{o}_i c_{22}, \ldots, \mathfrak{o}_i c_{\varkappa\varkappa}, \mathfrak{p}_{ii})$, wenn die Restklassen der $c_{\nu\mu}$, $1 \leqq \nu \leqq \varkappa$, $1 \leqq \mu \leqq \varkappa$, ein passend gewähltes System von Matrizeseinheiten in $\mathfrak{o}_i/\mathfrak{p}_{ii}$ sind, und es gilt eine Gleichung $\mathfrak{p}_{ii} = \mathfrak{q}_{il}\mathfrak{r}_{mi}$.*

Beweis. Der größte gemeinsame Teiler aller durch $\mathfrak{q}_{il}$ teilbaren ganzen Ideale $\mathfrak{a}_{ii}$ sei $\mathfrak{p}_{ii}$. $\mathfrak{p}_{ii}$ ist prim: sei $\mathfrak{b}_{ii}\mathfrak{c}_{ii} \equiv 0\ (\mathfrak{p}_{ii})$, $\mathfrak{b}_i \not\equiv 0\ (\mathfrak{p}_{ii})$. Dann ist $(\mathfrak{b}_{ii}, \mathfrak{p}_{ii}) \not\equiv 0\ (\mathfrak{q}_{il})$, $(\mathfrak{b}_{ii}, \mathfrak{q}_{il}) = \mathfrak{o}_i$, $\mathfrak{c}_{ii} = (\mathfrak{b}_{ii}, \mathfrak{q}_{il})\,\mathfrak{c}_{ii} = (\mathfrak{b}_{ii}\mathfrak{c}_{ii}, \mathfrak{q}_{il}\mathfrak{c}_{ii}) \equiv 0\ (\mathfrak{q}_{il})$, $\mathfrak{c}_{ii} \equiv 0\ (\mathfrak{p}_{ii})$. Jedes andere Ideal $\mathfrak{a}_{ii}$, das durch $\mathfrak{q}_{il}$ teilbar ist, ist durch $\mathfrak{p}_{ii}$ teilbar und also gleich $\mathfrak{p}_{ii}$, wenn es prim ist. In $\mathfrak{o}_{ii}/\mathfrak{p}_{ii}$ entspricht dem $\mathfrak{q}_{il}$ ein teilerloses Linksideal $\bar{\mathfrak{q}}_{il}$. Demnach hat $\bar{\mathfrak{q}}_{il}$ die Form $\bar{\mathfrak{q}}_{il} = (\bar{\mathfrak{o}}_i \bar{c}_{22}, \ldots, \bar{\mathfrak{o}}_i \bar{c}_{\varkappa\varkappa})$, und es ist $\mathfrak{q}_{il} = (\mathfrak{o}_i c_{22}, \ldots, \mathfrak{o}_i c_{\varkappa\varkappa}, \mathfrak{p}_{ii})$. Wir setzen $\mathfrak{r}_{mi} = (c_{11}\mathfrak{o}_i, \mathfrak{p}_{ii})$. Dann ist $\mathfrak{q}_{il}\mathfrak{r}_{mi} \equiv 0\ (\mathfrak{p}_{ii})$, da $c_{\nu\nu}c_{11} = 0$ falls $\nu > 1$. Andererseits ist $\mathfrak{p}_{ii}^2 \equiv 0\ (\mathfrak{q}_{il}\mathfrak{r}_{mi})$, ferner $\mathfrak{p}_{ii}c_{11} \equiv 0\ (\mathfrak{q}_{il}\mathfrak{r}_{mi})$, woraus $\mathfrak{q}_{il}\mathfrak{r}_{mi} \neq \mathfrak{p}_{ii}^2$ folgt. Nach Satz 9 muß $\mathfrak{q}_{il}\mathfrak{r}_{mi} = \mathfrak{p}_{ii}$ sein.

Beweis von Satz 10. $\mathfrak{q}_{il}$ sei ein Teiler von $\mathfrak{a}_{ik}$, wie er in Satz 11 betrachtet wurde. $\mu \neq 0$ sei durch $\mathfrak{p}_{ii}$ teilbar, $\mu\mathfrak{o}_i = \mathfrak{p}_{ii}\mathfrak{c}_{ii} = \mathfrak{q}_{il}\mathfrak{r}_{mi}\mathfrak{c}_{ii}$. Es folgt $\mu^{-1}\mathfrak{q}_{il}\mathfrak{r}_{mi}\mathfrak{c}_{ii} = \mathfrak{o}_i$, $\mu^{-1}\mathfrak{r}_{mi}\mathfrak{c}_{ii} \subseteqq \mathfrak{q}_{il}^{-1}$. Da $\mathfrak{r}_{mi} \not\equiv 0\ (\mathfrak{p}_{ii})$, also $\mathfrak{r}_{mi}\mathfrak{c}_{ii} \not\equiv 0\ (\mu\mathfrak{o}_i)$, so ist $\mu^{-1}\mathfrak{r}_{mi}\mathfrak{c}_{ii}$ nicht ganz, um so mehr ist $\mathfrak{q}_{il}^{-1}$ nicht ganz, und auch $\mathfrak{a}_{ik}^{-1}$ nicht wegen $\mathfrak{q}_{il}^{-1} \subseteqq \mathfrak{a}_{ik}^{-1}$.

Satz 12. *Ist die Linksordnung $\mathfrak{o}_i$ von $\mathfrak{a}_{ik}$ maximal, so ist auch die Rechtsordnung $\mathfrak{o}_k$ maximal.*

Beweis. 1. $\mathfrak{o}_l$ sei eine $\mathfrak{o}_k$ umfassende Maximalordnung. Wir setzen $\mathfrak{a}_{ik}\mathfrak{o}_l\mathfrak{a}_{ik}^{-1} = \mathfrak{o}_j$. $\mathfrak{o}_j$ umfaßt $\mathfrak{o}_i$. $\mathfrak{o}_j$ ist ein Ring, denn $\mathfrak{o}_j\mathfrak{o}_j = \mathfrak{a}_{ik}\mathfrak{o}_l\mathfrak{a}_{ik}^{-1}\mathfrak{a}_{ik}\mathfrak{o}_l\mathfrak{a}_{ik}$ ist wegen $\mathfrak{a}_{ik}\mathfrak{a}_{ik}^{-1}\mathfrak{a}_{ik} \subseteqq \mathfrak{a}_{ik}$, also $\mathfrak{a}_{ik}^{-1}\mathfrak{a}_{ik} \subseteqq \mathfrak{o}_k$ in $\mathfrak{a}_{ik}\mathfrak{o}_l\mathfrak{o}_k\mathfrak{o}_l\mathfrak{a}_{ik}^{-1} = \mathfrak{o}_j$ enthalten. $\mathfrak{o}_j$ ist endlich in Beziehung auf $\mathfrak{g}$, da dies für $\mathfrak{a}_{ik}$, $\mathfrak{o}_l$, $\mathfrak{a}_{ik}^{-1}$ gilt. Nach § 1, Satz 9, ist daher $\mathfrak{o}_j$ eine $\mathfrak{o}_i$ umfassende Ordnung, also $\mathfrak{o}_j = \mathfrak{o}_i$. $\mathfrak{a}_{ik}\mathfrak{o}_l\mathfrak{a}_{ik}^{-1} = \mathfrak{o}_i$. Da $\mathfrak{o}_i$ in $\mathfrak{a}_{ik}^{-1}$ enthalten ist, so folgt, daß $\mathfrak{a}_{ik}\mathfrak{o}_l \subseteqq \mathfrak{o}_i$, also ist $\mathfrak{a}_{ik}\mathfrak{o}_l$ ein ganzes $\mathfrak{o}_i$-Linksideal.

2. Sei zunächst $\mathfrak{a}_{ik}$ ganz, von $\mathfrak{o}_i$ verschieden, aber ohne echten $\mathfrak{o}_i$-Linksteiler. Wäre $\mathfrak{o}_k \neq \mathfrak{o}_l$, so wäre $\mathfrak{a}_{ik}\mathfrak{o}_l$ umfassender als $\mathfrak{a}_{ik}$, demnach gleich $\mathfrak{o}_i$. Es wäre $\mathfrak{o}_i\mathfrak{a}_{ik}^{-1} = \mathfrak{a}_{ik}\mathfrak{o}_l\mathfrak{a}_{ik}^{-1} = \mathfrak{o}_i$, $\mathfrak{a}_{ik}^{-1} \subseteqq \mathfrak{o}_i$, was nach Satz 10 nicht der Fall ist.

3. Ist $\mathfrak{a}_{ik}$ beliebig ganz, so bilden wir eine Kette von echten Teilern $\mathfrak{a}_{ik} \subset \mathfrak{a}_{ik_r} \subset \cdots \subset \mathfrak{a}_{ik_2} \subset \mathfrak{a}_{ik_1} \subset \mathfrak{o}_i$, die nicht verfeinert werden kann. $\mathfrak{o}_{k_1}$ ist nach 2. maximal. Die Rechtsordnung von $\mathfrak{a}_{ik_1}^{-1}\mathfrak{a}_{ik_2}$ ist $\mathfrak{o}_{k_2}$. Denn aus $\mathfrak{a}_{ik_1}^{-1}\mathfrak{a}_{ik_2}\mathfrak{o} \subseteqq \mathfrak{a}_{ik_1}^{-1}\mathfrak{a}_{ik_2}$ folgt $\mathfrak{a}_{ik_2}\mathfrak{o} = \mathfrak{a}_{ik_1}\mathfrak{a}_{ik_1}^{-1}\mathfrak{a}_{ik_2}\mathfrak{o} \subseteqq \mathfrak{a}_{ik_1}\mathfrak{a}_{ik_1}^{-1}\mathfrak{a}_{ik_2} = \mathfrak{a}_{ik_2}$. $\mathfrak{a}_{ik_1}^{-1}\mathfrak{a}_{ik_2}$ hat keine echten $\mathfrak{o}_{k_1}$-Linksteiler, denn aus $\mathfrak{a}_{ik_1}^{-1}\mathfrak{a}_{ik_2} \subseteqq \mathfrak{b}_{k_1 l} \subseteqq \mathfrak{o}_{k_1}$ folgt

$$\mathfrak{a}_{ik_2} \subseteqq \mathfrak{a}_{ik_1}\mathfrak{b}_{k_1 l} \subseteqq \mathfrak{a}_{ik_1}, \quad \mathfrak{a}_{ik_1}\mathfrak{b}_{k_1 l} = \begin{cases} \mathfrak{a}_{ik_1}, \\ \mathfrak{a}_{ik_2} \end{cases} \quad \mathfrak{b}_{k_1 l} = \begin{cases} \mathfrak{a}_{ik_1}^{-1}\mathfrak{a}_{ik_1} = \mathfrak{o}_{k_1}, \\ \mathfrak{a}_{ik_1}^{-1}\mathfrak{a}_{ik_2}. \end{cases}$$

Nach 2. ist also $\mathfrak{o}_{k_2}$ maximal. So kann man weiter der Reihe nach erkennen, daß $\mathfrak{o}_{k_2}, \mathfrak{o}_{k_3}, \ldots, \mathfrak{o}_{k_r}, \mathfrak{o}_k$ maximal sind.

4. Ist $\mathfrak{a}_{ik}$ ganz beliebig, so ist $\mu \mathfrak{a}_{ik}$ für passendes $\mu \neq 0$ ganz und hat die gleiche Rechtsordnung wie $\mathfrak{a}_{ik}$.

Auf Grund von Satz 12 erfaßt die Theorie der normalen Ideale die einseitigen Ideale von Maximalordnungen.

4. Die Multiplikation der normalen Ideale soll so eingeschränkt werden, daß die normalen Ideale ein multiplikatives *Gruppoid* (BRANDT [**6**], [**7**]) bilden.

Die folgende Definition müssen wir einführen, um die eindeutige Lösbarkeit einer Gleichung $\mathfrak{a}\mathfrak{x} = \mathfrak{b}$ zu erzwingen.

Definition 5. *Ein Produkt $\mathfrak{a}_{ik}\mathfrak{b}_{lj}$ heißt eigentlich, wenn weder $\mathfrak{a}_{ik}$ noch $\mathfrak{b}_{lj}$ durch einen echten Teiler ersetzt werden kann, ohne den Wert des Produktes zu ändern.*

Satz 13. *Sind $\mathfrak{a}_{ik}$ und $\mathfrak{b}_{lj}$ beide normal, so ist $\mathfrak{a}_{ik}\mathfrak{b}_{lj}$ dann und nur dann ein eigentliches Produkt, wenn $\mathfrak{o}_k = \mathfrak{o}_l$.*

Beweis. 1. Wegen $\mathfrak{a}_{ik}\mathfrak{o}_k\mathfrak{b}_{lj} = \mathfrak{a}_{ik}\mathfrak{b}_{lj}$ folgt $\mathfrak{o}_k \subseteqq \mathfrak{o}_l$, ebenso $\mathfrak{o}_l \subseteqq \mathfrak{o}_k$, wenn das Produkt eigentlich ist. Daher $\mathfrak{o}_k = \mathfrak{o}_l$. Die Normalität von $\mathfrak{a}_{ik}$ und $\mathfrak{b}_{lj}$ wird hierbei noch nicht benutzt.

2. Sei $\mathfrak{o}_k = \mathfrak{o}_l$. Ist $\mathfrak{a}_{ik} \equiv 0\ (\mathfrak{a}_{i_0 k_0})$ und $\mathfrak{a}_{i_0 k_0}\mathfrak{b}_{kj} = \mathfrak{a}_{ik}\mathfrak{b}_{kj}$, so gilt $\mathfrak{a}_{i_0 k_0} \subseteqq \mathfrak{a}_{i_0 k_0}\mathfrak{o}_k = \mathfrak{a}_{i_0 k_0}\mathfrak{b}_{kj}\mathfrak{b}_{kj}^{-1} = \mathfrak{a}_{ik}\mathfrak{b}_{kj}\mathfrak{b}_{kj}^{-1} = \mathfrak{a}_{ik}\mathfrak{o}_k = \mathfrak{a}_{ik}$, d. h. $\mathfrak{a}_{i_0 k_0} = \mathfrak{a}_{ik}$.

Satz 14. *Die normalen Ideale bilden bei der eigentlichen Multiplikation ein Gruppoid mit den Maximalordnungen als Einheiten* (BRANDT [**6**], [**7**]).

Zum Beweis sind nur die Sätze 7 und 13 anzuwenden und hinzuzufügen, daß es zu vorgegebenen Maximalordnungen $\mathfrak{o}_i$, $\mathfrak{o}_k$ ein Ideal $\mathfrak{d}_{ik}$ gibt:

Satz 15. *Das Ideal $\mathfrak{d}_{ik} = (\mathfrak{o}_k\mathfrak{o}_i)^{-1}$ ist von Null verschieden. Es ist der größte gemeinsame Teiler aller ganzen Ideale $\mathfrak{a}_{ik}$. Es heiße die Distanz von $\mathfrak{o}_i$ nach $\mathfrak{o}_k$.*

Beweis. $(\mathfrak{o}_k\mathfrak{o}_i)^{-1} = \mathfrak{d}_{ik}$ ist ganz, denn $\mathfrak{d}_{ik} \subseteqq \mathfrak{o}_k\mathfrak{o}_i\mathfrak{d}_{ik} = \mathfrak{o}_k$. Ist $\mathfrak{a}_{ik} \subseteqq \mathfrak{o}_i$, so ist $\mathfrak{a}_{ik}\mathfrak{a}_{ik} \subseteqq \mathfrak{a}_{ik}$, also $\mathfrak{a}_{ik}\mathfrak{o}_k\mathfrak{o}_i\mathfrak{a}_{ik} \subseteqq \mathfrak{a}_{ik}$, $\mathfrak{o}_k\mathfrak{o}_i \subseteqq \mathfrak{a}_{ik}^{-1}$, $\mathfrak{d}_{ik} \supseteqq \mathfrak{a}_{ik}$, d. h. $\mathfrak{d}_{ik}$ ist der größte gemeinsame Teiler aller ganzen $\mathfrak{a}_{ik}$.

Satz 16. *Das normale Ideal $\mathfrak{a}_{ik}$ ist dann und nur dann durch das normale Ideal $\mathfrak{b}_{jl}$ teilbar, wenn es eine eigentliche Produktdarstellung $\mathfrak{a}_{ik} = \mathfrak{c}_{ij}\mathfrak{b}_{jl}\mathfrak{f}_{lk}$ mit ganzen $\mathfrak{c}_{ij}$, $\mathfrak{f}_{lk}$ gibt. Ist $\mathfrak{o}_i = \mathfrak{o}_j$, so gilt sogar $\mathfrak{a}_{ik} = \mathfrak{b}_{il}\mathfrak{f}_{lk}$ mit ganzem $\mathfrak{f}_{lk}$.*

Beweis. 1. Aus $\mathfrak{a}_{ik} = \mathfrak{c}_{ij}\mathfrak{b}_{jl}\mathfrak{f}_{lk}$, $\mathfrak{c}_{ij} \subseteqq \mathfrak{o}_j$, $\mathfrak{f}_{lk} \subseteqq \mathfrak{o}_l$ folgt $\mathfrak{a}_{ik} \subseteqq \mathfrak{b}_{jl}$.

2. Sei $\mathfrak{a}_{ik} \equiv 0\ (\mathfrak{b}_{jl})$. Wir setzen $\mathfrak{c}_{ij} = \mathfrak{a}_{ik}(\mathfrak{o}_j\mathfrak{a}_{ik})^{-1}$, $\mathfrak{f}_{lk} = \mathfrak{b}_{jl}^{-1}\mathfrak{a}_{ik}$. Beide Ideale sind ganz und haben wirklich die angedeuteten Ordnungen. Es ist $\mathfrak{c}_{ij}\mathfrak{b}_{jl}\mathfrak{f}_{lk} = \mathfrak{a}_{ik}(\mathfrak{o}_j\mathfrak{a}_{ik})^{-1}\mathfrak{b}_{jl}\mathfrak{b}_{jl}^{-1}\mathfrak{a}_{ik} = \mathfrak{a}_{ik}(\mathfrak{o}_j\mathfrak{a}_{ik})^{-1}\mathfrak{o}_j\mathfrak{a}_{ik} = \mathfrak{a}_{ik}\mathfrak{o}_k = \mathfrak{a}_{ik}$. Im Falle $\mathfrak{o}_i = \mathfrak{o}_j$ gilt $\mathfrak{c}_{ij} = \mathfrak{a}_{ik}(\mathfrak{o}_i\mathfrak{a}_{ik})^{-1} = \mathfrak{o}_i = \mathfrak{o}_j$.

Definition 6. *Ein ganzes Ideal heißt unzerlegbar, wenn es nicht als eigentliches Produkt von echten Teilern darstellbar ist.*

Nach Satz 16 sind die unzerlegbaren Ideale die teilerlosen Ideale. Nach Satz 11 sind sie maximale Teiler von Primidealen und haben die Form

$$\mathfrak{q}_{ik} = (\mathfrak{o}_i c_{22}, \ldots, \mathfrak{o}_i c_{\varkappa\varkappa}, \mathfrak{p}_{ii}).$$

Die Gruppe der gleichseitigen $\mathfrak{o}_i$-Ideale $\mathfrak{a}_{ii}$ wird durch $\mathfrak{a}_{ii} \to \mathfrak{b}_{ik}^{-1}\mathfrak{a}_{ii}\mathfrak{b}_{ik}$ auf die Gruppe der $\mathfrak{o}_k$-Ideale isomorph bezogen, dieser Isomorphismus hängt von der besonderen Wahl von $\mathfrak{b}_{ik}$ nicht ab, denn ist $\mathfrak{b}'_{ik}=\mathfrak{x}_{ii}\mathfrak{b}_{ik}\mathfrak{y}_{kk}$, so wird nach Satz 9

$$\mathfrak{b}'^{-1}_{ik}\mathfrak{a}_{ii}\mathfrak{b}'_{ik} = \mathfrak{y}_{kk}^{-1}\mathfrak{b}_{ik}^{-1}\mathfrak{x}_{ii}^{-1}\mathfrak{a}_{ii}\mathfrak{x}_{ii}\mathfrak{b}_{ik}\mathfrak{y}_{kk} = \mathfrak{b}_{ik}^{-1}\mathfrak{a}_{ii}\mathfrak{b}_{ik}.$$

$\mathfrak{a}_{ii}$ und $\mathfrak{a}_{kk} = \mathfrak{b}_{ik}^{-1}\mathfrak{a}_{ii}\mathfrak{b}_{ik}$ sollen *zusammengehörig* heißen.

Satz 17. *Jedes ganze normale Ideal ist eigentliches Produkt von unzerlegbaren Idealen. Die Faktorenzahl ist bei zwei verschiedenen Zerlegungen die gleiche. Die Faktoren sind insoweit eindeutig bestimmt, als die Faktoren einer Zerlegung denen jeder anderen so umkehrbar eindeutig zugeordnet werden können, daß entsprechende Faktoren* $\mathfrak{q}_{ik}$ *und* $\mathfrak{q}'_{i'k'}$ *Teiler zusammengehöriger Primideale* $\mathfrak{p}_{ii}$ *und* $\mathfrak{p}_{i'i'}$ *sind.*

Beweis. Die Möglichkeit der Zerlegung folgt aus Satz 16. Ist $\mathfrak{a}_{ik} = \mathfrak{q}_{ij}\mathfrak{q}_{jl}\ldots\mathfrak{q}_{mk}$ eine Zerlegung von $\mathfrak{a}_{ik}$ in unzerlegbare Faktoren, so ist

$$\mathfrak{o}_i \supset \mathfrak{q}_{ij} \supset \mathfrak{q}_{ij}\mathfrak{q}_{jl} \supset \cdots \supset \mathfrak{a}_{ik}$$

eine nicht mehr verfeinerbare Kette von $\mathfrak{o}_i$-Linksidealen, also

$$\mathfrak{o}_i/\mathfrak{a}_{ik} \supset \mathfrak{q}_{ij}/\mathfrak{a}_{ik} \supset \cdots$$

eine Kompositionsreihe des $\mathfrak{o}_i$-Linksmoduls $\mathfrak{o}_i/\mathfrak{a}_{ik}$. Nach dem JORDAN-HÖLDERschen Satz ist also die Faktorenzahl eindeutig bestimmt. Umgekehrt liefert eine Kompositionsreihe von $\mathfrak{o}_i/\mathfrak{a}_{ik}$ eine Zerlegung von $\mathfrak{a}_{ik}$.

Der JORDAN-HÖLDERsche Satz ergibt weiter, daß für zwei Zerlegungen von $\mathfrak{a}_{ik}$ die Faktormoduln $\mathfrak{o}_i/\mathfrak{q}_{ij}$, $\mathfrak{q}_{ij}/\mathfrak{q}_{ij}\mathfrak{q}_{jl}$, als $\mathfrak{o}_i$-Moduln eindeutig bestimmt sind. Daraus ergibt sich die Eindeutigkeitsbehauptung von Satz 17 auf Grund von

Satz 18. $\mathfrak{a}_{ik}$ *sei ein ganzes Ideal,* $\mathfrak{q}_{kl}$ *und* $\mathfrak{q}_{im}$ *seien unzerlegbare Ideale. Die* $\mathfrak{o}_i$-*Linksmoduln* $\mathfrak{a}_{ik}/\mathfrak{a}_{ik}\mathfrak{q}_{kl}$ *und* $\mathfrak{o}_i/\mathfrak{q}_{im}$ *sind dann und nur dann isomorph, wenn* $\mathfrak{q}_{kl}$ *und* $\mathfrak{q}_{im}$ *zusammengehörige Primideale* $\mathfrak{p}_{kk}$ *und* $\mathfrak{p}_{ii} = \mathfrak{a}_{ik}\mathfrak{p}_{kk}\mathfrak{a}_{ik}^{-1}$ *teilen.*

Beweis. 1. Es ist $\mathfrak{a}_{ik}\mathfrak{p}_{kk} = \mathfrak{p}_{ii}\mathfrak{a}_{ik}$. Der $\mathfrak{o}_i$-Linksmodul $\mathfrak{a}_{ik}/\mathfrak{a}_{ik}\mathfrak{p}_{kk} = \mathfrak{a}_{ik}/\mathfrak{p}_{ii}\mathfrak{a}_{ik}$ ist $\mathfrak{o}_i/\mathfrak{p}_{ii}$-Linksmodul, denn das Produkt einer Restklasse a von $\mathfrak{a}_{ik}$ modulo $\mathfrak{p}_{ii}\mathfrak{a}_{ik}$ mit einem $\mathfrak{o}_i$-Element c hängt nur von der Restklasse von c modulo $\mathfrak{p}_{ii}$ ab.

$\mathfrak{a}_{ik}/\mathfrak{a}_{ik}\mathfrak{p}_{kk}$ hat, wenn $\mathfrak{q}_{kl}$ ein unzerlegbarer Teiler von $\mathfrak{p}_{kk}$ ist, eine mit $\mathfrak{a}_{ik}/\mathfrak{a}_{ik}\mathfrak{p}_{kk}$, $\mathfrak{a}_{ik}\mathfrak{q}_{kl}/\mathfrak{a}_{ik}\mathfrak{p}_{kk}\ldots$ beginnende Kompositionsreihe. Die einzelnen Faktormoduln $\mathfrak{a}_{ik}/\mathfrak{a}_{ik}\mathfrak{q}_{kl}, \ldots$ sind nach III, § 2, Satz 1, mit den einfachen Linksidealen von $\mathfrak{o}_i/\mathfrak{p}_{ii}$ isomorph. Angewendet auf $\mathfrak{a}_{ik} = \mathfrak{o}_i$ ergibt das die Isomorphie $\mathfrak{a}_{ik}/\mathfrak{a}_{ik}\mathfrak{q}_{kl} \cong \mathfrak{o}_i/\mathfrak{q}_{im}$, wenn $\mathfrak{q}_{kl}$ und $\mathfrak{q}_{im}$ entsprechende Primideale $\mathfrak{p}_{kk}$ und $\mathfrak{p}_{ii}$ teilen.

2. Um zu zeigen, daß die Isomorphie $\mathfrak{o}_i/\mathfrak{q}_{im} \cong \mathfrak{o}_i/\mathfrak{q}'_{in}$ für zwei unzerlegbare Ideale $\mathfrak{q}_{im}$ und $\mathfrak{q}'_{in}$ das Übereinstimmen der zugehörigen Primideale $\mathfrak{p}_{ii}$ und $\mathfrak{p}'_{ii}$ bedingt, führen wir für $\mathfrak{o}_i$-Linksmoduln $\mathfrak{m}$ das *annullierende Ideal* ein: die Menge $\mathfrak{x}$ aller a aus $\mathfrak{o}_i$ mit $a\mathfrak{m} = 0$. $\mathfrak{x}$ ist

ein zweiseitiges $\mathfrak{o}_i$-Ideal: aus $a\mathfrak{m} = 0$ und $b\mathfrak{m} = 0$ folgt $(a - b)\mathfrak{m} = 0$, ferner ist $\mathfrak{o}_i \mathfrak{x} \cdot \mathfrak{m} = \mathfrak{o}_i \cdot \mathfrak{x}\mathfrak{m} = 0$, $\mathfrak{x}\mathfrak{o}_i \cdot \mathfrak{m} = \mathfrak{x} \cdot \mathfrak{o}_i\mathfrak{m} \subseteqq \mathfrak{x} \cdot \mathfrak{m} = 0$.

Für $\mathfrak{o}_i/\mathfrak{q}_{im}$ ist ersichtlich $\mathfrak{p}_{ii}$ das annullierende Ideal. Zu operatorisomorphen $\mathfrak{o}_i/\mathfrak{q}_{im}$, $\mathfrak{o}_i/\mathfrak{q}'_{in}$ gehört also das gleiche $\mathfrak{p}_{ii}$.

Satz 19. *Die Anzahl der unzerlegbaren Faktoren eines Primideals ist gleich der Kapazität.*

Beweis. $\mathfrak{o}_i/\mathfrak{p}_{ii}$ hat eine Kompositionsreihe der Länge $\varkappa$.

5. Satz 20. *$\mathfrak{p}_{ii}$ sei ein Primideal der Maximalordnung $\mathfrak{o}_i$, $a \subset \mathfrak{o}_i$ ein Nichtnullteiler modulo $\mathfrak{p}_{ii}$. Die Kongruenz*

$$a x_\varrho \equiv b \pmod{\mathfrak{p}_{ii}^\varrho}$$

ist durch ein x_ϱ aus $\mathfrak{o}_i$ lösbar.

Beweis. 1. $a x_1 \equiv b\ (\mathfrak{p}_{ii})$ ist lösbar, da a ein Nichtnullteiler in der Algebra $\mathfrak{o}_i/\mathfrak{p}_{ii}$ ist.

2. Ist $a x_\varrho \equiv b\ (\mathfrak{p}_{ii}^\varrho)$ $(\varrho \geqq 1)$, ferner $a^* a \equiv 1\ (\mathfrak{p}_{ii})$, so wird $a x_{\varrho+1} \equiv b\ (\mathfrak{p}_{ii}^{\varrho+1})$, falls $x_{\varrho+1} = x_\varrho - a^*(a x_\varrho - b)$ gesetzt wird.

In Zusammenhang mit Satz 20: Littlewood [**1**], Olson [**1**].

§ 3. Struktur des Restklassenringes nach einem zweiseitigen Ideal.

Der Restklassenring einer Maximalordnung $\mathfrak{o}_i$ nach einem Primideal $\mathfrak{p}_{ii}$ ist eine einfache Algebra (§ 2, Satz 11). Aus der Teilerfremdheit verschiedener Primideale ergibt sich leicht, daß der Restklassenring von $\mathfrak{o}_i$ nach einem Ideal $\prod\limits_{\mathfrak{p}_{ii}} \mathfrak{p}_{ii}^m$ isomorph zur direkten Summe der Restklassenringe $\mathfrak{o}_i/\mathfrak{p}_{ii}^m$ ist. Daher genügt es, die Restklassenringe von Primidealpotenzen zu behandeln.

Satz 1. *$\mathfrak{o}_i/\mathfrak{p}_{ii}^m = \bar{\mathfrak{o}}$ ist ein primärer Ring mit dem Radikal $\mathfrak{p}_i/\mathfrak{p}_{ii}^m = \bar{\mathfrak{p}}$.*

Beweis. Die Potenzen $\bar{\mathfrak{p}}, \bar{\mathfrak{p}}^2, \ldots, \bar{\mathfrak{p}}^m = 0$ sind außer $\bar{\mathfrak{o}}$ die einzigen zweiseitigen Ideale von $\bar{\mathfrak{o}}$, denn sie entsprechen den zweiseitigen Teilern von $\mathfrak{p}_{ii}^m$. $\bar{\mathfrak{p}}$ ist daher das maximale zweiseitige Nilideal. Ein einseitiges Nilideal $\bar{\mathfrak{a}}$ ist in $\bar{\mathfrak{p}}$ enthalten, denn nach Hilfssatz 1, II, § 3, ist $(\bar{\mathfrak{a}}, \bar{\mathfrak{p}})$ ein Nilideal, das $\bar{\mathfrak{p}}$ umfaßt, und da ein echter Teiler von $\mathfrak{p}_{ii}$ nach Satz 21, § 2, ein Element $c_{\varkappa\varkappa}$ enthält, das modulo $\mathfrak{p}_{ii}$ idempotent ist, so muß $(\bar{\mathfrak{a}}, \bar{\mathfrak{p}}) = \bar{\mathfrak{p}}$, $\bar{\mathfrak{a}} \subseteqq \bar{\mathfrak{p}}$ sein.

Nach Satz 2, II, § 9, ist $\bar{\mathfrak{o}}$ voller Matrizesring in einem vollständig primären Ring $\mathfrak{D}$, $\bar{\mathfrak{o}} = \sum\limits_{\nu,\mu=1}^{\varkappa} \mathfrak{D} c_{\nu\mu}$. Der Grad $\varkappa$ der Matrizes ist die Kapazität von $\mathfrak{p}_{ii}$ (ist also von m unabhängig), denn er ist die Komponentenzahl des Restklassenringes von $\mathfrak{o}$ nach seinem Radikal $\bar{\mathfrak{p}}$, also von $\mathfrak{o}_i/\mathfrak{p}_{ii}$.

Das Radikal von $\bar{\mathfrak{D}}$ ist $\bar{\mathfrak{p}}^* = \bar{\mathfrak{D}} \cap \bar{\mathfrak{p}}$ (II, § 9, Beweis von Satz 5). Wir wollen eine Übersicht über die Ideale von $\bar{\mathfrak{o}}$ und $\bar{\mathfrak{D}}$ gewinnen.

Jedes zweiseitige Ideal $\bar{\mathfrak{a}}$ von $\bar{\mathfrak{o}}$ entspringt aus einem zweiseitigen Ideal $\bar{\mathfrak{a}}_0$ von $\bar{\mathfrak{D}}$, es gilt $\bar{\mathfrak{a}} = \sum \bar{\mathfrak{a}}_0 \bar{c}_{\nu\mu}$, umgekehrt $\bar{\mathfrak{a}}_0 = \bar{\mathfrak{a}} \cap \bar{\mathfrak{D}}$. Es ist

$\bar{\mathfrak{p}} = \sum \bar{\mathfrak{p}}^* \bar{c}_{\nu\mu}$, demnach $\bar{\mathfrak{p}}^i = \sum \bar{\mathfrak{p}}^{*i} \bar{c}_{\nu\mu}$, somit sind die Potenzen von $\bar{\mathfrak{p}}^*$ die einzigen zweiseitigen Ideale von $\bar{\mathfrak{D}}$.

Satz 2. *$\bar{\mathfrak{D}}$ enthält nur zweiseitige Ideale.*

Zuerst beweisen wir, daß ein durch $\bar{\mathfrak{p}}^{*m-1}$ teilbares Rechtsideal $\bar{\mathfrak{a}}_0$ von $\bar{\mathfrak{D}}$ entweder 0 oder $\bar{\mathfrak{p}}^{*m-1}$ ist. $\bar{\mathfrak{a}} = \sum \bar{\mathfrak{a}}_0 \bar{c}_{\nu\mu}$ ist ein durch $\bar{\mathfrak{p}}^{m-1}$ teilbares Rechtsideal von $\bar{\mathfrak{o}}$, es entspringt daher aus einem Rechtsideale $\mathfrak{a} = \mathfrak{c}_{ji} \mathfrak{p}_{ii}^{m-1}$ von $\mathfrak{o}_i$; $\bar{\mathfrak{c}}$ ist wegen $\mathfrak{p}_{ii}^m \equiv 0\ (\mathfrak{a})$ ein Teiler von $\bar{\mathfrak{p}}$. Ist $\bar{\mathfrak{c}} = \bar{\mathfrak{p}}$, so wird $\bar{\mathfrak{a}} = 0$, $\bar{\mathfrak{a}}_0 = 0$. Ist $\bar{\mathfrak{c}} \neq \bar{\mathfrak{p}}$, so liegt in $\bar{\mathfrak{c}}$ ein $\sum \bar{d}_{\nu\mu} \bar{c}_{\nu\mu} \not\equiv 0\ (\bar{\mathfrak{p}})$, etwa $\bar{d}_{\alpha\beta} \not\equiv 0\ (\bar{\mathfrak{p}}^*)$. Da $\bar{\mathfrak{D}}/\bar{\mathfrak{p}}^*$ ein Schiefkörper ist, so gibt es ein $\bar{d}'$ mit $\bar{d}_{\alpha\beta}\bar{d}' \equiv 1\ (\bar{\mathfrak{p}}^*)$; es ist dann $\sum \bar{d}_{\nu\mu} \bar{c}_{\nu\mu} \cdot \bar{d}' = \sum \bar{e}_{\nu\mu} \bar{c}_{\nu\mu} \equiv 0\ (\bar{\mathfrak{c}})$ mit $\bar{e}_{\alpha\beta} \equiv 1\ (\bar{\mathfrak{p}}^*)$. Ist jetzt $\bar{p}$ ein Element von $\mathfrak{p}^{*m-1}$, so wird, wegen $\bar{\mathfrak{a}} = \bar{\mathfrak{c}} \bar{\mathfrak{p}}^{m-1}$, $\sum \bar{e}_{\nu\mu} \bar{c}_{\nu\mu} \bar{p} \equiv 0\ (\bar{\mathfrak{a}})$, daher $\bar{p} = \bar{e}_{\alpha\beta} \bar{p} \equiv 0\ (\bar{\mathfrak{a}}_0)$, $\bar{\mathfrak{p}}^{*m-1} \equiv 0\ (\bar{\mathfrak{a}}_0)$, $\bar{\mathfrak{p}}^{*m-1} = \bar{\mathfrak{a}}_0$.

Ist $\bar{\mathfrak{a}}_0$ ein beliebiges von Null verschiedenes Rechtsideal von $\bar{\mathfrak{D}}$, so bestimmen wir zu irgendeinem $\bar{a} \neq 0$ aus $\bar{\mathfrak{a}}_0$ den Exponenten i mit $\bar{a} \equiv 0\ (\bar{\mathfrak{p}}^{*i})$, $\bar{a} \not\equiv 0\ (\bar{\mathfrak{p}}^{*i+1})$. Da aus $\bar{a}\bar{\mathfrak{p}}^{*s} = 0$ sich $a\bar{\mathfrak{p}}^s = 0$, $a\mathfrak{p}^s \equiv 0\ (\mathfrak{p}^m)$, $a \equiv 0\ (\mathfrak{p}^{m-s})$, $a \equiv 0\ (\mathfrak{p}^{*m-s})$ ergibt, so muß $\bar{a}\bar{\mathfrak{p}}^{*m-1-i} \neq 0$ sein. $\bar{a}\bar{\mathfrak{p}}^{*m-1-i}$ liegt einerseits in $\bar{\mathfrak{a}}_0$, andererseits in $\bar{\mathfrak{p}}^{*i}\bar{\mathfrak{p}}^{*m-1-i} = \bar{\mathfrak{p}}^{*m-1}$. Der Durchschnitt $\bar{\mathfrak{a}}_0 \cap \bar{\mathfrak{p}}^{*m-1}$ ist also ein von Null verschiedenes Rechtsideal in $\bar{\mathfrak{p}}^{*m-1}$, er ist daher nach dem voraufgehenden gleich $\bar{\mathfrak{p}}^{*m-1}$, $\bar{\mathfrak{p}}^{*m-1}$ ist also in $\bar{\mathfrak{a}}_0$ enthalten. Ist $\bar{\mathfrak{a}}_0 \neq \bar{\mathfrak{p}}^{*m-1}$, so wenden wir die gleiche Überlegung auf $\bar{\mathfrak{a}}_0$ modulo $\bar{\mathfrak{p}}^{*m-1}$ an und finden, daß $\bar{\mathfrak{p}}^{*m-2}$ in $\bar{\mathfrak{a}}_0$ enthalten sein muß. So fortfahrend erkennen wir, daß 0, $\bar{\mathfrak{p}}^{*m-1}$, $\bar{\mathfrak{p}}^{*m-2}$, ..., $\bar{\mathfrak{p}}^*$, $\bar{\mathfrak{D}}$ die einzigen Möglichkeiten für Rechtsideale sind. Satz 2 ist damit bewiesen. Für diesen § vgl. ARTIN [**3**], SPEISER [**3**].

§ 4. Normen der Ideale.

Um eine Definition der Normen zu gewinnen, halten wir uns zunächst an den Spezialfall, daß $\mathfrak{g}$ der Ring der ganzen rationalen Zahlen ist. Ist $\mathfrak{a}_{ik}$ ein ganzes Ideal von $\mathfrak{A}$, so soll unter $N\mathfrak{a}_{ik}$ die Elementezahl des Restklassenmoduls $\mathfrak{o}_i/\mathfrak{a}_{ik}$ verstanden werden. Ob $\mathfrak{o}_i/\mathfrak{a}_{ik}$ und $\mathfrak{o}_k/\mathfrak{a}_{ik}$ die gleiche Elementezahl haben, also die Normendefinition symmetrisch ist, bleibt vorläufig offen.

Wenn $\mathfrak{g}$ nicht der Ring der ganzen rationalen Zahlen ist, so finden wir einen Ersatz für die Elementezahl von $\mathfrak{o}_i/\mathfrak{a}_{ik}$ in der „Ordnung" von $\mathfrak{o}_i/\mathfrak{a}_{ik}$ als ABELsche Gruppe mit $\mathfrak{g}$ als Operatorenbereich — kurz $\mathfrak{g}$-Gruppe. $\mathfrak{o}_i/\mathfrak{a}_{ik}$ wird eine $\mathfrak{g}$-Gruppe durch die Festsetzung $a\mu = \bar{a}\bar{\mu}$.

Die Ordnung einer $\mathfrak{g}$-Gruppe wird auf die folgende Weise erklärt: Eine $\mathfrak{g}$-Gruppe $\mathfrak{M}$ heißt zyklisch, wenn sie durch ein Element erzeugt wird: $\mathfrak{M} = a\mathfrak{g}$. Die Menge der α aus $\mathfrak{g}$ mit $a\alpha = 0$ ist ein Ideal $\mathfrak{a}$. Durch die Abbildung $\mu \to a\mu$ wird $\mathfrak{g}$ homomorph auf $a\mathfrak{g}$ abgebildet, und da hierbei gerade $\mathfrak{a}$ in 0 übergeht, so ist $a\mathfrak{g} \cong \mathfrak{g}/\mathfrak{a}$. $\mathfrak{a}$ heißt die *Ordnung* von $\mathfrak{M}$. Eine ABELsche $\mathfrak{g}$-Gruppe ist dann und nur dann einfach, wenn sie zyklisch von Primidealordnung ist. Denn eine nichtzyklische $\mathfrak{g}$-Gruppe enthält echte zyklische Untergruppen, und wenn die Ordnung $\mathfrak{a}$ von $a\mathfrak{g}$ den echten Teiler $\mathfrak{b}$ hat, so hat $a\mathfrak{g} \cong \mathfrak{g}/\mathfrak{a}$ die durch $\mathfrak{b}/\mathfrak{a}$ gegebene echte Untergruppe.

Hat die ABELsche $\mathfrak{g}$-Gruppe $\mathfrak{M}$ eine endliche Kompositionsreihe, so soll das Produkt der Ordnungen der Kompositionsfaktoren, das nach dem JORDAN-HÖLDERschen Satze allein durch $\mathfrak{M}$ bestimmt ist, die *Ordnung* von $\mathfrak{M}$ heißen. Für eine zyklische Gruppe $\mathfrak{M}$ stimmt diese Ordnung mit der zu Anfang definierten Ordnung überein, denn eine Kompositionsreihe von $a\mathfrak{g}$ gibt bei der Abbildung auf $\mathfrak{g}/\mathfrak{a}$ eine Kette $\mathfrak{g}/\mathfrak{a} \supset \mathfrak{p}_1/\mathfrak{a} \supset \mathfrak{p}_1\mathfrak{p}_2/\mathfrak{a} \supset \cdots \supset \mathfrak{p}_1\mathfrak{p}_2 \ldots \mathfrak{p}_r/\mathfrak{a} = \mathfrak{a}/\mathfrak{a}$, wo die $\mathfrak{p}_i$ Primideale sind.

Definition 1. *Die Norm $N_1\mathfrak{a}_{ik}$ eines ganzen Ideals $\mathfrak{a}_{ik}$ von $\mathfrak{A}$ in Beziehung auf $\mathfrak{g}$ ist die Ordnung der $\mathfrak{g}$-Gruppe $\mathfrak{o}_i/\mathfrak{a}_{ik}$.*

Diese Definition soll jedoch nur eine vorläufige sein, da $N_1\mathfrak{a}_{ik}$ der mittels der charakteristischen Gleichung gebildeten Elementnorm entspricht.

Diese Definition hebt die Linksordnung vor der Rechtsordnung hervor. Vorläufig wollen wir die Ordnung von $\mathfrak{o}_k/\mathfrak{a}_{ik}$ mit $N_1^*\mathfrak{a}_{ik}$ bezeichnen, es wird sich alsbald $N_1^*\mathfrak{a}_{ik} = N_1\mathfrak{a}_{ik}$ herausstellen.

Satz 1. *Die Norm eines Primideals $\mathfrak{P}_{ii}$ vom Grade f ist $\mathfrak{p}^f$, unter $\mathfrak{p}$ das durch $\mathfrak{P}$ teilbare Primideal von $\mathfrak{g}$ verstanden.*

Beweis. Wird unter $\bar{u}_1, \ldots, \bar{u}_f$ eine Basis der Algebra $\mathfrak{o}/\mathfrak{P}$ in Beziehung auf $\mathfrak{g}/\mathfrak{p}$ verstanden, so ist jeder Modul $\bar{u}_i \cdot \mathfrak{g}/\mathfrak{p}$ eine zyklische Gruppe der Ordnung $\mathfrak{p}$, und $\bar{u}_1\bar{\mathfrak{g}} + \cdots + \bar{u}_f\bar{\mathfrak{g}}$, $\bar{u}_2\bar{\mathfrak{g}} + \cdots + \bar{u}_f\bar{\mathfrak{g}}$, $\ldots$, $\bar{u}_f\bar{\mathfrak{g}}$ ist eine Kompositionsreihe von $\mathfrak{o}/\mathfrak{P}$.

Satz 2. *Das unzerlegbare Ideal $\mathfrak{P}_{ik}$ sei Teiler des Primideals $\mathfrak{P}_{ii}$ vom Grade f und der Kapazität $\varkappa$. Es gilt $N_1\mathfrak{P}_{ik} = \mathfrak{p}^{f/\varkappa}$.*

Beweis. Wir haben beim Beweis des Satzes 18, § 2, gesehen, daß $\mathfrak{o}_i/\mathfrak{P}_{ik}$ sogar als $\mathfrak{o}_i/\mathfrak{P}_{ii}$-Linksmodul mit einem einfachen Linksideal $\bar{\mathfrak{l}}$ von $\mathfrak{o}_i/\mathfrak{P}_{ii}$ operatorisomorph ist, erst recht also als $\mathfrak{g}$-Linksmodul. Da $\mathfrak{o}_i/\mathfrak{P}_{ii}$ die direkte Summe von $\varkappa$ untereinander isomorphen einfachen Linksidealen $\mathfrak{l}$ ist, so ist die Ordnung von $\mathfrak{o}_i/\mathfrak{P}_{ii}$ die $\varkappa$te Potenz der Ordnung von $\mathfrak{l}$ oder von $\mathfrak{o}_i/\mathfrak{P}_{ik}$, daraus ergibt sich die Behauptung nach Satz 2.

Satz 3. *Normenmultiplikationssatz.* $N_1\mathfrak{a}_{ik}\mathfrak{b}_{kl} = N_1\mathfrak{a}_{ik}N_1\mathfrak{b}_{kl}$.

Beweis. Wir können $\mathfrak{b}_{kl}$ unzerlegbar annehmen. Nach Definition der Ordnung ist die Ordnung von $\mathfrak{o}_i/\mathfrak{a}_{ik}\mathfrak{b}_{kl}$ gleich dem Produkt der Ordnungen von $\mathfrak{o}_i/\mathfrak{a}_{ik}$ und von $\mathfrak{a}_{ik}/\mathfrak{a}_{ik}\mathfrak{b}_{kl}$. Die erste Ordnung ist die Norm von $\mathfrak{a}_{ik}$. Die zweite ist nach § 2, Satz 18, gleich der Ordnung von $\mathfrak{o}_i/\mathfrak{b}_{im}$, $\mathfrak{b}_{kl}$ und $\mathfrak{b}_{im}$ sollen in zusammengehörigen Primidealen $\mathfrak{P}_{kk}$ und $\mathfrak{P}_{ii}$ von $\mathfrak{o}_k$ und $\mathfrak{o}_i$ aufgehen.

Es fehlt also noch der Nachweis, daß unzerlegbare Ideale $\mathfrak{P}_{im}$ und $\mathfrak{P}_{kl}$ zu zusammengehörigen Primidealen die gleiche Norm haben, oder, was nach Satz 1, 2 auf das gleiche hinausläuft, daß zusammengehörige Primideale $\mathfrak{P}_{ii}$ und $\mathfrak{P}_{kk}$ gleiche Normen haben. Um das zu zeigen, bedenken wir zuerst, daß die Ordnung von $\mathfrak{a}_{ik}/\mathfrak{a}_{ik}\mathfrak{P}_{kk}$ gleich $N_1\mathfrak{P}_{ii}$ ist, denn $\mathfrak{a}_{ik}/\mathfrak{a}_{ik}\mathfrak{P}_{kk} = \mathfrak{a}_{ik}/\mathfrak{P}_{ii}\mathfrak{a}_{ik}$ hat ja als $\mathfrak{o}_i/\mathfrak{P}_{ii}$-Modul eine Kompositionsreihe der Länge $\varkappa$, weil $\mathfrak{P}_{kk}$ in $\varkappa$ unzerlegbare Faktoren zerfällt. Da wir aber $\mathfrak{a}_{ik}/\mathfrak{a}_{ik}\mathfrak{P}_{kk}$ auch als $\mathfrak{o}_k/\mathfrak{P}_{kk}$-Rechtsmodul mit einer Kompositionsreihe der gleichen Länge $\varkappa$ ansehen können, so wird andererseits die Ordnung von $\mathfrak{a}_{ik}/\mathfrak{a}_{ik}\mathfrak{P}_{kk}$ gleich $N_1\mathfrak{P}_{kk}$, also $N_1\mathfrak{P}_{ii} = N_1\mathfrak{P}_{kk}$. Damit ist der Beweis beendet.

Es ergibt sich aus der letzten Betrachtung zugleich, daß für ein unzerlegbares Ideal $\mathfrak{P}_{ik}$ die Gleichung $N_1^*\mathfrak{P}_{ik} = N_1\mathfrak{P}_{ik}$ gilt: vertauschen wir nämlich in Satz 2 rechts und links, so ergibt sich $N_1^*\mathfrak{P}_{ik} = \mathfrak{p}^{f'/\varkappa}$, wenn f' der Grad von $\mathfrak{P}_{kk}$ ist. Da auch für N_1^* die Multiplikationsregel gelten muß, so folgt allgemein $N_1^*\mathfrak{a}_{ik} = N_1\mathfrak{a}_{ik}$.

Ferner sehen wir, daß alle Primideale $\mathfrak{P}_{ii}, \mathfrak{P}_{kk}, \mathfrak{P}_{ll}, \ldots$ den gleichen Grad f haben (siehe § 11 Satz 16).

Auf Grund von Satz 3 können wir die Definition der Norm $N_1\mathfrak{a}_{ik}$ auf nicht ganze Ideale $\mathfrak{a}_{ik}$ ausdehnen, indem wir $N_1\mathfrak{a}_{ik} = N_1\mathfrak{b}_{ij}/N_1\mathfrak{c}_{kj}$ setzen, falls $\mathfrak{a}_{ik} = \mathfrak{b}_{ij}\mathfrak{c}_{kj}^{-1}$ mit ganzen $\mathfrak{b}$, $\mathfrak{c}$ ist. Wegen Satz 3 ist diese Definition nicht abhängig von der Wahl der $\mathfrak{b}$, $\mathfrak{c}$, außerdem ist Satz 3 auch für nicht ganze Ideale richtig.

Satz 4. *Sind in $\mathfrak{g}$ alle Ideale Hauptideale, hat also jedes Ideal von $\mathfrak{A}$ eine Minimalbasis in Beziehung auf $\mathfrak{g}$, so ist die Norm eines Ideals $\mathfrak{a}_{ik}$ gleich dem $\mathfrak{g}$-Ideal $(|A|)$, das von der Determinante $|A|$ einer Matrix A erzeugt wird, welche eine Basis $\mathfrak{u} = (u_1, \ldots, u_n)$ von $\mathfrak{o}_i$ in eine Basis $\mathfrak{v} = (v_1, \ldots, v_n)$ von $\mathfrak{a}_{ik}$ überführt: $N_1\mathfrak{a}_{ik} = (|A|)$, wenn $\mathfrak{v} = \mathfrak{u}A$.*

Beweis. 1. $(|A|)$ hängt nicht von der Wahl der Basis $\mathfrak{v}$ ab, denn ist $\mathfrak{v}'$ eine zweite Basis von $\mathfrak{a}$, $\mathfrak{v}' = \mathfrak{v}C$, so hat sowohl die Matrix C als auch ihre Inverse C^{-1} Elemente aus $\mathfrak{g}$, weil $\mathfrak{v} = \mathfrak{v}'C^{-1}$. Die Determinante $|C|$ ist demnach eine Einheit, und da $\mathfrak{v}' = \mathfrak{u}AC$ ist, so wird in der Tat $(|AC|) = (|A|)$.

2. Bekanntlich kann die Basis $\mathfrak{v}$ in der Form

$$\begin{aligned} v_1 &= u_1\alpha_{11} \\ v_2 &= u_1\alpha_{12} + u_2\alpha_{22} \\ &\cdots\cdots\cdots\cdots \\ v_n &= u_1\alpha_{1n} + u_2\alpha_{2n} + \cdots + u_n\alpha_{nn} \end{aligned}$$

gewählt werden (VAN DER WAERDEN [2], § 106).

In diesem Fall wird $(|A|) = (\alpha_{11})(\alpha_{22}) \ldots (\alpha_{nn})$, und wir zeigen jetzt, daß die Ordnung der $\mathfrak{g}$-Gruppe $\mathfrak{o}_i/\mathfrak{a}_{ik}$ gleich $(\alpha_{11})(\alpha_{22}) \ldots (\alpha_{nn})$ wird, falls $\mathfrak{a}_{ik}$ ein ganzes Ideal ist.

In der von $\mathfrak{o} = \mathfrak{g}u_1 + \cdots + \mathfrak{g}u_n$ nach $\mathfrak{a}_{ik} = \mathfrak{g}v_1 + \cdots + \mathfrak{g}v_n$ führenden Untergruppenreihe

$$\begin{aligned} \mathfrak{o} = \mathfrak{g}u_1 + \cdots + \mathfrak{g}u_n \supset \mathfrak{g}u_1 + \mathfrak{g}u_2 + \cdots + \mathfrak{g}u_{n-1} + \mathfrak{g}v_n \supset \cdots \supset \mathfrak{g}u_1 \\ + \cdots + \mathfrak{g}u_i + \mathfrak{g}v_{i+1} + \cdots + \mathfrak{g}v_n \supset \cdots \supset \mathfrak{g}v_1 + \cdots + \mathfrak{g}v_n = \mathfrak{a}_{ik} \end{aligned}$$

hat die Faktorengruppe

$$(\mathfrak{g}u_1 + \cdots + \mathfrak{g}u_i + \mathfrak{g}v_{i+1} + \cdots + \mathfrak{g}v_n)/(\mathfrak{g}u_1 + \cdots + \mathfrak{g}u_{i-1} + \mathfrak{g}v_i + \cdots + \mathfrak{g}v_n)$$

die Ordnung (α_{ii}). Denn sie ist mit

$$(\mathfrak{g}u_1 + \cdots + \mathfrak{g}u_i)/(\mathfrak{g}u_1 + \cdots + \mathfrak{g}u_{i-1} + \mathfrak{g}v_i)$$
$$= (\mathfrak{g}u_1 + \cdots + \mathfrak{g}u_i)/(\mathfrak{g}u_1 + \cdots + \mathfrak{g}u_{i-1} + \mathfrak{g}\alpha_{ii}u_i)$$

isomorph, und die letzte Gruppe wiederum mit

$$\mathfrak{g}/\alpha_{ii}\mathfrak{g}.$$

Ist $\mathfrak{a}_{ik}$ nicht ganz, so betrachten wir ein ganzes Ideal $\alpha\mathfrak{u}_{ik}$, $\alpha \subset \mathfrak{g}$ an seiner Statt. Es wird $\alpha^n N_1 \mathfrak{u}_{ik} = \alpha^n(|A|)$, $N_1 \mathfrak{a}_{ik} = (|A|)$.

Auch wenn $\mathfrak{g}$ nicht Hauptidealring ist, kann man $N_1\mathfrak{a}_{ik}$ durch Determinanten ausdrücken. Wir verwenden dazu das folgende *allgemeine Prinzip:*

$\mathfrak{x}$ sei irgendein ganzes Ideal von $\mathfrak{g}$. Im Ring $\mathfrak{g}^*$ aller Größen von P, deren Nenner zu $\mathfrak{x}$ teilerfremd sind, ist jedes Ideal Hauptideal. Jedes Ideal $\mathfrak{a}$ von $\mathfrak{g}$ geht durch Multiplikation mit $\mathfrak{g}^*$ über in ein Ideal $\mathfrak{a}^* = \mathfrak{g}^*\mathfrak{a}$ von $\mathfrak{g}^*$. Dabei wird $\mathfrak{a}^* = \mathfrak{g}^*$ für jedes zu $\mathfrak{x}$ prime $\mathfrak{a}$, jeder Primfaktor $\mathfrak{p}$ von $\mathfrak{x}$ geht in ein Primideal $\mathfrak{p}^*$ von $\mathfrak{g}^*$ über. Während eine Gleichung $\mathfrak{a} = \mathfrak{b}$ zwischen Idealen von $\mathfrak{g}$ die entsprechende Gleichung $\mathfrak{a}^* = \mathfrak{b}^*$ zur Folge hat, kann man umgekehrt aus $\mathfrak{a}^* = \mathfrak{b}^*$ schließen, daß $\mathfrak{a}$ und $\mathfrak{b}$ bis auf zu $\mathfrak{x}$ teilerfremde Faktoren übereinstimmen.

Die Anwendung dieses Prinzips ergibt:

Satz 5. *$\mathfrak{x}$ sei irgendein ganzes Ideal von $\mathfrak{g}$, das durch alle Primideale teilbar ist, die in $N_1\mathfrak{a}_{ik}$ vorkommen, und $\mathfrak{g}^*$ der Ring der* P*-Elemente mit zu $\mathfrak{x}$ primen Nennern, $\mathfrak{o}^* = \mathfrak{g}^*\mathfrak{o}_i$. $\mathfrak{u}$ sei eine Minimalbasis von $\mathfrak{o}_i^*$, $\mathfrak{v}$ eine Minimalbasis von $\mathfrak{a}^* = \mathfrak{g}^*\mathfrak{a}$ in Beziehung auf $\mathfrak{g}^*$. Dann ist $N_1\mathfrak{a}_{ik}$ der Anteil der Primfaktoren von $\mathfrak{x}$ an der Determinante $|A|$ der durch $\mathfrak{v} = \mathfrak{u}A$ gegebenen Matrix.*

Satz 6. *Ist $\mathfrak{a}_{ik} = a\mathfrak{o}_k$, so wird $N_1\mathfrak{a}_{ik} = (Na)^m$, wenn m^2 der Rang von $\mathfrak{A}$ über dem Zentrum ist.*

Beweis. Wir nehmen ein Ideal $\mathfrak{x}$ wie in Satz 5 zu Hilfe. Ist dann $\mathfrak{u}$ eine Basis von $\mathfrak{o}_k^*$ in Beziehung auf $\mathfrak{g}^*$, so ist $\mathfrak{v} = a\mathfrak{u}$ eine Basis von $\mathfrak{a}_{ik}^*$. Daher wird $(Na)^m = |A|$. Nach Satz 5 unterscheidet sich also $N_1\mathfrak{a}$ von $(Na)^m$ nur um zu $\mathfrak{x}$ prime Faktoren. Da man aber jedes Primideal von $\mathfrak{g}$ in $\mathfrak{x}$ aufnehmen darf, so wird $N_1\mathfrak{a} = (Na)^m$.

Satz 6 legt nahe, die Idealnorm $N_1\mathfrak{a}_{ik}$ durch ihre m-te Wurzel zu ersetzen, um einen der Elementenorm entsprechenden Idealnormbegriff zu haben. Sinnvoll ist diese Definition aber nur, wenn $(N_1\mathfrak{a}_{ik})^{1/m}$ ein Ideal von $\mathfrak{g}$ ist. Das ist in der Tat der Fall. Um das einzusehen, ziehen wir den späteren Satz 27 in § 11 heran. Danach gibt es zu jedem Ideal $\mathfrak{a}_{ik}$ ein Element a, so daß $\mathfrak{a}_{ik}a$ keinen unzerlegbaren Faktor aufweist, der in einer Zerlegung von $\mathfrak{a}_{ik}$ vorkommt. Es wird dann $N_1(\mathfrak{a}_{ik}a) = N_1\mathfrak{a}_{ik}(Na)^m$. Ein Primfaktor von $N_1\mathfrak{a}_{ik}$ muß also von $(Na)^m$ weggehoben werden, woraus in der Tat folgt, daß dieser Primfaktor in $N_1\mathfrak{a}_{ik}$ mit einem durch m teilbaren Exponenten vorkommt. Wir definieren daher endgültig:

Die Norm $N\mathfrak{a}_{ik}$ eines ganzen Ideals $\mathfrak{a}_{ik}$ ist die m-te Wurzel aus der Ordnung der $\mathfrak{g}$-Gruppe $\mathfrak{o}/\mathfrak{a}_{ik}$; die Norm eines beliebigen Ideals $\mathfrak{a}_{ik}$ ist $N\mathfrak{a}_{ik} = N\mathfrak{b}_{ij}/N\mathfrak{c}_{kj}$, falls $\mathfrak{a}_{ik} = \mathfrak{b}_{ij}/\mathfrak{c}_{kj}$ mit ganzen $\mathfrak{b}$, $\mathfrak{c}$.

Satz 3 bleibt für N statt N_1 bestehen, die Sätze 1, 2, 4, 5 sind entsprechend abzuändern, Satz 6 sagt $N(a) = (Na)$ aus. Aus Satz 2 ziehen wir die bemerkenswerte Folgerung

Satz 7. *Ist f der Grad und $\varkappa$ die Kapazität eines Primideals von $\mathfrak{A}$, so ist $f \equiv 0\ (\varkappa m)$, falls $\mathfrak{A}$ den Rang m^2 über seinem Zentrum hat.*

§ 5. Komplementäre Ideale. Differenten.

$S_{\mathfrak{A}\to\mathsf{P}}a$, kürzer Sa, bezeichne die Spur des Elementes a der halbeinfachen Algebra $\mathfrak{A}$ in Beziehung auf ihren Grundkörper P.

Ist $\mathfrak{a}_{ik}$ ein Ideal von $\mathfrak{A}$, so wird unter $S\mathfrak{a}_{ik}$ die Menge aller Sa, $a \equiv 0\ (\mathfrak{a}_{ik})$ verstanden. $S\mathfrak{a}_{ik}$ ist ein Ideal von $\mathfrak{g}$. Ist $\mathfrak{a}_{ik}$ ganz, so ist auch $S\mathfrak{a}_{ik}$ ganz. Die Umkehrung gilt aber, wie wir bald sehen werden, nicht.

Durch ein Ideal $\mathfrak{a}_{ik}$ ist die Menge $\tilde{\mathfrak{a}}_{ki}$ aller a aus $\mathfrak{A}$ mit $S(a\mathfrak{a}_{ik}) \subset \mathfrak{g}$ bestimmt. $\tilde{\mathfrak{a}}_{ki}$ ist ein Ideal mit den angedeuteten Ordnungen, denn $S(a\mathfrak{a}_{ik}) \subset \mathfrak{g}$, $S(a'\mathfrak{a}_{ik}) \subset \mathfrak{g}$ hat $S((a-a')\mathfrak{a}_{ik}) \subset \mathfrak{g}$ zur Folge, es ist $S(\tilde{\mathfrak{a}}_{ki}\cdot\mathfrak{o}_i\cdot\mathfrak{a}_{ik}) = S(\tilde{\mathfrak{a}}_{ki}\mathfrak{a}_{ik}) \subset \mathfrak{g}$, $S(\mathfrak{o}_k\tilde{\mathfrak{a}}_{ki}\mathfrak{a}_{ik}) = S(\mathfrak{a}_{ik}\mathfrak{o}_k\tilde{\mathfrak{a}}_{ki}) = S(\mathfrak{a}_{ik}\tilde{\mathfrak{a}}_{ki}) \subset \mathfrak{g}$, gilt $\mu\mathfrak{a}_{ik} \subset \mathfrak{o}_i$, so wird $S(\mu\mathfrak{a}_{ik}) \subset \mathfrak{g}$, also $\mu \equiv 0\ (\tilde{\mathfrak{a}}_{ki})$. Schließlich gibt es auch ein $\varrho \neq 0$, so daß $\varrho\tilde{\mathfrak{a}}_{ki} \subset \mathfrak{o}_i$ gilt. Das ist etwas schwieriger einzusehen, weil es auf der Voraussetzung beruht, daß $\mathfrak{A}$ nicht nur halbeinfach ist, sondern auch bei jeder algebraischen Erweiterung von P halbeinfach bleibt — oder daß die Diskriminante von $\mathfrak{A}$ nicht Null ist (siehe § 1). Sei $u_1, \ldots, u_n$ eine in $\mathfrak{a}_{ik}$ und $\mathfrak{o}_i$ enthaltene Basis von $\mathfrak{A}$. Wir können ein Element $\tilde{a}$ von $\tilde{\mathfrak{a}}_{ki}$ durch die u_ν ausdrücken $\tilde{a} = \sum \alpha_\nu u_\nu$. Die Spuren $S(\tilde{a}u_\mu) = \varepsilon_\mu$ liegen in $\mathfrak{g}$. Die Gleichungen $S(\tilde{a}u_\mu) = \varepsilon_\mu$ können in die Form

$$\sum_\nu \alpha_\nu S(u_\nu u_\mu) = \varepsilon_\mu$$

gesetzt werden. Da die Diskriminante $|S(u_\nu u_\mu)|$ nicht Null ist, so können hieraus die α_ν berechnet werden, sie ergeben sich als Zahlen des Ideals $(|S(u_\nu u_\mu)|^{-1})$ von $\mathfrak{g}$. $|S(u_\nu u_\mu)|\tilde{a}$ liegt dann in $\mathfrak{o}_i$.

Hat $\mathfrak{a}_{ik}$ eine Basis $u_1, \ldots, u_n$ in Beziehung auf $\mathfrak{g}$, und bestimmt man n Größen $\tilde{u}_\nu = \sum \xi_{\nu\mu}u_\mu$ aus den Gleichungen

$$S(\tilde{u}_\nu u_\mu) = \sum_\varrho \xi_{\nu\varrho} S(u_\varrho u_\mu) = \begin{matrix} 1, \text{ wenn } \nu = \mu, \\ 0, \text{ wenn } \nu \neq \mu, \end{matrix} \tag{1}$$

so ist $\tilde{u}_1, \ldots, \tilde{u}_n$ eine Basis von $\tilde{\mathfrak{a}}_{ki}$.

Das komplementäre Ideal $\tilde{\mathfrak{o}}_i$ einer Maximalordnung $\mathfrak{o}_i$ ist ein zweiseitiges $\mathfrak{o}_i$-Ideal. Da es offenbar $\mathfrak{o}_i$ umfaßt, so ist $\tilde{\mathfrak{o}}_i^{-1} = \mathfrak{D}_{ii}$ ein ganzes Ideal. $\mathfrak{D}_{ii}$ heißt die *Differente* von $\mathfrak{o}_i$.

Die Differenten $\mathfrak{D}_{ii}$ und $\mathfrak{D}_{kk}$ zweier Maximalordnungen $\mathfrak{o}_i$ und $\mathfrak{o}_k$ stehen in der Beziehung $\mathfrak{D}_{kk} = \mathfrak{a}_{ik}^{-1}\mathfrak{D}_{ii}\mathfrak{a}_{ik}$, sind also zusammengehörig. Denn es ist

$$S(\mathfrak{a}_{ik}^{-1}\tilde{\mathfrak{o}}_i\mathfrak{a}_{ik}\mathfrak{o}_k) = S(\tilde{\mathfrak{o}}_i\mathfrak{a}_{ik}\mathfrak{o}_k\mathfrak{a}_{ik}^{-1}) = S(\tilde{\mathfrak{o}}_i\mathfrak{o}_i) \subset \mathfrak{g},$$

also $\mathfrak{a}_{ik}^{-1}\tilde{\mathfrak{o}}_i\mathfrak{a}_{ik} \equiv 0\ (\tilde{\mathfrak{o}}_k)$, umgekehrt $\mathfrak{a}_{ik}\tilde{\mathfrak{o}}_k\mathfrak{a}_{ik}^{-1} \equiv 0\ (\tilde{\mathfrak{o}}_i)$.

Satz 1. *Es ist* $\tilde{\mathfrak{a}}_{ki} = \mathfrak{a}_{ik}^{-1}\mathfrak{D}_{ii}^{-1}$.

Beweis. 1. $S(\mathfrak{a}_{ik}\mathfrak{a}_{ik}^{-1}\mathfrak{D}_{ii}^{-1}) = S(\mathfrak{D}_{ii}^{-1}) \subset \mathfrak{g}$, daher $\mathfrak{a}_{ik}^{-1}\mathfrak{D}_{ii}^{-1} \equiv 0\ (\tilde{\mathfrak{a}}_{ki})$.

2. $S(\mathfrak{a}_{ik}\tilde{\mathfrak{a}}_{ki}) \subset \mathfrak{g}$, daher $S(\mathfrak{o}_i\mathfrak{a}_{ik}\tilde{\mathfrak{a}}_{ki}) \subset \mathfrak{g}$, daher $\mathfrak{a}_{ik}\tilde{\mathfrak{a}}_{ki} \equiv 0\ (\mathfrak{D}_{ii}^{-1})$, $\tilde{\mathfrak{a}}_{ki} \equiv 0\ (\mathfrak{a}_{ik}^{-1}\mathfrak{D}_{ii}^{-1})$.

Aus Satz 1 ergibt sich

Satz 2. $\tilde{\tilde{\mathfrak{a}}}_{ik} = \mathfrak{a}_{ik}$.

Beweis. $\tilde{\tilde{\mathfrak{a}}}_{ik} = \mathfrak{D}_{ii}^{-1}\tilde{\mathfrak{a}}_{ik}^{-1} = \mathfrak{D}_{ii}^{-1}(\mathfrak{a}_{ik}^{-1}\mathfrak{D}_{ii}^{-1})^{-1} = \mathfrak{a}_{ik}$.

Für Ideale $\mathfrak{a}_{ik}$ mit einer Basis in Beziehung auf $\mathfrak{g}$ folgt dies auch unmittelbar aus der Symmetrie der Formeln (1); und wir können auch im allgemeinen Fall so vorgehen, indem wir das Prinzip auf S. 82 anwenden. Aus $\tilde{\tilde{\mathfrak{a}}}_{ik} = \mathfrak{a}_{ik}$ kann aufs neue der fundamentale Satz 12, § 2, abgeleitet werden, daß die Rechtsordnung $\mathfrak{o}_k$ eines Ideals $\mathfrak{a}_{ik}$ mit maximaler Linksordnung $\mathfrak{o}_i$ auch maximal ist: Satz 2 erfordert zu seinem Beweis nur die Maximalität der Linksordnung $\mathfrak{o}_i$, kann also ohne Satz 12, § 2, erschlossen werden. Aus Satz 2 folgt aber als Regel zur Bildung des Inversen $\mathfrak{a}_{ik}^{-1}$

$$\mathfrak{a}_{ik}^{-1} = \widetilde{(\mathfrak{D}_{ii}^{-1}\mathfrak{a}_{ik})} = \widetilde{(\mathfrak{a}_{ik}\mathfrak{D}_{kk}^{-1})}.$$

Wenden wir sie an auf $\mathfrak{a}_{ik}^{-1}$, so ergibt sich

$$(\mathfrak{a}_{ik}^{-1})^{-1} = \widetilde{(\mathfrak{a}_{ik}^{-1}\mathfrak{D}_{ii}^{-1})} = \tilde{\tilde{\mathfrak{a}}}_{ik} = \mathfrak{a}_{ik}.$$

Ist nun $\mathfrak{o}_l$ eine $\mathfrak{o}_k$ umfassende Maximalordnung, so gilt nach dem Beweis von Satz 22, 1: $\mathfrak{a}_{ik}\mathfrak{o}_l\mathfrak{a}_{ik}^{-1} = \mathfrak{o}_i$. Daraus ergibt sich aber $\mathfrak{a}_{ik}\mathfrak{o}_l \subseteqq (\mathfrak{a}_{ik}^{-1})^{-1} = \mathfrak{a}_{ik}$, d. h. $\mathfrak{o}_l \subseteqq \mathfrak{o}_k$, w. z. b. w.

Satz 3. *Ein Primideal* $\mathfrak{P}$ *der Maximalordnung* $\mathfrak{o}$ *teilt dann und nur dann die Differente* $\mathfrak{D}$ *von* $\mathfrak{o}$, *wenn entweder das zu* $\mathfrak{P}$ *gehörige Primideal* $\mathfrak{p}$ *von* $\mathfrak{g}$ *durch* $\mathfrak{P}^2$ *teilbar ist, oder wenn* $\mathfrak{P}$ *ein Primideal zweiter Art ist* (Noether [1]), d. h. *wenn die Algebra* $\mathfrak{A}/\mathfrak{P}$ *über* $\mathfrak{g}/\mathfrak{p}$ *ein inseparables Zentrum hat.*

Beweis. Es sei $\mathfrak{p} = \mathfrak{P}^e\mathfrak{Q}$, $\mathfrak{Q}$ von $\mathfrak{P}$ frei.

1. Wir zeigen, daß

$$S(\mathfrak{P}\mathfrak{Q}) \equiv 0\ (\mathfrak{p}) \tag{2}$$

ist. Multiplikation mit $\mathfrak{p}^{-1}$ ergibt dann

$$S(\mathfrak{P}^{1-e}) \equiv 0\ (\mathfrak{g}),$$

also $\mathfrak{D} \equiv 0\ (\mathfrak{P}^{e-1})$. Im Falle $e > 1$ ist also in der Tat $\mathfrak{D}$ durch $\mathfrak{P}$ teilbar.

Am einfachsten ist (2) im Falle einzusehen, daß $\mathfrak{A}$ kommutativ ist. Dann ist S die mittels der Hauptdarstellung berechnete Spur. Da die Hauptdarstellung von $\mathfrak{A}$ durch Restklassenbildung modulo $\mathfrak{p}$ in die Hauptdarstellung von $\mathfrak{A}/\mathfrak{p}$ in $\mathfrak{g}/\mathfrak{p}$ übergeht, so wird Sa modulo $\mathfrak{p}$ gleich der Spur der $\mathfrak{p}$-Restklasse $\bar{a}$ von a. $\mathfrak{P}\mathfrak{Q}$ ist aber ein nilpotentes Ideal von $\mathfrak{o}/\mathfrak{p}$, sämtliche Spuren von $\mathfrak{P}\mathfrak{Q}$-Elementen sind also Null.

Im allgemeinen Fall machen wir davon Gebrauch, daß die Spur Sa eines Elementes von $\mathfrak{A}$ der negative zweithöchste Koeffizient eines Teilers $f(x)$ des charakteristischen Polynoms von a ist. Das charakteristische Polynom von a geht modulo $\mathfrak{p}$ in das charakteristische Polynom von $\bar{a}$ über, da das charakteristische Polynom mittels der Hauptdarstellung berechnet wird. Die $\mathfrak{p}$-Restklasse von $f(x)$ teilt also das charakteristische Polynom von $\bar{a}$. Dieses ist Teiler einer Potenz des Minimalpolynoms von $\bar{a}$. Die Elemente von $\mathfrak{P}\mathfrak{Q}$ sind nilpotent, ihre Minimalpolynome sind also Potenzen von x. Daher ist die $\mathfrak{p}$-Restklasse von $f(x)$ eine Potenz von x, wenn a in $\mathfrak{P}\mathfrak{Q}$ liegt: die Spur Sa von a ist also durch $\mathfrak{p}$ teilbar.

Wenn $\mathfrak{P}$ von zweiter Art ist, so gilt

$$S(\mathfrak{Q}) \equiv 0\ (\mathfrak{p}).$$

Dies gilt aber, im Falle $e = 1$, auch *nur*, wenn $\mathfrak{P}$ von zweiter Art ist. Daraus ergibt sich dann, daß aus $\mathfrak{D} \equiv 0\ (\mathfrak{P})$ entweder $e > 1$ folgt, oder daß $\mathfrak{P}$ von zweiter Art ist.

$\mathfrak{o}/\mathfrak{p}$ ist die direkte Summe von $\mathfrak{Q}/\mathfrak{p}$ und $\mathfrak{P}^e/\mathfrak{p}$. Denn es ist $\mathfrak{o} = (\mathfrak{P}^e, \mathfrak{Q})$ und $0 = p + q$, $p \equiv 0\ (\mathfrak{P}^e)$, $q \equiv 0\ (\mathfrak{Q})$ hat $p \equiv q \equiv 0\ (\mathfrak{P}^e\mathfrak{Q})$ zur Folge. $\mathfrak{Q}/\mathfrak{p}$ ist mit $\mathfrak{o}/\mathfrak{P}$ isomorph: $\mathfrak{Q}/\mathfrak{p} = \mathfrak{Q}/\mathfrak{P}^e\mathfrak{Q} = \mathfrak{Q}/\mathfrak{P}^e \cap \mathfrak{Q} \cong (\mathfrak{Q}, \mathfrak{P}^e)/\mathfrak{P}^e$; der Grundkörper $\mathfrak{g}/\mathfrak{p}$ geht dabei in sich über.

2. Sei jetzt $e = 1$. Im kommutativen Fall ist alles einfach: Die Spur Sq eines Elementes q von $\mathfrak{Q}$ geht modulo $\mathfrak{p}$ über in die Spur $S\bar{q}$ der $\mathfrak{p}$-Restklasse $\bar{q}$ von q, wenn sie als Element von $\mathfrak{A}/\mathfrak{p}$ betrachtet wird. $S\bar{q}$ ist aber auch die Spur von $\bar{q}$ als Element von $\mathfrak{Q}/\mathfrak{p}$, denn $\mathfrak{Q}/\mathfrak{p}$ ist direkter Summand. Die Spuren der Elemente der einfachen Algebra $\mathfrak{Q}/\mathfrak{p} \cong \mathfrak{o}/\mathfrak{P}$ sind aber nur dann alle Null, wenn $\mathfrak{o}/\mathfrak{P}$ von zweiter Art, d. h. inseparabel ist.

Im allgemeinen Fall gehen wir auf die Hauptpolynome zurück. Es ist leicht einzusehen, daß wir uns auf einfache Algebren $\mathfrak{A}$ beschränken können. m sei der Rang des Zentrums $\mathfrak{Z}$ von $\mathfrak{A}$, $n = mt^2$ der Rang von $\mathfrak{A}$. Das charakteristische Polynom $F(x)$ eines Elementes a von $\mathfrak{A}$ ist die t-te Potenz des Hauptpolynoms $f(x)$, $F(x) = f(x)^t$. Die $\mathfrak{p}$-Restklasse von $F(x)$ ist das charakteristische Polynom $\Phi(x)$ von $\bar{a}$, $\bar{a}$ als Element der Algebra $\mathfrak{Q}/\mathfrak{p}$ angesehen, noch mit x^h multipliziert, wenn h der Rang von $\mathfrak{P}/\mathfrak{p}$ ist:

$$\overline{F(x)} = x^h \Phi(x),$$

$$\overline{f(x)}^t = x^h \Phi(x).$$

Wir zeigen nun, daß das charakteristische Polynom $\Phi(x)$ von $\bar{a}$ *auch* die t-te Potenz des Hauptpolynoms $\varphi(x)$ ist, daraus folgt dann

$$\overline{f(x)} = x^{h/t}\varphi(x),$$

so daß $\overline{Sa}$ die Spur von $\bar{a}$ ist. Und da die Spuren aller Elemente von $\mathfrak{o}/\mathfrak{P}$ dann und nur dann sämtlich Null sind, wenn $\mathfrak{o}/\mathfrak{P}$ inseparabel ist, so wird in der Tat $S(\mathfrak{Q}) \equiv 0\ (\mathfrak{p})$ nur für solche $\mathfrak{P}$ gelten, die von zweiter Art sind.

Unsere Behauptung $\Phi(x) = \varphi(x)^t$ läuft daraus hinaus, daß der Rang der einfachen Algebra $\mathfrak{o}/\mathfrak{P}$ über ihrem Zentrum gleich t^2 ist. Bezeichnet $\mathfrak{o}_0$ die Hauptordnung des Zentrums $\mathfrak{Z}$ von $\mathfrak{A}$, so ist wegen $e = 1$ nach Satz 1 im § 12 $\mathfrak{P}$ schon in $\mathfrak{o}_0$ Primideal, also $\mathfrak{o}/\mathfrak{P}$ vom Range t^2 über $\mathfrak{o}_0/\mathfrak{P}$. $\mathfrak{o}_0/\mathfrak{P}$ ist sicher im Zentrum von $\mathfrak{o}/\mathfrak{P}$ enthalten.

Das Zentrum $\bar{\mathfrak{z}}$ von $\mathfrak{o}/\mathfrak{P}$ ist ein Körper, er ist separabel über $\mathfrak{g}/\mathfrak{p}$, wenn $\mathfrak{P}$ von erster Art ist. In dem Fall nun, daß die Ausgangsordnung $\mathfrak{g}$ die Hauptordnung eines gewöhnlichen oder eines $\mathfrak{p}$-adischen algebraischen Zahlkörpers ist, können wir die Annahme, $\bar{\mathfrak{z}}$ sei größer als $\mathfrak{o}_0/\mathfrak{P}$, folgendermaßen widerlegen: Ein maximaler Teilkörper von $\mathfrak{o}/\mathfrak{P}$ wäre über $\mathfrak{o}/\mathfrak{P}$ vom Grade $t_0^2 t_1$, wenn t_0^2 der Grad von $\bar{\mathfrak{z}}$ über $\mathfrak{o}_0/\mathfrak{P}$ ist und $t = t_0 t_1$. Ein primitives Element $\bar{c}$ eines solchen maximalen Teilkörpers von $\mathfrak{o}_0/\mathfrak{P}$ hätte eine irreduzible Gleichung in $\mathfrak{o}_0/\mathfrak{P}$ vom $t_0^2 t_1$-ten Grade. Das ist nicht möglich, denn $t_0^2 t_1 > t$ widerspricht dem Umstand, daß jedes Element der Restklasse $\bar{c}$ einer Gleichung vom t-ten Grade mit Koeffizienten aus $\mathfrak{o}_0$ genügt.

Ohne die Annahme, daß es in $\mathfrak{o}/\mathfrak{P}$ separable Teilkörper vom höchstmöglichen Grad gibt (wenn etwa $\mathfrak{o}_0/\mathfrak{P}$ algebraisch abgeschlossen ist), sieht man die Unmöglichkeit von $\bar{\mathfrak{z}} \neq \mathfrak{o}_0/\mathfrak{P}$ folgendermaßen ein: $\mathfrak{o}/\mathfrak{P}$ sei Matrizesring s-ten Grades in der Divisionsalgebra $\bar{\mathfrak{D}}$, deren Zentrum dann $\bar{\mathfrak{z}}$ ist. $\bar{\mathfrak{D}}$ sei vom Range u^2 über $\bar{\mathfrak{z}}$, $\bar{\mathfrak{z}}$ vom Range v^2 über $\mathfrak{o}_0/\mathfrak{P}$, also $suv = t$. $\bar{\mathfrak{k}}$ sei ein separabler maximaler Teilkörper von $\bar{\mathfrak{D}}$, $\bar{a}$ ein primitives Element von $\bar{\mathfrak{k}}$, $g(x)$ das irreduzible Polynom in $\mathfrak{o}_0/\mathfrak{P}$ mit der Wurzel $\bar{a}$. Sind $\bar{c}_{ik}$ die Matrizeseinheiten in $\mathfrak{o}/\mathfrak{P}$, so ist $\bar{c}_{12} + \bar{c}_{23} + \bar{c}_{34} + \cdots + \bar{c}_{s-1\,s} = \bar{d}$ ein nilpotentes Element vom Exponenten s, also x^s das Minimalpolynom von $\bar{d}$. Wir zeigen, daß $\bar{c} = \bar{a} + \bar{d}$ ein Minimalpolynom vom Grade $u^2 v^2 s > t$ hat. Das steht (wie oben) im Widerspruch zu der Tatsache, daß die Minimalgleichungen der Elemente der Restklasse $\bar{c}$ höchstens vom t-ten Grade in $\mathfrak{o}_0$ sind.

Es ist

$$g(\bar{a} + \bar{d}) = g(\bar{a}) + \bar{d} g_1(\bar{a}) + \bar{d}^2 g_2(\bar{a}) + \cdots$$

$g_1(\bar{a})$ ist die Ableitung von $g(x)$ für $x = \bar{a}$, also ungleich Null, da $\bar{a}$ separabel. Also gilt

$$g(\bar{a} + \bar{d}) = \bar{a}_1 \bar{d} + \bar{a}_2 \bar{d}^2 + \bar{a}_3 \bar{d}^3 + \cdots + \bar{a}_{s-1} \bar{d}^{s-1},$$

wo die Elemente $\bar{a}_\nu$ dem Körper $\bar{\mathfrak{k}}$ angehören und $\bar{a}_1 \neq 0$ ist.

Da die Potenzen von $\bar{d}$ in Beziehung auf $\bar{\mathfrak{k}}$ linear unabhängig sind, so sehen wir, daß $g(\bar{a}+\bar{d})^s$, jedoch keine niedrigere Potenz von $g(\bar{a}+\bar{d})$ gleich Null ist. Das Minimalpolynom von $\bar{a}+\bar{d}$ ist daher ein Teiler von $g(x)^s$; da $g(x)$ irreduzibel ist, so ist es eine Potenz von $g(x)$, muß also gleich $g(x)^s$ sein. $g(x)^s$ hat in der Tat den Grad uv^2s.

Satz 4. *Ist* $\mathfrak{A} = \mathsf{A}_r = \sum \mathsf{A} c_{ik}$ *Matrizesring in einer Divisionsalgebra* A, *ist* $\mathfrak{o}$ *eine Maximalordnung von* $\mathfrak{A}$, *die mittels der* c_{ik} *aus einer Maximalordnung* $\mathfrak{o}'$ *von* A *gebildet ist:* $\mathfrak{o} = \sum \mathfrak{o}' c_{ik}$, *so haben* $\mathfrak{o}$ *und* $\mathfrak{o}'$ *gleiche Differenten* $\mathfrak{D}$ *und* $\mathfrak{D}'$, *d. h. es ist* $\mathfrak{D} = \mathfrak{o}\mathfrak{D}'\mathfrak{o} = \sum \mathfrak{D}' c_{ik}$.

Beweis. Wir benutzen die Formeln (1) für die Basis u der reziproken Differente (über die Anwendbarkeit von (1) im allgemeinen Fall vgl. die Bemerkung hinter Satz 2!). u_i sei eine Basis von $\mathfrak{o}'$, $\tilde{u}_i$ die durch (1) bestimmte Basis von $\mathfrak{D}'^{-1}$. Dann gelten, wie leicht zu sehen, auch die Formeln

$$S_{\mathfrak{A}\to\mathsf{P}}(u_\nu c_{ik} \tilde{u}_\mu c_{jl}) = \begin{cases} 0 \\ 1, \end{cases}$$

welche zum Ausdruck bringen, daß $\mathfrak{D} = \sum \mathfrak{D}' c_{ik}$ ist.

§ 6. Die Diskriminante einer Maximalordnung.

Definition 1. *Die Diskriminante einer Maximalordnung* $\mathfrak{o}$ *ist das von allen Diskriminanten* $|S(u_i u_k)|$ *von je* n *Größen* $u_1, \ldots, u_n$ *aus* $\mathfrak{o}$ *erzeugte* $\mathfrak{g}$*-Ideal* $\mathfrak{d}$.

Wenn $\mathfrak{o}$ eine Basis $\mathfrak{u}$ in Beziehung auf $\mathfrak{g}$ hat, so wird $\mathfrak{d}$ das Hauptideal $(|S(u_i u_k)|)$, denn sind $u_1', \ldots, u_n'$ irgend n andere Größen aus $\mathfrak{o}$, so gilt $\mathfrak{u}' = \mathfrak{u}Q$ mit einer Matrix Q aus $\mathfrak{g}$, und es wird $|S(u_i' u_k')| = |S(u_i u)_k| \, |Q|^2$.

Satz 1. *Die Diskriminante* $\mathfrak{d}$ *von* $\mathfrak{o}$ *ist die* n*-te Potenz der Norm der Differente* $\mathfrak{D}$ (n^2 = *Rang über dem Zentrum*).

Beweis. Wir können, mit Rücksicht auf das in § 4 ausgesprochene allgemeine Prinzip, so vorgehen, als ob $\mathfrak{g}$ ein Hauptidealring sei. $\mathfrak{o}$ habe die Basis $\mathfrak{u}$, $1/\mathfrak{D}$ hat dann die durch

$$S(u_i \tilde{u}_j) = \begin{cases} 1 & i = j \\ 0 & i \neq j \end{cases}$$

gegebene Basis $\tilde{\mathfrak{u}}$. Sei $\mathfrak{u} = \tilde{\mathfrak{u}}Q$. Dann ist nach § 4, Satz 5,

$$N\mathfrak{D}^{-n} = (|Q|^{-1}).$$

Andererseits ist aber

$$1 = |S(u_i \tilde{u}_k)| = |S(u_i u_k)| \cdot |Q|^{-1}; \quad \text{oder} \quad \mathfrak{D} = |Q|,$$

somit gilt in der Tat $N\mathfrak{D}^n = \mathfrak{d}$. Da hiernach $\mathfrak{d}$ eine n-te Potenz ist, wird zweckmäßiger $\mathfrak{d}^{\frac{1}{n}} = \mathfrak{d}_0$ als *Grundideal* eingeführt. (BRANDT [6].)

Aus Satz 1 und Satz 3, § 5, folgt

Satz 2. *Die Diskriminante* $\mathfrak{d}$, *und ebenso das Grundideal* $\mathfrak{D}_0$ *von* $\mathfrak{o}$ *ist durch diejenigen Primideale von* $\mathfrak{g}$, *die in* $\mathfrak{o}$ *ein Primideal in höherer als erster Potenz oder ein Primideal zweiter Art abspalten, und durch keine anderen teilbar.*

Aus der Relation $\mathfrak{D}_{ii} = \mathfrak{a}_{ik}\mathfrak{D}_{kk}\mathfrak{a}_{ik}^{-1}$ zwischen den Differenten verschiedener Maximalordnungen folgt mittels Satz 1, daß alle Maximalordnungen die gleiche Diskriminante $\mathfrak{d}$ (gleiches Grundideal $\mathfrak{d}_0$) haben, die wir jetzt die *Diskriminante* (*Grundideal*) *der Algebra* $\mathfrak{A}$ *nennen.* (Grundzahl, wenn P der Körper der rationalen Zahlen ist.)

Für diesen § siehe Brandt [**6**], Hasse [**1**], Shoda [**4**].

§ 7. Einheiten.

Ein Element e von $\mathfrak{A}$ heißt *Einheit*, wenn e^{-1} existiert und sowohl e als auch e^{-1} ganz ist. Die Norm einer Einheit ist eine Einheit von $\mathfrak{g}$. Denn Ne ist ganz, $(Ne)^{-1} = Ne^{-1}$ aber auch.

Umgekehrt: Ist e ganz und ist $Ne = \varepsilon$ eine Einheit, so ist e eine Einheit. Denn ist $\mathfrak{o}$ eine Maximalordnung, die e enthält, so wird $N(e\mathfrak{o}) = (Ne) = \mathfrak{g}$, also, da $e\mathfrak{o}$ ein ganzes Ideal ist, $e\mathfrak{o} = \mathfrak{o}$. e^{-1} muß daher in $\mathfrak{o}$ enthalten sein. Umgekehrt ist für eine Einheit e der Maximalordnung $\mathfrak{o}$ stets $e\mathfrak{o} = \mathfrak{o}$. Da wir also die in einer Maximalordnung enthaltenen Einheiten als die Elemente e mit $e\mathfrak{o} = \mathfrak{o}$ kennzeichnen können, so gilt

Satz 1. *Die Einheiten einer Maximalordnung bilden eine Gruppe.*

Genaueres ist über die Einheiten nicht bekannt, soweit das Nichtkommutative in Betracht kommt. Ein Gegenstück des Dirichletschen Satzes für Zahlkörper ist bisher nicht aufgestellt worden (vgl. VII, § 8, 4). Algebren mit endlicher Einheitengruppe in Hey [**1**].

§ 8. Idealklassen.

1. Für die Klasseneinteilung der Ideale $\mathfrak{a}_{ik}$ mit gleicher Linksordnung $\mathfrak{o}_i$ bietet sich die folgende Definition dar:

Zwei Ideale $\mathfrak{a}_{ik}$ *und* $\mathfrak{b}_{ij}$ *mit gleicher Linksordnung* $\mathfrak{o}_i$ *heißen rechtsäquivalent, in Zeichen* $\mathfrak{a}_{ik} \sim \mathfrak{b}_{ij}$, *wenn es ein Element c mit*

$$\mathfrak{a}_{ik} = \mathfrak{b}_{ij}c$$

gibt.

c ist dann ein Nichtnullteiler (sonst enthielte $\mathfrak{a}_{ik}$ nur Nullteiler), es ist daher $\mathfrak{b}_{ij} = \mathfrak{a}_{ik}c^{-1}$. Die Äquivalenz ist symmetrisch, sie ist ferner reflexiv ($\mathfrak{a}_{ik} \sim \mathfrak{a}_{ik}$) und transitiv ($\mathfrak{a}_{ik} \sim \mathfrak{b}_{ij}$ und $\mathfrak{b}_{ij} \sim \mathfrak{c}_{il}$ haben $\mathfrak{a}_{ik} \sim \mathfrak{c}_{il}$ zur Folge). Die $\mathfrak{o}_i$-Linksideale zerfallen also in Klassen äquivalenter, die Linksklassen von $\mathfrak{o}_i$.

Die $\mathfrak{o}_i$-Rechtsklassen sind entsprechend zu definieren. Die Rechtsklassen werden umkehrbar eindeutig auf die Linksklassen bezogen, wenn wir der Linksklasse von $\mathfrak{a}_{ik}$ die Rechtsklasse von $\mathfrak{a}_{ik}^{-1}$ entsprechen lassen.

Weiter besteht eine umkehrbar eindeutige Beziehung zwischen den Linksklassen einer Maximalordnung $\mathfrak{o}$ und den Linksklassen einer zweiten Maximalordnung $\mathfrak{o}_l$: ist $\mathfrak{c}_{li}$ irgendein Ideal mit der Linksordnung $\mathfrak{o}_l$ und der Rechtsordnung $\mathfrak{o}_i$, so ordnen wir der Linksklasse von $\mathfrak{a}_{ik}$ die Linksklasse von $\mathfrak{c}_{li}\mathfrak{a}_{ik}$ zu.

Die Anzahl h der Linksklassen irgendeiner Maximalordnung (sei sie endlich oder nicht) heißt die *Klassenzahl* von $\mathfrak{A}$. (ARTIN [**3**], BRANDT [**1**], SHOVER [**1**].

2. Mit der Klasseneinteilung der Ideale hängt die Einteilung der Maximalordnungen in *Typen isomorpher* zusammen. (ARTIN [**3**].)

Zwei Maximalordnungen von $\mathfrak{A}$ heißen vom gleichen *Typus*, wenn sie so isomorph aufeinander bezogen werden können, daß die Maximalordnung des Zentrums elementweise in sich übergeht. Da dieser Isomorphismus eine in der einen Maximalordnung enthaltene Basis von $\mathfrak{A}$ in eine andere Basis überführt, so kann der Isomorphismus zu einem Automorphismus von $\mathfrak{A}$ erweitert werden, bei dem das Zentrum elementweise in sich übergeht. Ein solcher Automorphismus von $\mathfrak{A}$ ist aber die Transformation mit einem regulären Element c: zwischen zwei Maximalordnungen des gleichen Typus besteht eine Beziehung

$$\mathfrak{o}_j = c^{-1}\mathfrak{o}_k c.$$

Umgekehrt sind zwei Maximalordnungen, die in einer solchen Beziehung stehen, vom gleichen Typus.

Sind $\mathfrak{o}_j$ und $\mathfrak{o}_k$ vom gleichen Typus, so besteht zwischen je zwei Idealen $\mathfrak{a}_{ik}$, $\mathfrak{b}_{ij}$ eine Gleichung

$$\mathfrak{a}_{ik} = \mathfrak{c}_{ii}\mathfrak{b}_{ij}c. \tag{1}$$

Denn

$$\mathfrak{o}_k = \mathfrak{a}_{ik}^{-1}\mathfrak{a}_{ik} = c^{-1}\mathfrak{b}_{ij}^{-1}\mathfrak{b}_{ij}c,$$

also

$$\mathfrak{a}_{ik} = \mathfrak{a}_{ik}c^{-1}\mathfrak{b}_{ij}^{-1}\mathfrak{b}_{ij}c = \mathfrak{c}_{ii}\mathfrak{b}_{ij}c$$

mit

$$\mathfrak{c}_{ii} = \mathfrak{a}_{ik}c^{-1}\mathfrak{b}_{ij}^{-1}.$$

Wenn umgekehrt eine Relation

$$\mathfrak{a}_{ik} = \mathfrak{c}_{ii}\mathfrak{b}_{ij}c$$

besteht, so sind $\mathfrak{o}_j$ und $\mathfrak{o}_k$ vom gleichen Typus. Denn die Rechtsordnung $\mathfrak{o}_k$ von $\mathfrak{c}_{ii}\mathfrak{b}_{ij}c$ ist offenbar gleich $c^{-1}\mathfrak{o}_j c$.

Daher entsprechen die Typen der Maximalordnung umkehrbar eindeutig den gröberen Linksklassen von $\mathfrak{o}_i$, die man erhält, wenn man zwei $\mathfrak{o}_i$-Linksideale äquivalent nennt, die in einer Beziehung (1) stehen. Die *Typenzahl* t ist also ein „Teiler" der Klassenzahl h.

3. In dem Gruppoid aller normalen Ideale führen wir eine Klasseneinteilung ein durch die Äquivalenzdefinition:

$\mathfrak{a}_{ik}$ und $\mathfrak{b}_{jl}$ heißen äquivalent, wenn

$$\mathfrak{a}_{ik} = d\mathfrak{b}_{jl}c$$

ist. d und c müssen Nichtnullteiler sein.

Für die Linksideale einer festen Maximalordnung bedeutet das eine Vergröberung der zu Anfang eingeführten Klasseneinteilung. Für zwei äquivalente Ideale sind die Linksordnungen (und ebenso die Rechtsordnungen) vom gleichen Typus. Die Anzahl der auf diese Weise definierten Klassen heiße H. Wir zeigen leicht, daß H höchstens gleich ht ist.

$\mathfrak{o}_1, \mathfrak{o}_2, \mathfrak{o}_3, \ldots$ seien Repräsentanten der Typen von Maximalordnungen. $\mathfrak{a}_{i1}, \mathfrak{a}_{i2}, \ldots$ sei ein Repräsentantensystem der Linksklassen von $\mathfrak{o}_i$, $i = 1, 2, 3, \ldots$. Ein Ideal von $\mathfrak{A}$ kann durch Linksmultiplikation mit einem Element in ein Ideal verwandelt werden, dessen Linksordnung $\mathfrak{o}_i$ unter $\mathfrak{o}_1, \mathfrak{o}_2, \ldots$ vorkommt. Darauf können wir von rechts mit einem Element multiplizieren, so daß eines der Ideale $\mathfrak{a}_{ij}$ entsteht. Daher gilt $H \leqq ht$.

4. Satz 1. *Die Klassenzahl einer rationalen Algebra $\mathfrak{A}$ (rationale Algebra: P der Körper der rationalen Zahlen, $\mathfrak{g}$ der Ring der ganzen rationalen Zahlen) ist endlich.* (Artin [**3**], Shover [**1**], Brandt [**6**], Latimer [**2**].)

Beweis. Der Beweis wird ganz ähnlich geführt wie in dem Sonderfall der algebraischen Zahlkörper. Er beruht auf

Satz 2. *Es gibt eine nur von $\mathfrak{A}$ abhängige positive Konstante C, so daß in jedem Ideal $\mathfrak{a}$ von $\mathfrak{A}$ ein a mit $|N a| \leqq C \cdot |N \mathfrak{a}|$ gefunden werden kann, das kein Nullteiler ist.*

$|N \mathfrak{a}|$ bedeutet die natürliche Zahl, die das Ideal $N\mathfrak{a}$ erzeugt.

Aus Satz 2 folgern wir: Ist $\mathfrak{K}$ eine Linksidealklasse der Maximalordnung $\mathfrak{o}_i$, so nehme man in dem Inversen $\mathfrak{a}_{ik}^{-1}$ eines Ideals $\mathfrak{a}_{ik}$ der Klasse $\mathfrak{K}$ ein Element a, mit $|Na| \leqq C \cdot |N\mathfrak{a}_{ik}^{-1}|$. $\mathfrak{b}_{ij} = \mathfrak{a}_{ik}a$ gehört zu $\mathfrak{K}$, ist ganz und seine Norm $N\mathfrak{b}_{ij}$ ist höchstens gleich C: $|N\mathfrak{b}_{ij}| = |N\mathfrak{a}_{ik}|\,|Na| \leqq C$.

Es gibt aber nur endlich viele ganze $\mathfrak{o}_i$-Linksideale mit gegebener Norm (α). Das erkennt man sofort daraus, daß der Restklassenring $\mathfrak{o}_i/\mathfrak{o}_i\alpha$ endlich viele Elemente enthält. Die Ideale mit der Norm (α) teilen $\mathfrak{o}_i\alpha$, entsprechen also umkehrbar eindeutig den Linksidealen von $\mathfrak{o}_i/\mathfrak{o}_i\alpha$. Damit ist Satz 1 bewiesen.

Satz 2 kann für eine Divisionsalgebra $\mathfrak{A}$ genau wie in der algebraischen Zahlentheorie bewiesen werden: $\mathfrak{a}_{ik}$ sei ein ganzes $\mathfrak{o}_i$-Linksideal. Stellt man die Elemente von $\mathfrak{o}_i$ durch eine Basis $\mathfrak{u}$ von $\mathfrak{o}_i$ in Beziehung auf $\mathfrak{g}$ dar, und ordnet man einem Element $\xi_1 u_1 + \cdots + \xi_n u_n$ von $\mathfrak{o}_i$ den Punkt mit den Koordinaten $x_\nu = \xi_\nu$ im n-dimensionalen Raume zu, so bilden die Elemente von $\mathfrak{a}$ ein Teilgitter des durch $\mathfrak{o}_i$ gegebenen Grundgitters. Das Grundgitter hat eine Grundmasche vom Inhalt 1.

Die Grundmasche des Gitters $\mathfrak{a}_{ik}$ hat den Inhalt $|N\,\mathfrak{a}_{ik}|^m$, denn $\pm\,|N\,\mathfrak{a}_{ik}|^m$ ist die Determinante der Substitution, die die Basisvektoren $u_1, \ldots, u_n$ des Grundgitters in n Basisvektoren von $\mathfrak{a}_{ik}$ überführt (§ 4, Satz 4). Die Punktmenge $|x_i| \leqq |N\,\mathfrak{a}_{ik}|^{\frac{m}{n}}$ ist ein Würfel vom Inhalt $2^n N\,\mathfrak{a}_{ik}$. Nach dem MINKOWSKIschen Satze über konvexe Körper gibt es also einen vom Nullpunkt verschiedenen Punkt a des Teilgitters, der dem Würfel $|x_i| \leqq |N\,\mathfrak{a}_{ik}|^{\frac{m}{n}}$ angehört.

Die Norm eines Elementes $\xi_1 u_1 + \cdots + \xi_n u_n$ ist ein homogenes Polynom vom Grade $\frac{n}{m}$ in den ξ_i. Bedeutet C das Maximum des Betrages dieses Polynoms für $|\xi_i| \leqq 1$, so ist $|N\,\mathfrak{a}_{ik}|C$ ihr Maximum in $|\xi_i| \leqq |N\,\mathfrak{a}_{ik}|^{\frac{m}{n}}$. Für das oben gefundene Element $a \neq 0$ von $\mathfrak{a}_{ik}$ ist also $|Na| \leqq C|N\mathfrak{a}_{ik}|$. Ist $\mathfrak{a}_{ik}$ nicht ganz, so nehmen wir $\alpha \neq 0$ aus $\mathfrak{g}$ so, daß $\alpha\mathfrak{a}_{ik}$ ganz ist, suchen in $\alpha\mathfrak{a}_{ik}$ ein αa mit $|N\alpha a| \leqq C|N\alpha\mathfrak{a}_{ik}|$, dann ist $a \equiv 0\ (\mathfrak{a}_{ik})$, und $|Na| \leqq C|N\mathfrak{a}_{ik}|$.

Für eine einfache Algebra $\mathfrak{A}$, die Matrizesring $\mathfrak{A} = \mathfrak{D} \times \mathsf{P}_r$ in der Divisionsalgebra $\mathfrak{D}$ ist, beweisen wir den Satz 2 durch Zurückgehen auf $\mathfrak{D}$ für eine Maximalordnung $\mathfrak{o}$ der Gestalt $\mathfrak{o} = \mathfrak{o}_0 c_{11} + \cdots + \mathfrak{o}_0 c_{rr}$, $\mathfrak{o}_0$ eine Maximalordnung von $\mathfrak{D}$ (§ 1, Satz 11). Sei jetzt $\mathfrak{a}$ ein ganzes Linksideal von $\mathfrak{o}$. $a = \sum_{\nu,\mu} c_{\nu\mu} a_{\nu\mu}$ ($a_{\nu\mu}$ aus $\mathfrak{o}_0$) liege in $\mathfrak{a}$. Dann liegt auch $c_{\lambda\varrho} a = \sum_{\mu} a_{\varrho\mu} c_{\lambda\mu}$ in $\mathfrak{a}$. $c_{\lambda\varrho} a$ ist also eine Matrix, deren λ-te Zeile $a_{\varrho 1}, \ldots, a_{\varrho n}$ lautet und die sonst lauter Nullen hat. Daher tritt jede einzelne Zeile eines Elementes von $\mathfrak{a}$, an irgendeine Stelle gerückt, auch in $\mathfrak{a}$ auf: $\mathfrak{a}$ ist durch die Gesamtheit dieser Zeilen schon bestimmt. In diesem Modul betrachten wir den Teilmodul aller Zeilen $a_{\varrho i}, \ldots, a_{\varrho n}$, bei denen die ersten $i-1$ Koeffizienten Null sind. Die Anfangskoeffizienten $a_{\varrho i}$ bilden ersichtlich ein Linksideal $\mathfrak{a}_i$ in $\mathfrak{o}_0$. Es wird

$$N_{\mathfrak{A}\to\mathsf{P}}\,\mathfrak{a} = (N_{\mathfrak{D}\to\mathsf{P}}\,\mathfrak{a}_1 \cdot N_{\mathfrak{D}\to\mathsf{P}}\,\mathfrak{a}_2 \cdot \ldots \cdot N_{\mathfrak{D}\to\mathsf{P}}\,\mathfrak{a}_r)^r.$$

Denn durchläuft $a_\nu^{(i)}$ ein vollständiges Repräsentantensystem der Restklassen von $\mathfrak{o}_0$ modulo $\mathfrak{a}_i$, so durchläuft $\sum_{\nu,\mu} a_\nu^{(i)} c_{\nu\mu}$ ein vollständiges Repräsentantensystem von $\mathfrak{o}$ modulo $\mathfrak{a}$, wie man erkennt, wenn man zuerst die einzelnen Zeilen modulo $\mathfrak{a}_1$, dann modulo $\mathfrak{a}_2$ usw. reduziert.

Jetzt sei a_i ein Nichtnullteiler in $\mathfrak{a}_i$ mit $|N_{\mathfrak{D}\to\mathsf{P}} a_i| \leqq C_0 |N_{\mathfrak{D}\to\mathsf{P}}\,\mathfrak{a}_i|$ (C_0 eine zu $\mathfrak{D}$ gehörige positive Konstante). a_i ist Anfangskoeffizient einer Zeile $a_i c_{ii} + \cdots + a_{in} c_{in}$. Setzen wir diese n Zeilen der Reihe nach untereinander, so erhalten wir einen Nichtnullteiler a von $\mathfrak{a}$. Für das Hauptideal $\mathfrak{o}a$ tritt an die Stelle von $\mathfrak{a}_i$ bei $\mathfrak{a}$ das Hauptideal $\mathfrak{o}_0 a_i$. Demnach gilt

$$N_{\mathfrak{A}\to\mathsf{P}}\,a = (N_{\mathfrak{D}\to\mathsf{P}}\,a_1 \ldots N_{\mathfrak{D}\to\mathsf{P}}\,a_r)^r$$

(was man auch unmittelbar aus der Elementenormdefinition entnimmt), und es wird daher

$$|N_{\mathfrak{A}\to P}a| \leqq C_0^{r^2} |N_{\mathfrak{A}\to P}\mathfrak{a}|.$$

Damit ist Satz 2 bewiesen, der Übergang zu halbeinfachen Algebren ist leicht.

§ 9. Algebren mit der Klassenzahl 1.

Es ist merkwürdig, daß für Algebren mit der Klassenzahl 1 eine Zerlegung der Elemente einer festen Maximalordnung in Primfaktoren statthat, daß also in diesem Falle die gleichzeitige Betrachtung aller Maximalordnungen vermieden werden kann.

Man kann in einfachen Fällen $h = 1$ durch einen Euklidischen Algorithmus mittels der Norm beweisen (wie in einigen Zahlkörpern), Beispiele dafür findet man in DICKSON [**10**], §§ 100, 101.

Wir wollen hier den Zerlegungssatz für die Größen einer Maximalordnung aus dem Zerlegungssatz 17, § 2, herleiten.

Ein Element p der Maximalordnung $\mathfrak{o}$ heißt unzerlegbar, wenn aus $p = qr$, $q \equiv 0\ (\mathfrak{o})$, $r \equiv 0\ (\mathfrak{o})$ folgt, daß entweder q oder r eine Einheit ist.

Satz 1. *Ist $p\mathfrak{o}$ unzerlegbar, so ist auch $\mathfrak{o}p$ unzerlegbar.*

Beweis. Transformation mit p führt $\mathfrak{o}$ über in die Maximalordnung $p^{-1}\mathfrak{o}p$. Das Rechtsideal $p\mathfrak{o}$ von $\mathfrak{o}$ geht dabei über in das Rechtsideal $\mathfrak{o}p$ von $p^{-1}\mathfrak{o}p$. Da die Transformation mit p ein Isomorphismus ist, so muß auch $\mathfrak{o}p$ unzerlegbar sein.

Satz 2. *Das Element p von $\mathfrak{o}$ ist dann und nur dann unzerlegbar, wenn $\mathfrak{o}p$ unzerlegbar ist.*

Beweis. Sei $p\mathfrak{o}$ unzerlegbar. Ist $p = qr$, q und r aus $\mathfrak{o}$, aber q keine Einheit, so wird $p\mathfrak{o} = qr\mathfrak{o}$, also $p\mathfrak{o} \equiv 0\ (q\mathfrak{o})$, daher $q\mathfrak{o} = p\mathfrak{o}$, $q\mathfrak{o} = qr\mathfrak{o}$, $\mathfrak{o} = r\mathfrak{o}$, also r Einheit. Andererseits: sei $p\mathfrak{o} = \mathfrak{q}\mathfrak{r}$, $\mathfrak{q}$ und $\mathfrak{r}$ ganz, aber keines eine Maximalordnung. Sei $\mathfrak{q} = q\mathfrak{r}\mathfrak{o}\mathfrak{r}^{-1}$. Es wird $p = qr$, $r \equiv 0\ (\mathfrak{r})$. $p\mathfrak{o}$ hat die Zerlegung $p\mathfrak{o}p^{-1}q \cdot r\mathfrak{o} = p\mathfrak{o}$, wo $p\mathfrak{o}p^{-1}q \equiv 0\ (\mathfrak{q})$, $r\mathfrak{o} \equiv 0\ (\mathfrak{r})$. Da aber in einem eigentlichen Produkt kein Faktor durch einen echten Teiler ersetzt werden kann, so muß $p\mathfrak{o}p^{-1}q = \mathfrak{q}$, $r\mathfrak{o} = \mathfrak{r}$ sein. Weder q noch r ist daher eine Einheit.

Satz 3. *Jedes Element a von $\mathfrak{o}$ ist Produkt unzerlegbarer Elemente p_i von $\mathfrak{o}$: $a = p_1 \ldots p_r$. Die p_i sind insoweit eindeutig bestimmt, als die zweiseitigen Primideale, zu denen die unzerlegbaren Ideale $\mathfrak{o}p_i$ gehören, bis auf die Reihenfolge stets die gleichen sind.*

Beweis. $a\mathfrak{o}$ habe den unzerlegbaren Faktor $p_1\mathfrak{o}$. Dann wird $a = p_1 a_1$, $a_1 \equiv 0\ (\mathfrak{o})$. Es wird $a_1 = p_2 a_2$ usw. $\mathfrak{o}a_i$ ist durch $\mathfrak{o}a_{i+1}$ teilbar, und zwar ist $\mathfrak{o}a_{i+1} \cdot a_i^{-1} p_{i+1} \mathfrak{o} a_i = \mathfrak{o}a_i$. Daher wird $\mathfrak{o}a$ das Produkt der unzerlegbaren Ideale $a^{-1}p_1 a \cdot a^{-1}\mathfrak{o}a$, $a_1^{-1}p_2 a_1 \cdot a_1^{-1}\mathfrak{o}a_1, \ldots$. Daraus folgt, daß das Verfahren der Konstruktion der p_i abbrechen muß und daß die p_i in der angegebenen Weise eindeutig bestimmt sind (Satz 27, § 2).

§ 10. Bewertete Ringe.

Definition 1. *Eine Bewertung* $|\ |$ *eines Ringes* $\mathfrak{A}$ *ist eine Funktion* $|a|$ *der Elemente* a *von* $\mathfrak{A}$, *deren Werte reelle Zahlen sind und die den folgenden Bedingungen genügt:*

1. $|0| = 0$, $|a| > 0$, *wenn* $a \neq 0$.
2. $|-a| = |a|$.
3. $|a+b| \leqq |a| + |b|$.
4. $|ab| \leqq |a|\,|b|$.

Aus 2 und 3 folgt

3a. $|a-b| \geqq \big||a| - |b|\big|$.

Denn $|a-b| \geqq |b+a-b| - |b| = |a| - |b|$

$$|a-b| = |b-a| \geqq |b| - |a|.$$

$\mathfrak{M}$ sei eine Menge von Bewertungen $|\ |_\nu$ des Ringes $\mathfrak{A}$.

Definition 2. *Eine Folge* $\{a_i\}$ *heißt* $\mathfrak{M}$*-konvergent, mit dem Grenzwert* a, *in Zeichen*

$$\lim_{i\to\infty}{}_{\mathfrak{M}}\, a_i = a,$$

wenn es zu jedem $\varepsilon > 0$ *und jedem* ν *eine natürliche Zahl* $M(\varepsilon,\nu)$ *gibt, so daß*

$$|a - a_i|_\nu < \varepsilon$$

ist für jedes $i > M(\varepsilon, \nu)$.

Wenn $\lim_{i\to\infty}{}_{\mathfrak{M}}\, a_i = 0$ *ist, so soll* $\{a_i\}$ *eine* $\mathfrak{M}$*-Nullfolge heißen.*

Definition 3. *Eine Folge* $\{a_i\}$ *heißt eine* $\mathfrak{M}$*-Fundamentalfolge, wenn es zu jedem* $\varepsilon > 0$ *und jedem* ν *eine natürliche Zahl* $N(\varepsilon,\nu)$ *gibt, so daß für* $n > N(\varepsilon,\nu)$, $m > N(\varepsilon,\nu)$ *stets*

$$|a_n - a_m|_\nu < \varepsilon$$

ist.

Wir erklären Summe und Produkt zweier Folgen $\{a_i\}$, $\{b_i\}$ durch

$$\{a_i\} + \{b_i\} = \{a_i + b_i\}, \quad \{a_i\}\{b_i\} = \{a_i b_i\}.$$

Die Folgen aus $\mathfrak{A}$-Elementen bilden dann einen Ring.

Ohne Schwierigkeit beweist man nun den Satz

Satz 1. *Die* $\mathfrak{M}$*-Fundamentalfolgen von* $\mathfrak{A}$ *bilden einen Ring* $\mathfrak{A}^{**}$, *die* $\mathfrak{M}$*-konvergenten Folgen bilden einen Teilring* $\mathfrak{A}^*$ *von* $\mathfrak{A}^{**}$. *Die* $\mathfrak{M}$*-Nullfolgen bilden ein in* $\mathfrak{A}^*$ *enthaltenes zweiseitiges Ideal* $\mathfrak{n}$ *von* $\mathfrak{A}^{**}$. *Die Folgen einer Restklasse von* $\mathfrak{A}^*$ *mod* $\mathfrak{n}$ *haben alle den gleichen Grenzwert, und wenn man einer Restklasse von* $\mathfrak{A}^{**}$ *mod* $\mathfrak{n}$ *den gemeinsamen Grenzwert der in ihr enthaltenen Folgen zuordnet, so entsteht ein Isomorphismus* $\mathfrak{A} \cong \mathfrak{A}^*/\mathfrak{n}$. *Wir können also* $\mathfrak{A}$ *als Teilring von* $\mathfrak{A}^{**}/\mathfrak{n} = \mathfrak{A}_{\mathfrak{M}}$ *auffassen.*

Für eine $\mathfrak{M}$-Fundamentalfolge $\{a_i\}$ existiert $\lim_{i\to\infty} |a_i|_\nu$ für jedes $|\ |_\nu$ aus $\mathfrak{M}$. Denn für $n, m > N(\varepsilon,\nu)$ ist

$$\big||a_n|_\nu - |a_m|_\nu\big| \leqq |a_n - a_m|_\nu < \varepsilon.$$

Aus
$$\{a_i\} \equiv \{b_i\} \pmod{\mathfrak{n}}$$
folgt
$$\lim_{n\to\infty} |a_n|_\nu = \lim_{n\to\infty} |b_n|_\nu .$$

Daher kann durch
$$|\{a_i\} \bmod \mathfrak{n}|_\nu = \lim_{n\to\infty} |a_n|_\nu$$
eine eindeutige Funktion $|\ |_\nu$ für die Elemente von $\mathfrak{A}_{\mathfrak{M}}$ erklärt werden. Für die Elemente des Teilrings $\mathfrak{A}$ von $\mathfrak{A}_{\mathfrak{M}}$ fällt diese Funktion mit der ursprünglichen Bewertung zusammen, und sie genügt auch für ganz $\mathfrak{A}_{\mathfrak{M}}$ den Axiomen von Definition 1, weil man in den Formeln, die diese Axiome zum Ausdruck bringen, zur Grenze übergehen kann. Auf diese Weise kann man also die Bewertungen $|\ |_\nu$ auf $\mathfrak{A}_{\mathfrak{M}}$ ausdehnen.

Jetzt ist es möglich, auch in $\mathfrak{A}_{\mathfrak{M}}$ $\mathfrak{M}$-Fundamentalfolgen, $\mathfrak{M}$-konvergente Folgen und $\mathfrak{M}$-Nullfolgen zu erklären und einen Ring $\mathfrak{A}_{\mathfrak{M}\mathfrak{M}}$ zu konstruieren.

Wir nennen einen Ring $\mathfrak{A}$ hinsichtlich einer Bewertungsmenge *perfekt*, wenn alle seine $\mathfrak{M}$-Fundamentalfolgen $\mathfrak{M}$-konvergent sind. Die Sätze 1 und 2 ergeben also die Existenz einer perfekten Erweiterung eines Ringes mit gegebener Bewertungsmenge.

2. Definition 4. *Zwei Bewertungsmengen $\mathfrak{M}_1$ und $\mathfrak{M}_2$ des Ringes $\mathfrak{A}$ heißen äquivalent, wenn das Ideal der Nullfolgen, der Ring der konvergenten Folgen und der Ring der Fundamentalfolgen für beide Mengen die gleichen sind. Dann ist $\mathfrak{A}_{\mathfrak{M}_1} = \mathfrak{A}_{\mathfrak{M}_2}$.*

Die Begriffe Fundamentalfolge und konvergente Folge kann man auf den Begriff der Nullfolge zurückführen: $\{a_i\}$ ist dann und nur dann konvergent gegen a, wenn $\{a_i - a\}$ eine Nullfolge ist, $\{a_i\}$ ist dann und nur dann eine Fundamentalfolge, wenn für jede Folge k_n die Folge $\{a_n - a_{k_n+n}\}$ eine Nullfolge ist.

Daraus folgt, daß für die Äquivalenz zweier Bewertungsmengen schon das Übereinstimmen der beiden Nullfolgenideale hinreichend ist.

Es sei noch ein einfaches Kriterium für die Äquivalenz zweier einzelner Bewertungen $|\ |_1$ und $|\ |_2$ angeführt: $|\ |_1$ und $|\ |_2$ sind sicher dann äquivalent, wenn es möglich ist, zwei positive Funktionen $\varphi_1(x)$ und $\varphi_2(x)$ einer positiven Variablen x zu bestimmen, die der Bedingung $\lim_{x\to 0} \varphi_i(x) = 0$ genügen, so daß für alle a aus $\mathfrak{A}$
$$|a|_1 \leqq \varphi_2(|a|_2) \qquad |a|_2 \leqq \varphi_1(|a|_1)$$
gilt.

§ 11. $\mathfrak{p}$-adische Erweiterungen von Algebren.

1. $\mathfrak{A}$ sei jetzt eine *einfache* Algebra über P und $\mathfrak{o}$ eine Maximalordnung von $\mathfrak{A}$; sie liegt im folgenden fest.

Definition. *a sei ein Element von $\mathfrak{A}$. Das gleichseitige Ideal $\mathfrak{o} a \mathfrak{o}$ von $\mathfrak{o}$ heißt das von a erzeugte Hauptideal und wird mit (a) bezeichnet.*

Gegeben sei jetzt irgendein ganzes, von Null verschiedenes gleichseitiges $\mathfrak{o}$-Ideal $\mathfrak{a}$.

Wir können jedes $\mathfrak{o}$-Ideal als Quotienten $\mathfrak{z}/\mathfrak{n}$ zweier ganzer, teilerfremder $\mathfrak{o}$-Ideale $\mathfrak{z}$ und $\mathfrak{n}$ schreiben. $\mathfrak{z}$ und $\mathfrak{n}$ sind eindeutig bestimmt, $\mathfrak{z}$ heißt der Zähler, $\mathfrak{n}$ der Nenner des Ideals.

Zu jedem von Null verschiedenen a aus $\mathfrak{A}$ gibt es eine kleinste ganze Zahl $\varrho(a)$, so daß $(a)\,\mathfrak{a}^{\varrho(a)}$ einen zu $\mathfrak{a}$ teilerfremden Nenner hat. Die durch

$$|a|_{\mathfrak{a}} = e^{\varrho(a)}, \quad \text{wenn} \quad a \neq 0, \quad |0|_{\mathfrak{a}} = 0$$

definierte Funktion der $\mathfrak{A}$-Elemente ist eine Bewertung von $\mathfrak{A}$.

$|-a|_{\mathfrak{a}} = |a|_{\mathfrak{a}}$ ist klar. Zum Beweis von $|a+b|_{\mathfrak{a}} \leqq |a|_{\mathfrak{a}} + |b|_{\mathfrak{a}}$ zeigen wir sogar $|a+b|_{\mathfrak{a}} \leqq \operatorname{Max}(|a|_{\mathfrak{a}}, |b|_{\mathfrak{a}})$, mit anderen Worten: der Nenner von $(a+b)\,\mathfrak{a}^{\operatorname{Max}(\varrho(a),\varrho(b))}$ ist zu $\mathfrak{a}$ teilerfremd. Die Ideale $\mathfrak{g} = (a)\,((a),(b))^{-1}$ und $\mathfrak{h} = (b)\,((a),(b))^{-1}$ sind ganz und teilerfremd. Schreibt man nun $((a),(b))\,\mathfrak{a}^{\operatorname{Max}(\varrho(a),\varrho(b))}$ in den beiden Formen

$$(a)\,\mathfrak{g}^{-1}\,\mathfrak{a}^{\operatorname{Max}(\varrho(a),\varrho(b))} \quad \text{und} \quad (b)\,\mathfrak{h}^{-1}\,\mathfrak{a}^{\operatorname{Max}(\varrho(a),\varrho(b))},$$

so sieht man, daß im Nenner von $((a),(b))\,\mathfrak{a}^{\operatorname{Max}(\varrho(a),\varrho(b))}$ nur solche Teiler von $\mathfrak{a}$ aufgehen können, die im gemeinsamen Teiler von $\mathfrak{g}$ und $\mathfrak{h}$ aufgehen, der Nenner von $((a),(b))\,\mathfrak{a}^{\operatorname{Max}(\varrho(a),\varrho(b))}$ ist also zu $\mathfrak{a}$ teilerfremd, und da $(a+b)$ durch $((a),(b))$ teilbar ist, so folgt die Behauptung.

Da $(a)(b)\,\mathfrak{a}^{\varrho(a)+\varrho(b)} = (a)\,\mathfrak{a}^{\varrho(a)}\,(b)\,\mathfrak{a}^{\varrho(b)}$ einen zu $\mathfrak{a}$ primen Nenner hat und $ab \equiv 0 \pmod{(a)(b)}$ ist, so gilt $\varrho(ab) \leqq \varrho(a) + \varrho(b)$ oder $|ab|_{\mathfrak{a}} \leqq |a|_{\mathfrak{a}} |b|_{\mathfrak{a}}$.

Damit ist bewiesen

Satz 1. *Ist $\mathfrak{a}$ ein ganzes gleichseitiges Ideal von $\mathfrak{o}$ und bedeutet $\varrho(a)$ die kleinste ganze Zahl, für die $(a)\,\mathfrak{a}^{\varrho(a)}$ einen zu $\mathfrak{a}$ teilerfremden Nenner hat, so ist durch $|a|_{\mathfrak{a}} = e^{\varrho(a)}$ eine Bewertung von $\mathfrak{A}$ erklärt.*

Die zu $|\ |_{\mathfrak{a}}$ gehörige perfekte Erweiterung von $\mathfrak{A}$ bezeichnen wir mit $\mathfrak{A}_{\mathfrak{a}}$. Die Anwendung der $\mathfrak{p}$-adischen Methode auf Algebren geht auf Hasse [1] zurück.

Satz 2. *Sind $\mathfrak{a}_{ii}$ und $\mathfrak{a}_{kk}$ zwei zusammengehörige Primideale verschiedener Maximalordnungen $\mathfrak{o}_i$ und $\mathfrak{o}_k$, so sind $|\ |_{\mathfrak{a}_{ii}}$ und $|\ |_{\mathfrak{a}_{kk}}$ äquivalent.*

Beweis. Sei $(a)_i = \mathfrak{a}_{ii}^{\varrho_i(a)}\,\mathfrak{q}_{ii}$, der Nenner von $\mathfrak{q}_{ii}$ von $\mathfrak{a}_{ii}$ frei, das $\mathfrak{o}_i$-Hauptideal, also $|a|_{\mathfrak{a}_{ii}} = e^{\varrho_i(a)}$. Es ist $(a)_k \subseteqq \mathfrak{o}_k (a)_i \mathfrak{o}_k$. Gilt $(a)_k = \mathfrak{a}_{kk}^{\varrho_k(a)}\,\mathfrak{z}_{kk}$ und ist $\mu\,\mathfrak{o}_k \subseteqq \mathfrak{o}_i$, $\mu \neq 0$ aus $\mathfrak{g}$, so wird $\mu^2 (a)_k \subseteqq \mu\,\mathfrak{o}_k (a)_i \mu\,\mathfrak{o}_k \subseteqq \mathfrak{o}_i (a)_i \mathfrak{o}_i = (a)_i$, $\mu^2\,\mathfrak{a}_{kk}^{\varrho_k(a)}\,\mathfrak{z}_{kk} \equiv 0\ (\mathfrak{a}_{ii}^{\varrho_i(a)}\mathfrak{q}_{ii})$ oder

$$\mu^2\,\mathfrak{b}_{ik}^{-1}\,\mathfrak{a}_{ii}^{\varrho_k(a)}\,\mathfrak{z}_{ii}\,\mathfrak{b}_{ik} \equiv 0\ (\mathfrak{a}_{ii}^{\varrho_i(a)}\mathfrak{q}_{ii}).$$

Sei $\lambda_1 \equiv 0\ (\mathfrak{b}_{ik}^{-1})$, $\lambda_2 \equiv 0\ (\mathfrak{b}_{ik})$, $\lambda_1 \lambda_2 \neq 0$. Dann ist

$$\mu^2 \lambda_1 \lambda_2\,\mathfrak{a}_{ii}^{\varrho_k(a)}\,\mathfrak{z}_{ii} \equiv 0\ (\mathfrak{a}_{ii}^{\varrho_i(a)}\,\mathfrak{q}_{ii}),$$

also, wenn $\mathfrak{a}_{ii}^c$ die maximale in $\mu^2\lambda_1\lambda_2$ enthaltene $\mathfrak{a}_{ii}$-Potenz bedeutet, $\varrho_i(a) \leqq \varrho_k(a) + c$. Entsprechend ist $\varrho_k(a) \leqq \varrho_i(a) + c'$. Daher folgt aus $\lim_{\nu\to\infty} |a_\nu|_{\mathfrak{a}_{ii}} = 0$ $\lim_{\nu\to\infty} |a_\nu|_{\mathfrak{a}_{kk}} = 0$ und umgekehrt: $|\;|_{\mathfrak{a}_{ii}}$ und $|\;|_{\mathfrak{a}_{kk}}$ sind äquivalent.

Satz 3. *Die durch die Potenzen $\mathfrak{a}, \mathfrak{a}^2, \ldots, \mathfrak{a}^n, \ldots$ eines ganzen Ideals $\mathfrak{a}$ gegebenen Bewertungen $|\;|_{\mathfrak{a}}, |\;|_{\mathfrak{a}^2}, \ldots, |\;|_{\mathfrak{a}^n}$ sind einander äquivalent.*

Beweis. Bezeichnet $\varrho_n(a)$ den zu $|\;|_{\mathfrak{a}}$ gehörigen Exponenten, so ist $\varrho_n(a)$ die kleinste ganze Zahl, die $\varrho_1(a)/n$ nicht unterschreitet. Daher ist $|a|_{\mathfrak{a}} \leqq (|a|_{\mathfrak{a}^n})^n$, $|a|_{\mathfrak{a}^n} \leqq e\sqrt[n]{|a|_{\mathfrak{a}}}$ und daraus folgt die Behauptung.

Satz 4. *Sind die Ideale $\mathfrak{a}_1, \ldots, \mathfrak{a}_n$ paarweise teilerfremd, so ist die Menge der Bewertungen $|\;|_{\mathfrak{a}_1}, \ldots, |\;|_{\mathfrak{a}_n}$ äquivalent mit der durch $\mathfrak{a} = \mathfrak{a}_1 \ldots \mathfrak{a}_n$ gegebenen Bewertung $|\;|_{\mathfrak{a}}$.*

Beweis. Zur Bewertung $|a|_{\mathfrak{a}_i}$ gehöre der Exponent $\varrho_i(a)$, zu $|\;|_{\mathfrak{a}}$ gehöre $\varrho(a)$. Dann ist $\varrho(a) = \operatorname*{Max}_{i=1,\ldots,n} (\varrho_i(a))$, und daraus folgt die Behauptung.

Satz 5. *Wenn die Ideale $\mathfrak{a}_1, \ldots, \mathfrak{a}_n$ paarweise teilerfremd sind, so ist $\mathfrak{A}_{\mathfrak{a}_1\ldots\mathfrak{a}_n}$ isomorph mit der direkten Summe der $\mathfrak{A}_{\mathfrak{a}_i}$. Wir schreiben kurz $\mathfrak{A}_{\mathfrak{a}_1\ldots\mathfrak{a}_n} = \mathfrak{A}_{\mathfrak{a}_1} + \cdots + \mathfrak{A}_{\mathfrak{a}_n}$.*

Beweis. Jede Folge $\{c_\nu\}$ von $\mathfrak{A}$-Elementen kann in der Form

$$\{c_\nu\} = \{c_\nu^{(1)}\} + \cdots + \{c_\nu^{(n)}\}$$

geschrieben werden, wo $\{c_\nu^{(i)}\}$ eine $\mathfrak{a}_1 \cdot \ldots \cdot \mathfrak{a}_{i-1}\mathfrak{a}_{i+1} \cdot \ldots \cdot \mathfrak{a}_n$-Nullfolge ist. Sei nämlich $\mu_\nu \neq 0$ aus $\mathfrak{g}$ so gewählt, daß $\mu_\nu c_\nu$ in $\mathfrak{o}$ liegt. Dann gibt es wegen $(\mathfrak{a}_2^m \ldots \mathfrak{a}_n^m, \mathfrak{a}_1^m \ldots \mathfrak{a}_{i-1}^m \mathfrak{a}_{i+1}^m \ldots \mathfrak{a}_n^m, \ldots, \mathfrak{a}_1^m \ldots \mathfrak{a}_{n-1}^m) = \mathfrak{o}$ zu gegebenen ν und m Elemente $c_\nu^{(i)}$, so daß

$$\mu_\nu c_\nu = \mu_\nu c_\nu^{(1)} + \cdots + \mu_\nu c_\nu^{(n)}$$

und

$$|c_\nu^{(i)}|_{\mathfrak{a}_1\ldots\mathfrak{a}_{i-1}\mathfrak{a}_{i+1}\ldots\mathfrak{a}_n} \leqq e^{-m}.$$

Nimmt man zu jedem ν ein passendes m, so ist also

$$\{c_\nu\} = \{c_\nu^{(1)}\} + \cdots + \{c_\nu^{(n)}\}, \quad \lim_{\nu\to\infty} \{c_\nu^{(i)}\} = 0.$$

Ist $\{c_\nu\}$ eine $\mathfrak{a}_1 \ldots \mathfrak{a}_n$-Fundamentalfolge, so ist $\{c_\nu^{(i)}\}$ eine $\mathfrak{a}_i$-Fundamentalfolge, denn $\{c_\nu\}$ ist eine $\mathfrak{a}_i$-Fundamentalfolge und die $\{c_\nu^{(j)}\}$, $j \neq i$ sind sogar $\mathfrak{a}_i$-Nullfolgen. Ist umgekehrt jedes $\{c_\nu^{(i)}\}$ eine $\mathfrak{a}_i$-Fundamentalfolge, so ist $\{c_\nu\}$ eine $\mathfrak{a}_1 \ldots \mathfrak{a}_n$-Fundamentalfolge. Es ist daher, wenn mit $\mathfrak{n}_i$ das Ideal der $\mathfrak{a}_i$-Nullfolgen bezeichnet wird,

$$\mathfrak{A}^{**}_{\mathfrak{a}_1\ldots\mathfrak{a}_n} = (\ldots, \mathfrak{n}_1 \cap \ldots \cap \mathfrak{n}_{i-1} \cap \mathfrak{A}^{**}_{\mathfrak{a}_i} \cap \mathfrak{n}_{i+1} \cap \ldots \cap \mathfrak{n}_n, \ldots).$$

$\mathfrak{n}_1 \cap \ldots \cap \mathfrak{n}_{i-1} \cap \mathfrak{A}^{**}_{\mathfrak{a}_i} \cap \mathfrak{n}_{i+1} \cap \ldots \cap \mathfrak{n}_n$ ist ein zweiseitiges Ideal von $\mathfrak{A}^{**}_{\mathfrak{a}_1\ldots\mathfrak{a}_n}$ — das folgt daraus, daß die $|\;|_{\mathfrak{a}_i}$-Werte einer $\mathfrak{a}_1 \ldots \mathfrak{a}_n$-Fundamentalfolge beschränkt sind — und umfaßt das Ideal $\mathfrak{n} = \mathfrak{n}_1 \cap \ldots \cap \mathfrak{n}_n$ der $\mathfrak{a}_1 \ldots \mathfrak{a}_n$-Nullfolgen. Die Summe

$$(\mathfrak{A}^{**}_{\mathfrak{a}_1} \cap \mathfrak{n}_2 \cap \ldots \cap \mathfrak{n}_n/\mathfrak{n}, \ldots, \mathfrak{n}_1 \cap \ldots \cap \mathfrak{n}_{n-1} \cap \mathfrak{A}^{**}_{\mathfrak{a}_n}/\mathfrak{n}) = \mathfrak{A}^{**}_{\mathfrak{a}_1 \ldots \mathfrak{a}_n}/\mathfrak{n}$$
$$= \mathfrak{A}_{\mathfrak{a}_1 \ldots \mathfrak{a}_n}$$

ist direkt. Sei etwa $\sum_{i=1}^{n} \{c_\nu^{(i)}\} \equiv \sum_{i=1}^{n} \{\bar{c}_\nu^{(i)}\} \pmod{\mathfrak{n}}$, wo $\{c_\nu^{(i)}\}$ und $\{\bar{c}_\nu^{(i)}\}$ in $\mathfrak{n}_1 \cap \ldots \cap \mathfrak{n}_{i-1} \cap \mathfrak{n}_{i+1} \cap \ldots \cap \mathfrak{n}_n$ liegen. Aus

$$c_\nu^{(i)} - \bar{c}_\nu^{(i)} \equiv -\sum_{j \neq i} (c_\nu^{(j)} - \bar{c}_\nu^{(j)}) \ (\mathfrak{n})$$

folgt, daß das Element $c_\nu^{(i)} - c_\nu^{(i)}$ von $\mathfrak{n}_1 \cap \ldots \cap \mathfrak{n}_{i-1} \cap \mathfrak{n}_{i+1} \cap \ldots \cap \mathfrak{n}_n$ auch in $\mathfrak{n}_i$, also in $\mathfrak{n}$ liegt.

Der zweite Isomorphiesatz der Gruppentheorie ergibt

$$(\mathfrak{n}_1 \cap \ldots \cap \mathfrak{n}_{i-1} \cap \mathfrak{A}^{**}_{\mathfrak{a}_i} \cap \mathfrak{n}_{i+1} \cap \ldots \cap \mathfrak{n}_n)/\mathfrak{n} \cong (\mathfrak{n}_1 \cap \ldots \cap \mathfrak{n}_{i-1} \cap \mathfrak{A}^{**}_i$$
$$\cap \mathfrak{n}_{i+1} \cap \ldots \cap \mathfrak{n}_n, \mathfrak{n}_i)/\mathfrak{n}_i.$$

Die Summe $(\mathfrak{n}_1 \cap \ldots \cap \mathfrak{n}_{i-1} \cap \mathfrak{A}^{**}_i \cap \mathfrak{n}_{i+1} \cap \ldots \cap \mathfrak{n}_n, \mathfrak{n}_i)$ ist in $\mathfrak{A}^{**}_{\mathfrak{a}_i}$ enthalten. Da andererseits, wie zu Anfang gezeigt, jede Folge $\{d_\nu\}$ von $\mathfrak{A}^{**}_{\mathfrak{a}_i}$ in die Form $\{d_\nu\} = \{d_\nu^{(i)}\} + \sum_{j \neq i} \{d_\nu^{(j)}\}$ mit $\{d_\nu^{(j)}\} \subseteqq \mathfrak{n}_1 \cap \ldots \cap \mathfrak{n}_{i-1} \cap \mathfrak{n}_{i+1} \cap \ldots \cap \mathfrak{n}_n$, also $\sum_{j \neq i} \{d_\nu^{(j)}\} \subseteqq \mathfrak{n}_i$, $\{d_\nu^{(i)}\} \subseteqq \mathfrak{A}^{**}_{\mathfrak{a}_i}$ gesetzt werden kann, so ist $\mathfrak{A}^{**}_i = (\mathfrak{n}_1 \cap \ldots \cap \mathfrak{n}_{i-1} \cap \mathfrak{A}^{**}_{\mathfrak{a}_i} \cap \mathfrak{n}_{i+1} \cap \ldots \cap \mathfrak{n}_n, \mathfrak{n}_i)$, und damit ist die Isomorphiebeziehung

$$\mathfrak{A}_{\mathfrak{a}_1 \ldots \mathfrak{a}_n} \cong \mathfrak{A}_{\mathfrak{a}_1} + \cdots + \mathfrak{A}_{\mathfrak{a}_n}$$

bewiesen.

Satz 6. *Ist $\mathfrak{a}$ ein Ideal von $\mathfrak{g}$, so ist die perfekte Erweiterung $\mathfrak{A}_\mathfrak{a}$ das direkte Produkt von $\mathfrak{A}$ mit der perfekten Erweiterung $\mathsf{P}_\mathfrak{a}$.*

Beweis. Zunächst ist klar, daß der Wert $|\alpha|_\mathfrak{a}$ eines Elementes α von P nicht davon abhängt, ob man α und $\mathfrak{a}$ als Element und Ideal von $\mathfrak{A}$ oder von P ansieht.

$u_1, \ldots, u_n$ sei eine in $\mathfrak{o}$ gelegene Basis von $\mathfrak{A}/\mathsf{P}$. Zu jeder Folge $\{a_\nu\}$ von Elementen $a_\nu = \sum_{i=1}^{n} \alpha_\nu^{(i)} u_i$ gehören n Folgen $\{\alpha_\nu^{(i)}\}$, umgekehrt bestimmen n Folgen $\{\alpha_\nu^{(i)}\}$ eine Folge $\{a_\nu\}$, $a_\nu = \sum_{i=1}^{n} \alpha_\nu^{(i)} u_i$. Wir zeigen, daß $\{a_\nu\}$ dann und nur dann eine Nullfolge ist, wenn alle $\{\alpha_\nu^{(i)}\}$ Nullfolgen sind. Das folgt aus den beiden Ungleichungen

$$|a| \leqq \sum_{i=1}^{n} |\alpha^{(i)}| \operatorname{Max} |u_i|$$

und

$$|\alpha^{(i)}| \leqq |a| \, \left| \, |Sp\,(u_i u_k)|^{-1} \right| \quad \text{für } a = \sum_{i=1}^{n} \alpha^{(i)} u_i,$$

von denen die erste selbstverständlich ist. Die zweite wird wie folgt bewiesen: $\mathfrak{n}$ sei der Nenner von $(a)\,\mathfrak{a}^{\varrho(a)}$. Jeder Primfaktor $\mathfrak{p}$ von $\mathfrak{n} = \Pi \mathfrak{p}$

teilt ein nicht in $\mathfrak{a}$ aufgehendes Primideal $\mathfrak{p}_0$ von $\mathfrak{g}$. Wir setzen $(a)\,\mathfrak{a}^{\varrho(a)} = \mathfrak{z}/\mathfrak{n} = \mathfrak{z}_0/\Pi\mathfrak{p}_0$. Da $\mathfrak{a}$ ein $\mathfrak{g}$-Ideal ist, so ist $\Pi\mathfrak{p}_0$ zu $\mathfrak{a}$ prim. Sei $\mathfrak{a}\mathfrak{b} = (\alpha)$, $(\mathfrak{b}, \mathfrak{a}) = \mathfrak{o}$, also $|\alpha^{-\varrho(a)}| = |a|$; ferner $\Pi\mathfrak{p}_0\mathfrak{c} = (\gamma)$, $(\mathfrak{c}, \mathfrak{a}) = \mathfrak{g}$, also $(\gamma, \mathfrak{a}) = \mathfrak{g}$, $|\gamma^{-1}| = 1$. Dann ist $a' = \gamma a \alpha^{\varrho(a)}$ ganz. Von der Gleichung

$$(a'u_1, \ldots, a'u_n) = (\gamma\alpha^{\varrho(a)}\alpha^{(i)}, \ldots, \gamma\alpha^{\varrho(a)}\alpha^{(n)})\,(u_i u_k)$$

nehmen wir die Spur

$$(Sp(a'u_1), \ldots, Sp(a'u_n)) = (\gamma\alpha^{\varrho(a)}\alpha^{(1)}, \ldots, \gamma\alpha^{\varrho(a)}\alpha^{(n)})\,(Sp(u_i u_k)).$$

Auflösen nach den $\gamma\alpha^{\varrho(a)}\alpha^{(i)}$ ergibt, daß $\gamma\alpha^{\varrho(a)}\alpha^{(i)}|Sp(u_i u_k)| = \xi_i$ ganz ist. Demnach $\alpha^{(i)} = \xi_i\gamma^{-1}\alpha^{-\varrho(a)}|Sp(u_i u_k)|^{-1}$, $|\alpha^{(i)}| \leqq |a|\,\big||Sp(u_i u_k)|^{-1}\big|$.

$\{a_\nu\}$ ist dann und nur dann eine Fundamentalfolge, wenn alle $\{\alpha_\nu^{(i)}\}$ Fundamentalfolgen sind. Die Restklasse einer Fundamentalfolge $\{a_\nu\}$ nach dem Nullfolgenideal von $\mathfrak{A}$ besteht aus allen $\{a'_\nu\}$, wo jeweils $\{\alpha_\nu'^{(i)}\}$ die Restklasse von $\{\alpha_\nu^{(i)}\}$ nach dem Nullfolgenideal von P durchläuft. Das bedeutet aber gerade, daß $\mathfrak{A}_\mathfrak{a}$ gleich dem direkten Produkt von $\mathfrak{A}$ mit $\mathsf{P}_\mathfrak{a}$ ist.

Nach Satz 5 können wir uns auf Bewertungen $|\ |_\mathfrak{p}$ mit Primidealen $\mathfrak{p}$ beschränken.

Hilfssatz 1. *Ist $\mathfrak{A}$ ein Körper, so gilt für ein Primideal $\mathfrak{p}$ die scharfe Relation* $|a|_\mathfrak{p} \cdot |b|_\mathfrak{p} = |ab|_\mathfrak{p}$.

Beweis. Es ist $(a) = \mathfrak{o}a = a\mathfrak{o}$, also $(a)(b) = (ab)$.

Satz 7. *Ist $\mathfrak{A}$ kommutativ, so ist für ein Primideal $\mathfrak{p}$ die perfekte Erweiterung $\mathfrak{A}_\mathfrak{p}$ ein Körper.*

Beweis. $\mathfrak{A}$ ist direkte Summe von Körpern: $\mathfrak{A} = \mathfrak{A}_1 + \cdots + \mathfrak{A}_r$, und $\mathfrak{p}$ hat die Form $\mathfrak{p} = \mathfrak{o}_1 + \cdots + \mathfrak{o}_{i-1} + \mathfrak{p}_i + \mathfrak{o}_i + \cdots + \mathfrak{o}_r$, wo $\mathfrak{p}_i$ ein Primideal der Maximalordnung $\mathfrak{o}_i$ von $\mathfrak{A}_i$ ist. Daher ist eine Folge $\{c_\nu\} = \{\sum c_\nu^{(i)}\}$ dann und nur dann eine Nullfolge, wenn $\{c_\nu^{(i)}\}$ eine $\mathfrak{p}_i$-Nullfolge ist. Also ist $\mathfrak{A}_\mathfrak{p} = \mathfrak{A}_{i\mathfrak{p}_i}$. Sei $\{c_\nu^{(i)}\}$ eine Fundamentalfolge, aber keine Nullfolge, also $|c_\nu^{(i)}| \geqq \varepsilon > 0$ für fast alle ν. Nach Hilfssatz 1 ist

$$|c_\nu^{(i)-1} - c_\mu^{(i)-1}|_{\mathfrak{p}_i} = |c_\nu^{(i)}c_\mu^{(i)}|_{\mathfrak{p}_i}^{-1}|c_\nu^{(i)} - c_\mu^{(i)}|_{\mathfrak{p}_i},$$

so daß

$$|c_\nu^{(i)-1} - c_\mu^{(i)-1}|_{\mathfrak{p}_i} \leqq \varepsilon^{-2}|c_\nu^{(i)} - c_\mu^{(i)}|_{\mathfrak{p}_i}.$$

$\{c_\nu^{(i)-1}\}$ ist demnach auch eine Fundamentalfolge, ihre Restklasse nach dem Nullfolgenideal ist das inverse Element zu dem durch $\{c_\nu^{(i)}\}$ gegebenen Element von $\mathfrak{A}_{i\mathfrak{p}_i}$. $\mathfrak{A}_{i\mathfrak{p}_i}$ ist also ein Körper.

Satz 8. *Für ein Primideal $\mathfrak{P}$ ist $\mathfrak{A}_\mathfrak{P}$ eine halbeinfache Algebra über dem Körper $\mathsf{P}_\mathfrak{p}$, wenn $\mathfrak{p}$ das durch $\mathfrak{P}$ teilbare $\mathfrak{g}$-Primideal ist.*

Beweis. Es ist

$$\mathfrak{A}_\mathfrak{p} = \mathfrak{A} \times \mathsf{P}_\mathfrak{p} = \mathfrak{A}_\mathfrak{P} + \cdots$$

$\mathfrak{A} \times \mathsf{P}_\mathfrak{p}$ ist halbeinfach, weil $\mathfrak{A}$ separable Zerfällungskörper besitzt. $\mathfrak{A}_\mathfrak{P}$ muß also auch halbeinfach sein.

2. Ist $\mathfrak{P}$ ein Primideal der Maximalordnung $\mathfrak{o}$ von $\mathfrak{A}/\mathsf{P}$, $\mathfrak{p}$ das durch $\mathfrak{P}$ teilbare $\mathfrak{g}$-Primideal, so ist $\mathfrak{A}_{\mathfrak{P}}$ eine Algebra über dem Körper $\mathsf{P}_{\mathfrak{p}}$. Der weiteren Untersuchung von $\mathfrak{A}_{\mathfrak{P}}$ sei die Theorie der Algebren über $\mathsf{P}_{\mathfrak{p}}$ vorausgeschickt, von der Entstehungsmöglichkeit dieser Algebren aus Algebren $\mathfrak{A}/\mathsf{P}$ wird abgesehen. Es handelt sich einfach um die Algebren über einem perfekten Grundkörper $\mathsf{P}_{\mathfrak{p}}$.

In $\mathsf{P}_{\mathfrak{p}}$ ist die durch $|\alpha|_{\mathfrak{p}} \leqq 1$ definierte Teilmenge $\mathfrak{g}_{\mathfrak{p}}$ ein Ring. Er ist — wie in Satz 15 allgemeiner für Algebren $\mathfrak{A}/\mathsf{P}$ gezeigt wird — die $\mathfrak{p}$-adische Grenzmenge von $\mathfrak{g}$; es kommt darauf im Augenblick nicht an. Auf $\mathfrak{g}_{\mathfrak{p}}$ soll die Arithmetik der Algebren über $\mathsf{P}_{\mathfrak{p}}$ gegründet werden.

Satz 9. *In $\mathfrak{g}_{\mathfrak{p}}$ ist die Teilmenge $|\alpha|_{\mathfrak{p}} < 1$ ein Primideal $\bar{\mathfrak{p}}$, $\bar{\mathfrak{p}}$ ist Hauptideal $\bar{\mathfrak{p}} = (\pi)$. Alle anderen Ideale sind Potenzen von $\bar{\mathfrak{p}}$. Es ist $|\alpha|_{\bar{\mathfrak{p}}} = |\alpha|_{\mathfrak{p}}$.*

Beweis. Die Werte der Elemente eines Ideals $\mathfrak{a}$ haben eine obere Grenze ϱ, denn ist $\mu\mathfrak{a} \subseteqq \mathfrak{g}_{\mathfrak{p}}$, so gilt für jedes α aus $\mathfrak{a}$ die Ungleichung $|\alpha|_{\mathfrak{p}} \leqq \mu^{-1}$. Da die Werte $|\alpha|_{\mathfrak{p}}$ sich nur gegen Null häufen, so ist $|\alpha_0|_{\mathfrak{p}} = \varrho$ für ein passendes α_0 aus $\mathfrak{a}$. Ist $|\alpha|_{\mathfrak{p}} \leqq \varrho$, so ist $|\alpha_0^{-1}\alpha|_{\mathfrak{p}} \leqq 1$, also liegt $\alpha = \alpha_0 \cdot \alpha_0^{-1}\alpha$ in $\mathfrak{a}$: $\mathfrak{a}$ ist die Menge $|\alpha|_{\mathfrak{p}} \leqq \varrho$ und gleich dem Hauptideal (α_0). Sei π ein Element, für das $|\pi|_{\mathfrak{p}} < 1$, aber $|\pi|_{\mathfrak{p}}$ möglichst groß ist. Ist n durch $|\pi|_{\mathfrak{p}}^{n+1} < |\alpha|_{\mathfrak{p}} \leqq |\pi|_{\mathfrak{p}}^{n}$ bestimmt, so ist $|\pi|_{\mathfrak{p}} < |\pi^{-n}\alpha|_{\mathfrak{p}} \leqq 1$, also $|\pi^{-n}\alpha|_{\mathfrak{p}} = 1$, demnach $(\alpha) = (\pi)^n$. (π) ist prim, denn ist $\alpha \not\equiv 0\ ((\pi))$, $\beta \not\equiv 0\ ((\pi))$, so ist $|\alpha|_{\mathfrak{p}} = |\beta|_{\mathfrak{p}} = 1$, $|\alpha\beta|_{\mathfrak{p}} = 1$, $\alpha\beta \not\equiv 0\ ((\pi))$. Ist $(\alpha) = (\pi)^n$, so wird sowohl $|\alpha|_{\mathfrak{p}} = e^{-n}$ als auch $|\alpha|_{\bar{\mathfrak{p}}} = e^{-n}$.

Satz 10. *$\mathfrak{A}$ sei eine einfache Algebra über $\mathsf{P}_{\mathfrak{p}}$, $\mathfrak{o}$ eine Maximalordnung von $\mathfrak{A}$ in Beziehung auf $\mathfrak{g}_{\mathfrak{p}}$. In $\mathfrak{o}$ gibt es nur ein einziges Primideal $\mathfrak{P}$ und $\mathfrak{o}$ ist die Menge aller a mit $|a|_{\mathfrak{P}} \leqq 1$. $\mathfrak{P}$ ist die Menge $|a|_{\mathfrak{P}} < 1$. Ist $\bar{\mathfrak{p}} = \mathfrak{P}^e$, so ist $|\alpha|_{\bar{\mathfrak{p}}}^{e} = |\alpha|_{\mathfrak{P}}$ für α aus $\mathsf{P}_{\mathfrak{p}}$.*

Beweis. Sei $\bar{\mathfrak{p}} = \prod_{i=1}^{r} \mathfrak{P}_i^{e_i}$ die $\mathfrak{o}$-Zerlegung von $\bar{\mathfrak{p}}$. Nach Satz 6 ist

$$\mathfrak{A}_{\bar{\mathfrak{p}}} = \mathfrak{A} \times \mathsf{P}_{\mathfrak{p}} = \mathfrak{A} = \mathfrak{A}_{\mathfrak{P}_1} + \cdots + \mathfrak{A}_{\mathfrak{P}_r},$$

und da $\mathfrak{A}$ einfach ist, so wird $r = 1$. Da jedes nichtganze Ideal eine Potenz von $\mathfrak{P}$ mit negativem Exponenten sein muß, so ist $|a|_{\mathfrak{P}} > 1$ für nicht in $\mathfrak{o}$ gelegenes a.

Wir benutzen Satz 10 zuerst, um ein Ganzheitskriterium für Körper abzuleiten.

Satz 11. *$\mathfrak{A}$ sei ein Körper über $\mathsf{P}_{\mathfrak{p}}$. a aus $\mathfrak{A}$ ist dann und nur dann ganz in Beziehung auf $\mathfrak{g}_{\mathfrak{p}}$, wenn die Norm $N_{\mathfrak{A}\to\mathsf{P}_{\mathfrak{p}}}a$ ganz ist.*

Beweis. $\mathfrak{A}^*$ sei eine über $\mathsf{P}_{\mathfrak{p}}$ galoissche Erweiterung von $\mathfrak{A}$. Es ist für jedes a von $\mathfrak{A}$ $N_{\mathfrak{A}^*\to\mathsf{P}_{\mathfrak{p}}}a = \left(N_{\mathfrak{A}\to\mathsf{P}_{\mathfrak{p}}}a\right)^r$, falls $(\mathfrak{A}^* : \mathfrak{A}) = r$. $a^{(i)}$ seien die Konjugierten von a in $\mathfrak{A}^*$. $\mathfrak{P}^*$ bedeute das Primideal von $\mathfrak{A}^*$. Sei a nicht ganz, also $|a|_{\mathfrak{P}} > 1$. Anwendung der Automorphismen von

$\mathfrak{A}^*/\mathsf{P}_\mathfrak{p}$ gibt $|a^{(i)}|_\mathfrak{P} > 1$, da $\mathfrak{P}^*$ wegen seiner Einzigkeit sich nicht ändert. Es folgt $|N_{\mathfrak{A}^* \to \mathsf{P}_\mathfrak{p}} a|_\mathfrak{P} > 1$, und auch $|N_{\mathfrak{A} \to \mathsf{P}_\mathfrak{p}} a|_\mathfrak{P} > 1$.

Satz 12. *In einer Divisionsalgebra $\mathfrak{D}/\mathsf{P}_\mathfrak{p}$ bilden alle ganzen Größen eine Maximalordnung $\mathfrak{o}$ — die einzige. Alle Ideale von $\mathfrak{o}$ sind zweiseitig, sie sind einseitige Hauptideale $\mathfrak{a} = a\mathfrak{o} = \mathfrak{o}a$. Sie sind Potenzen von $\mathfrak{P}$. In $\mathfrak{D}$ gilt die scharfe Relation $|ab|_\mathfrak{P} = |a|_\mathfrak{P} |b|_\mathfrak{P}$. $\mathfrak{o}/\mathfrak{P}$ ist Divisionsalgebra.*

Beweis. 1. Sind a und b ganz, so sind $N_{\mathfrak{D} \to \mathsf{P}_\mathfrak{p}} a$ und $N_{\mathfrak{D} \to \mathsf{P}_\mathfrak{p}} b$ ganz, $N_{\mathfrak{D} \to \mathsf{P}_\mathfrak{p}} ab$ ist ganz, also ist ab ganz. Von den beiden Größen $a^{-1}b$ und $b^{-1}a$ ist mindestens eine ganz. Denn von den beiden Normen $N_{\mathfrak{D} \to \mathsf{P}_\mathfrak{p}} a^{-1}b$ und $N_{\mathfrak{D} \to \mathsf{P}_\mathfrak{p}} b^{-1}a = (N_{\mathfrak{D} \to \mathsf{P}_\mathfrak{p}} a^{-1}b)^{-1}$ muß wenigstens eine ganz sein. Sei etwa $a^{-1}b$ ganz. Dann ist $1 + a^{-1}b$ ganz, weil 1 mit $a^{-1}b$ vertauschbar ist. Schließlich ist $a(1 + a^{-1}b) = a + b$ ganz. Die ganzen Größen bilden also eine — notwendigerweise maximale — Ordnung $\mathfrak{o}$.

2. Die Rechtsordnung eines $\mathfrak{o}$-Linksideals kann nur wieder $\mathfrak{o}$ sein: $\mathfrak{o}$ hat nur zweiseitige Ideale. p sei eine durch $\mathfrak{P}$, aber nicht durch $\mathfrak{P}^2$ teilbare ganze Größe. Es muß $\mathfrak{o}p = \mathfrak{P}$ und ebenso $p\mathfrak{o} = \mathfrak{P}$ sein. Da alle anderen Ideale von Potenzen von $\mathfrak{P}$ sind, so wird $\mathfrak{a} = \mathfrak{P}^n = p^n\mathfrak{o} = \mathfrak{o}p^n$.

3. $|ab|_\mathfrak{P} = |a|_\mathfrak{P} |b|_\mathfrak{P}$ folgt aus $(a) = \mathfrak{o}p^n$, $(b) = \mathfrak{o}p^n$, also $(ab) = \mathfrak{o}p^{n+m}$.

4. Daß $\mathfrak{o}/\mathfrak{P}$ Divisionsalgebra ist, folgt aus dem Nichtvorhandensein einseitiger Ideale.

Satz 13. *Die einfache Algebra $\mathfrak{A}/\mathsf{P}$ sei eine volle Matrixalgebra r-ten Grades über der Divisionsalgebra $\mathfrak{D}/\mathsf{P}$. Ist $\mathfrak{o}_0$ die Maximalordnung von $\mathfrak{D}$, so haben alle Maximalordnungen von $\mathfrak{A}$ die Form $\mathfrak{o} = c_{11}\mathfrak{o}_0 + \cdots + c_{rr}\mathfrak{o}_0$, c_{ik} ein System von Matrizeseinheiten. Ist $\mathfrak{P}_0 = p_0\mathfrak{o}_0 = \mathfrak{o}_0 p_0$ das Primideal von $\mathfrak{o}_0$, so ist $\mathfrak{P} = \mathfrak{o}p_0 = p_0\mathfrak{o}$ das Primideal von $\mathfrak{o}$. $\mathfrak{P}$ hat die Kapazität r, ist also ein Produkt von r unzerlegbaren Idealen. Alle Rechts- (Links-) Ideale $\mathfrak{a}$ von $\mathfrak{o}$ sind Hauptideale $\mathfrak{a} = a\mathfrak{o}$ ($= \mathfrak{o}a$).*

Beweis. 1. Nach § 1, Satz 11, ist $\mathfrak{o} = \sum \mathfrak{o}_0 c_{ik}$ eine Maximalordnung.

2. Liegt $a = \sum_{i,k} a_{ik} c_{ik}$ in $\mathfrak{P}$, so liegt $\sum_\nu c_{\nu i} a\, c_{k\nu} = a_{ik}$ in $\mathfrak{P} \cap \mathfrak{D} = \mathfrak{P}_0$, d. h. $\mathfrak{P} \equiv 0\ (\mathfrak{P}_0 c_{11} + \cdots + \mathfrak{P}_0 c_{rr})$. Da $\mathfrak{P}_0 c_{11} + \cdots + \mathfrak{P}_0 c_{rr} = \mathfrak{o}\mathfrak{P}_0 = \mathfrak{P}_0\mathfrak{o}$ ein zweiseitiges Ideal ist, so muß $\mathfrak{o}\mathfrak{P}_0 = \mathfrak{P}$ sein. Der Restklassenring $\mathfrak{o}/\mathfrak{P}$ ist eine volle Matrixalgebra r-ten Grades über $\mathfrak{o}_0/\mathfrak{P}_0$. $\mathfrak{o}_0/\mathfrak{P}_0$ ist eine Divisionsalgebra, denn nach dem vorigen Satz ist $\mathfrak{P}_0$ unzerlegbar, hat also die Kapazität 1.

3. Die unzerlegbaren Ideale von $\mathfrak{o}$, die $\mathfrak{o}$ als Linksordnung haben, sind nach § 2, Satz 11, von der Form

$$\mathfrak{l} = (\mathfrak{P}, \mathfrak{o}c_{22}^*, \ldots, \mathfrak{o}c_{rr}^*),$$

wo c_{ik}^* ein System von Matrizeseinheiten modulo $\mathfrak{P}$ ist. $c_{11}^*, \ldots, c_{rr}^*$ liegen in $\mathfrak{o}$; für $c_{22}^*, \ldots, c_{rr}^*$ folgt das aus $\mathfrak{l} \subset \mathfrak{o}$, für c_{11}^* aus $c_{11}^* = 1 - c_{22}^* - \cdots - c_{rr}^*$.

Das unzerlegbare Ideal $\mathfrak{l}$ ist Hauptideal $\mathfrak{l} = \mathfrak{o} q$, wo $q = p_0 c_{11}^* + c_{22}^* + \cdots + c_{rr}^*$. Denn erstens ist $\mathfrak{o} q \equiv 0\ (\mathfrak{l})$, zweitens $\mathfrak{l} \equiv 0\ (\mathfrak{o} q)$: $c_{22}^* = c_{22}^* q, \ldots, c_{rr}^* = c_{rr}^* q$ und $p_0 = (c_{11}^* + p_0 c_{22}^* + \cdots + p_0 c_{rr}^*) q$.

$\mathfrak{o}_t$ sei irgendeine Maximalordnung von $\mathfrak{A}$, $\mathfrak{o}_t = \mathfrak{a}_{1t}^{-1} \mathfrak{o}_1 \mathfrak{a}_{1t}$, wo $\mathfrak{o} = \mathfrak{o}_1$ gesetzt worden ist. Das Ideal $\mathfrak{a}_{1t}$ kann ganz angenommen werden, $\mathfrak{a}_{1t} = \mathfrak{l}_{12} \mathfrak{l}_{23} \ldots \mathfrak{l}_{t-1t}$ sei eine Zerlegung in unzerlegbare Ideale. Es ist dann $\mathfrak{o}_{i+1} = \mathfrak{l}_{ii+1}^{-1} \mathfrak{o}_i \mathfrak{l}_{ii+1}$. $\mathfrak{l}_{12}$ ist Hauptideal $\mathfrak{l}_{12} = \mathfrak{o}_1 q_1$. Daher ist $\mathfrak{o}_2 = q_1^{-1} \mathfrak{o}_1 q_1$, genau so wie $\mathfrak{o}_1$, aus $\mathfrak{o}_0$ und den Matrizeseinheiten $c'_{ik} = q_1^{-1} c_{ik} q_1$ gebildet. $\mathfrak{l}_{23}$ ist also ein Hauptideal $\mathfrak{l}_{23} = \mathfrak{o}_2 q_2$ und $\mathfrak{o}_3 = q_2^{-1} \mathfrak{o}_2 q_2$ usw. Schließlich erkennen wir die Existenz eines $q = q_1 \ldots q_t$ mit $\mathfrak{o}_t = q^{-1} \mathfrak{o}_1 q$. Alle Maximalordnungen sind demnach von der Form $\sum \mathfrak{o}_0 c_{ik}$.

4. $\mathfrak{a}_{\nu\mu}$ sei irgendein normales Ideal. Die Maximalordnung $\mathfrak{o}_\mu$ kann aus $\mathfrak{o}_\nu$ durch Transformation mit einem Element q gewonnen werden: $\mathfrak{o}_\mu = q^{-1} \mathfrak{o}_\nu q$. $\mathfrak{o}_\nu q$ ist also ein Ideal $\mathfrak{b}_{\nu\mu}$. Das Produkt $\mathfrak{a}_{\nu\mu}^{-1} \mathfrak{o}_\nu q$ ist eigentlich. $\mathfrak{a}_{\nu\mu}^{-1} \mathfrak{o}_\nu q$ ist ein zweiseitiges $\mathfrak{o}_\mu$-Ideal $\mathfrak{o}_\mu p_0^n$, es folgt $\mathfrak{a}_{\nu\mu}^{-1} \mathfrak{o}_\nu q p_0^{-n} = \mathfrak{o}_\mu$, also $\mathfrak{a}_{\nu\mu} = \mathfrak{o}_\nu q p_0^{-n}$: jedes normale Ideal ist Hauptideal in jeder seiner Ordnungen.

Wir verschaffen uns noch eine etwas genauere Übersicht über die ganzen Ideale von $\mathfrak{A} = \sum_{i,k=1}^{r} \mathfrak{D} c_{ik}$. $\mathfrak{o} = \sum_{i,k=1}^{r} \mathfrak{o}_0 c_{ik}$ sei eine Maximalordnung von $\mathfrak{A}$, $\mathfrak{o}_0$ ist die Maximalordnung von $\mathfrak{D}$.

Satz 14. *Jedes ganze $\mathfrak{o}$-Linksideal $\mathfrak{a}$ ist von der Form $\mathfrak{o} a$,* wo

$$
\begin{aligned}
a = c_{11} p_0^{\nu_1} + c_{12} d_{12} + c_{13} d_{13} + \cdots + c_{1r} d_{1r} \\
+ c_{22} p_0^{\nu_2} + c_{23} d_{23} + \cdots + c_{2r} d_{2r} \\
\cdots\cdots\cdots \\
+ c_{rr} p_0^{\nu_r}
\end{aligned}
$$

d_{ij} ist modulo $p_0^{\nu_j}$ eindeutig bestimmt.

Beweis. Gehört $a = \sum_{i,k=1}^{r} d_{ik} c_{ik}$ zu $\mathfrak{a}$, so auch $\sum_{k=1}^{r} d_{ik} c_{jk} = c_{ji} a$. Alle Zeilen $(d_{i1}, \ldots, d_{ir})$ aller a aus $\mathfrak{a}$ bilden demnach einen $\mathfrak{o}_0$-Linksmodul $\mathfrak{m}_1$ und $\mathfrak{a}$ ist durch $\mathfrak{m}_1$ vollständig bestimmt. Wir können eine Basis von $\mathfrak{m}_1/\mathfrak{o}_0$ angeben: $\mathfrak{m}_i$ sei der Teilmodul aller $(0, \ldots, 0, d_i, \ldots, d_r)$ aus $\mathfrak{m}_1$. Die Menge aller Anfangsglieder d_i ist ein Ideal $\mathfrak{o}_0 p_0^{\nu_i}$ aus $\mathfrak{o}_0$. Demnach gibt es in $\mathfrak{m}_i$ ein

$$(0, \ldots, 0, p_0^{\nu_i}, d_{ii}, \ldots, d_{ir}),$$

und die so bestimmten i Zeilen bilden eine Basis von $\mathfrak{m}_1$. $a = \sum_{i=1}^{r} c_{ii} p_0^{\nu_i} + \sum_{i<k}^{r} c_{ik} d_{ik}$ ist dann erzeugendes Element von $\mathfrak{a}$, wie leicht einzusehen.

Da $c_{ii}p_0^{\nu_i} + c_{ii+1}d_{ii+1} + \cdots + c_{ir}d_{ir}$ noch modulo den $c_{jj}p_0^{\nu_j} + c_{jj+1}d_{jj+1} + \cdots + c_{jr}d_{jr}$ mit $j > i$ reduziert werden kann, so ist d_{ij} modulo $p_0^{\nu_j}$ frei. Aber die Restklasse von d_{ij} modulo $p_0^{\nu_j}$ ist eindeutig bestimmt: Es sei $a' = \sum_{i=1}^{r} c_{ii}p_0^{\nu_i} + \sum_{i<k} c_{ik}d'_{ik}$ ein zweites erzeugendes Element von $\mathfrak{a}$, wo d'_{ik} dem gleichen vorgegebenen Restsystem von $\mathfrak{o}_0$ modulo $p_0^{\nu_k}$ angehört. Wird die Differenz $a - a'$ als Vielfaches $\sum_{i=1}^{r}\sum_{k=1}^{r} f_{ik}c_{ik}\cdot a$ von a ausgedrückt, so ergeben sich die Gleichungen

$$0 = f_{11}p_0^{\nu_1}, \quad d_{12} - d'_{12} = f_{11}d_{12} + f_{12}p_0^{\nu_2}, \ldots$$

$$0 = f_{21}p_0^{\nu_1}, \quad 0 = f_{22}p_0^{\nu_2}, \ldots$$

$$\cdots\cdots\cdots\cdots\cdots\cdots$$

Aus den Gleichungen der ersten Zeile ergibt sich der Reihe nach $f_{11} = 0$, $d_{12} - d'_{12} \equiv 0\ (p_0^{\nu_2})$, also $d_{12} = d'_{12}$ usw., aus denen der zweiten Zeile $d_{23} = d'_{23}, \ldots$

3. Jetzt untersuchen wir das Verhalten der Maximalordnungen und Ideale einer Algebra $\mathfrak{A}/\mathsf{P}$ bei $\mathfrak{P}$-adischer Erweiterung — $\mathfrak{P}$ ein Primideal in einer Maximalordnung $\mathfrak{o}$ von $\mathfrak{A}$. Die Bewertung $|\ |_{\mathfrak{P}}$ wird durch $|\lim a_\nu|_{\mathfrak{P}} = \lim |a_\nu|_{\mathfrak{P}}$ auf $\mathfrak{A}_{\mathfrak{P}}$ übertragen.

Satz 15. *Die $\mathfrak{P}$-adische Grenzmenge $\mathfrak{o}_{\mathfrak{P}}$ von $\mathfrak{o}$ ist die durch $|a|_{\mathfrak{P}} \leqq 1$ definierte Teilmenge von $\mathfrak{A}_{\mathfrak{P}}$, die Grenzmenge $\overline{\mathfrak{P}}$ von $\mathfrak{P}$ ist die durch $|a|_{\mathfrak{P}} < 1$ definierte Teilmenge von $\mathfrak{A}_{\mathfrak{P}}$. $\mathfrak{o}_{\mathfrak{P}}$ ist Maximalordnung in Beziehung auf $\mathfrak{g}_{\mathfrak{p}}$, und $\overline{\mathfrak{P}}$ ist ihr Primideal.*

Beweis. Wegen $|a|_{\mathfrak{P}} \leqq 1$ ($|a|_{\mathfrak{P}} < 1$) für ganze a (für ganze durch $\mathfrak{P}$ teilbare a) ist $\mathfrak{o}_{\mathfrak{P}}$ in der Menge $|a|_{\mathfrak{P}} \leqq 1$ ($\overline{\mathfrak{P}}$ in der Menge $|a|_{\mathfrak{P}} < 1$) enthalten. Sei umgekehrt $|a|_{\mathfrak{P}} \leqq 1$ ($|a|_{\mathfrak{P}} < 1$); $a = \lim a_\nu$, wo $a_\nu \subset \mathfrak{A}$. Wir können die a_ν durch a'_ν ersetzen, die in $\mathfrak{o}$ (in $\mathfrak{P}$) liegen: Für fast alle a_ν ist $|a_\nu|_{\mathfrak{P}} \leqq 1$ ($|a_\nu|_{\mathfrak{P}} < 1$), also in der Darstellung $(a_\nu) = \mathfrak{z}_\nu/\mathfrak{n}_\nu$ der Nenner zu $\mathfrak{P}$ prim (der Zähler durch $\mathfrak{P}$ teilbar). x_ν aus $\mathfrak{n}_\nu$ werde so gewählt, daß $(x_\nu) = \mathfrak{n}_\nu\mathfrak{x}_\nu$, $(\mathfrak{x}_\nu, \mathfrak{P}) = \mathfrak{o}$, x_ν kein Nullteiler modulo $\mathfrak{P}$. Das ist möglich, da $(\mathfrak{n}_\nu, \mathfrak{P}) = \mathfrak{o}$, $(\mathfrak{n}_\nu, \mathfrak{P})/\mathfrak{P} = \mathfrak{o}/\mathfrak{P}$ ist. In $a_\nu = y_\nu x_\nu^{-1}$ ist dann y_ν ganz (durch $\mathfrak{P}$ teilbar). Wir bestimmen ein ganzes (ein in $\mathfrak{P}$ enthaltenes) a'_ν aus der Kongruenz $a'_\nu x_\nu \equiv y_\nu\ (\mathfrak{P}^\nu)$. Es ist $|a_\nu - a'_\nu|_{\mathfrak{P}} = |y_\nu x_\nu^{-1} - a'_\nu|_{\mathfrak{P}} \leqq |y_\nu - a'_\nu x_\nu|_{\mathfrak{P}} \leqq e^{-\nu}$; $\lim a'_\nu = \lim a_\nu$, w. z. b. w.

Um zu zeigen, daß $\mathfrak{o}_{\mathfrak{P}}$ eine Maximalordnung in Beziehung auf $\mathfrak{g}_{\mathfrak{p}}$ ist, bemerken wir zunächst, daß $\mathfrak{o}_{\mathfrak{P}}$ sicher eine Basis von $\mathfrak{A}_{\mathfrak{P}}/\mathsf{P}_{\mathfrak{p}}$ enthält. $\mathfrak{o}_{\mathfrak{P}}$ hat sogar eine linearunabhängige Basis in Beziehung auf $\mathfrak{g}_{\mathfrak{p}}$: $u_1, \ldots, u_r$ sei eine in $\mathfrak{o}_{\mathfrak{P}}$ gelegene Basis von $\mathfrak{A}_{\mathfrak{P}}/\mathsf{P}_{\mathfrak{p}}$ mit maximalem $\big||Sp(u_iu_k)|\big|_{\mathfrak{p}}$. Ist nun $a = \sum \alpha_i u_i$ irgendein Element von $\mathfrak{o}_{\mathfrak{P}}$, so gilt, falls $u'_j = u_j$, $j \neq i$, $u'_i = a$ gesetzt wird, $|Sp(u'_iu'_k)| = \alpha_i^2\,|Sp(u_iu_k)|$. Die Maximaleigenschaft von $\big||Sp(u_iu_k)|\big|_{\mathfrak{p}}$ ergibt $|\alpha_i|_{\mathfrak{p}} \leqq 1$, d. h. $\alpha_i \subset \mathfrak{g}_{\mathfrak{p}}$.

Bilden wir mittels einer Basis von $\mathfrak{o}_{\mathfrak{P}}/\mathfrak{g}_{\mathfrak{p}}$ die Hauptdarstellungsmatrix eines Elementes a von $\mathfrak{o}_{\mathfrak{P}}$, so hat sie Koeffizienten in $\mathfrak{g}_{\mathfrak{p}}$: die Hauptgleichung von a hat also Koeffizienten in $\mathfrak{g}_{\mathfrak{p}}$, a ist ganz in Beziehung auf $\mathfrak{g}_{\mathfrak{p}}$.

Wir müssen schließlich beweisen, daß $\mathfrak{o}_{\mathfrak{P}}$ maximal ist.

$\mathfrak{o}^*$ sei eine $\mathfrak{o}_{\mathfrak{P}}$ umfassende Ordnung von $\mathfrak{A}_{\mathfrak{P}}$, a ein Element von $\mathfrak{o}^*$. Wir drücken a durch eine Basis $v_1, \ldots, v_n$ von $\mathfrak{A}/\mathsf{P}$ mit Koeffizienten α_i aus $\mathsf{P}_{\mathfrak{p}}$ aus:

$$a = \sum \alpha_i v_i, \qquad \alpha_i = \lim_{\nu \to \infty} \alpha_{i\nu}, \qquad \alpha_{i\nu} \text{ aus } \mathsf{P}.$$

Für hinreichend großes ν gelten die Ungleichungen

$$\sum_{i=1}^{r} |\alpha_i - \alpha_{i\nu}|_{\mathfrak{P}} < |a|_{\mathfrak{P}} \cdot (\mathrm{Max}\,|v_i|_{\mathfrak{P}})^{-1}$$

und

$$|\alpha_i - \alpha_{i\nu}|_{\mathfrak{P}} \leqq |v_i|_{\mathfrak{P}}^{-1}.$$

Demnach ist für das Element $a_0 = \sum_{i=1}^{n} \alpha_{i\nu} v_i$ von $\mathfrak{A}$

$$|a_0 - a|_{\mathfrak{P}} = \Big|\sum_i v_i(\alpha_{i\nu} - \alpha_i)\Big|_{\mathfrak{P}} < |a|_{\mathfrak{P}}$$

$$|a_0|_{\mathfrak{P}} = |a|_{\mathfrak{P}},$$

und $a_0 - a$ liegt in $\mathfrak{o}_{\mathfrak{P}}$, weil $|v_i(\alpha_{i\nu} - \alpha_i)|_{\mathfrak{P}} \leqq |v_i|_{\mathfrak{P}}\,|v_i|_{\mathfrak{P}}^{-1} \leqq 1$. a_0 liegt also in $\mathfrak{o}^*$. Wir wollen jetzt a_0 durch ein Element gleichen Wertes ersetzen, dessen Nenner außer $\mathfrak{P}$ keine Primfaktoren enthält. Sei $a_0\gamma \subset \mathfrak{o}$, $(\gamma) = \mathfrak{p}^c\mathfrak{c}$ mit ganzem, zu $\mathfrak{p}$ primem $\mathfrak{c}$, $\mathfrak{c}\mathfrak{d} = (\delta)$, $(\mathfrak{d}, \mathfrak{p}) = \mathfrak{g}$. δa_0 liegt in $\mathfrak{o}^*$. Ferner gilt, wenn $(a_0) = \mathfrak{z}/\mathfrak{P}^x\mathfrak{n}$, $(\mathfrak{n}, \mathfrak{P}) = \mathfrak{o}$, $(\mathfrak{z}, \mathfrak{P}) = \mathfrak{o}$, eine Gleichung $(\delta a_0) = \mathfrak{z}_0/\mathfrak{P}^x$ mit ganzem zu $\mathfrak{P}$ primem $\mathfrak{z}_0$. Denn da $(\gamma a_0) = \gamma(a_0) = \mathfrak{c}\mathfrak{p}^c\mathfrak{z}/\mathfrak{P}^x\mathfrak{n}$ ganz ist, so ist $(\delta a_0) = \mathfrak{c}\mathfrak{d}\mathfrak{z}/\mathfrak{P}^x\mathfrak{n}$ und $\mathfrak{z}_0 = \mathfrak{c}\mathfrak{d}\mathfrak{z}/\mathfrak{n}$ ist ganz und zu $\mathfrak{P}$ prim. δa_0 hat also den gleichen Wert e^x wie a_0 und a. Da δa_0 in $\mathfrak{o}^*$ liegt, so gilt eine Gleichung

$$(\delta a_0)^t + \beta_{t-1}(\delta a_0)^{t-1} + \cdots + \beta_0 = 0$$

mit $\beta_i \subset \mathfrak{g}_{\mathfrak{p}}$. Aus ihr folgt

$$|(\delta a_0)^t|_{\mathfrak{P}} \leqq \mathop{\mathrm{Max}}_{i=1,\ldots,t-1} |(\delta a_0)^i| = e^z,$$

$$|(\delta a_0)^k| \leqq e^z, \quad k = 1, 2, 3, \ldots$$

Hieraus und aus $(\delta a_0) = \mathfrak{z}_0/\mathfrak{P}^x$ folgt, daß $\mathfrak{P}^z(\delta a_0)^k$ für jedes natürliche k ganz ist. Nach Satz 8, § 1, ist also δa_0 selbst ganz, $|a| = |\delta a_0| \leqq 1$, $a \subseteqq \mathfrak{o}_{\mathfrak{P}}$, $\mathfrak{o}^* = \mathfrak{o}_{\mathfrak{P}}$, w. z. b. w.

Es bleibt zu zeigen übrig, daß $\overline{\mathfrak{P}}$ ein Primideal von $\mathfrak{o}_{\mathfrak{P}}$ ist. Das folgt aus dem viel mehr besagenden

Satz 16. *Die Ringe $\mathfrak{o}_{\mathfrak{P}}/\overline{\mathfrak{P}}$ und $\mathfrak{o}/\mathfrak{P}$ sind isomorph.*

Beweis. 1. Ist $a = \lim a_\nu$, a_ν in $\mathfrak{o}$, so ist $a \equiv a_\nu(\overline{\mathfrak{P}})$ für fast alle a_ν.

2. Liegen a und b in $\mathfrak{o}$ und ist $a \equiv b(\overline{\mathfrak{P}})$, so ist $|a - b|_{\mathfrak{P}} < 1$, also $a \equiv b(\mathfrak{P})$. Umgekehrt hat natürlich $a \equiv b(\mathfrak{P})$ auch $a \equiv b(\overline{\mathfrak{P}})$ zur Folge, da $\mathfrak{P} \subseteqq \overline{\mathfrak{P}}$. Ordnet man einer Restklasse von $\mathfrak{o}_{\mathfrak{P}}$ modulo $\overline{\mathfrak{P}}$

die nach 1 und 2 in ihr enthaltene Restklasse von $\mathfrak{o}$ modulo $\mathfrak{P}$ zu, so entsteht nach 2 ein Isomorphismus zwischen $\mathfrak{o}_{\mathfrak{P}}/\overline{\mathfrak{P}}$ und $\mathfrak{o}/\mathfrak{P}$.

Ohne weiteres einzusehen ist

Satz 17. *Die $\mathfrak{P}$-adische Grenzmenge $\mathfrak{a}_{\mathfrak{P}}$ eines (Rechts-, Links-, zweiseitigen) Ideals $\mathfrak{a}$ von $\mathfrak{o}$ ist ein (Rechts-, Links-, zweiseitiges) Ideal $\mathfrak{a}_{\mathfrak{P}}$ von $\mathfrak{o}_{\mathfrak{P}}$. $\mathfrak{a}_{\mathfrak{P}}$ heiße die $\mathfrak{P}$-Komponente von $\mathfrak{a}$.*

4. Wir gehen über zur Betrachtung aller Maximalordnungen und Ideale von $\mathfrak{A}$ und ihrer Beziehungen zu den $\mathfrak{P}$-Komponenten. Zuerst bemerken wir, daß wir die $\mathfrak{P}$-adische Erweiterung nach Satz 2 an Stelle von $\mathfrak{P}$ auch mit irgendeinem zusammengehörigen $\mathfrak{P}_{ii} = \mathfrak{a}_i^{-1}\mathfrak{P}\mathfrak{a}_i$ vornehmen können. Die in Satz 10 gegebene Kennzeichnung von $\mathfrak{o}_{\mathfrak{P}}$ als Menge $|a|_{\mathfrak{P}} \leqq 1$ und von $\overline{\mathfrak{P}}$ als Menge $|a|_{\mathfrak{P}} < 1$ ist natürlich nur mit der Bewertung $|\ |_{\mathfrak{P}}$ möglich. Dagegen ist die Kennzeichnung von $\mathfrak{o}_{\mathfrak{P}}$ als Grenzmenge von $\mathfrak{o}$ und von $\overline{\mathfrak{P}}$ als Grenzmenge von $\mathfrak{P}$ selbstverständlich von der Auswahl der Bewertung $|\ |_{\mathfrak{P}_{ii}}$ nicht abhängig. Wir erkennen so, daß die $\mathfrak{P}$-Komponente $\mathfrak{o}_{\mathfrak{P}}$ *jeder* Maximalordnung $\mathfrak{o}$ von $\mathfrak{A}$ eine Maximalordnung von $\mathfrak{A}_{\mathfrak{P}}$ ist.

Satz 18. *Bei eigentlicher Produktbildung gilt $\mathfrak{a}_{\mathfrak{P}}\mathfrak{b}_{\mathfrak{P}} = (\mathfrak{a}\mathfrak{b})_{\mathfrak{P}}$.*

Beweis. 1. Es ist $\mathfrak{a}_{\mathfrak{P}}\mathfrak{b}_{\mathfrak{P}} \subseteqq (\mathfrak{a}\mathfrak{b})_{\mathfrak{P}}$, denn $\lim a_\nu \lim b_\nu = \lim a_\nu b_\nu$.

2. Es ist $(\mathfrak{a}^{-1})_{\mathfrak{P}} = (\mathfrak{a}_{\mathfrak{P}})^{-1}$. Denn ist $\mathfrak{o}$ die Rechtsordnung von $\mathfrak{a}$, also $\mathfrak{o}_{\mathfrak{P}}$ die Rechtsordnung von $\mathfrak{a}_{\mathfrak{P}}$, so gilt nach 1 $(\mathfrak{a}^{-1})_{\mathfrak{P}}\mathfrak{a}_{\mathfrak{P}} \subseteqq \mathfrak{o}_{\mathfrak{P}}$, andererseits ist $\mathfrak{o} = \mathfrak{a}^{-1}\mathfrak{a} \subseteqq (\mathfrak{a}^{-1})_{\mathfrak{P}}\mathfrak{a}_{\mathfrak{P}}$, also $\mathfrak{o}_{\mathfrak{P}} \subseteqq (\mathfrak{a}^{-1})_{\mathfrak{P}}\mathfrak{a}_{\mathfrak{P}}$, so daß $(\mathfrak{a}^{-1})_{\mathfrak{P}} = \mathfrak{a}_{\mathfrak{P}}^{-1}$ folgt.

3. Nach 1 ist $\mathfrak{b}_{\mathfrak{P}} = (\mathfrak{a}^{-1}\mathfrak{a}\mathfrak{b})_{\mathfrak{P}} \supseteqq (\mathfrak{a}^{-1})_{\mathfrak{P}}(\mathfrak{a}\mathfrak{b})_{\mathfrak{P}}$, $\mathfrak{a}_{\mathfrak{P}}\mathfrak{b}_{\mathfrak{P}} \supseteqq \mathfrak{a}_{\mathfrak{P}}(\mathfrak{a}^{-1})_{\mathfrak{P}}(\mathfrak{a}\mathfrak{b})_{\mathfrak{P}}$, also nach 2 $\mathfrak{a}_{\mathfrak{P}}\mathfrak{b}_{\mathfrak{P}} \supseteqq (\mathfrak{a}\mathfrak{b})_{\mathfrak{P}}$, zusammen mit 1 schließen wir hieraus $\mathfrak{a}_{\mathfrak{P}}\mathfrak{b}_{\mathfrak{P}} = (\mathfrak{a}\mathfrak{b})_{\mathfrak{P}}$.

$\mathfrak{a}_{\mathfrak{P}}\mathfrak{b}_{\mathfrak{P}} = (\mathfrak{a}\mathfrak{b})_{\mathfrak{P}}$ ist auch für nicht eigentliche Produkte richtig (Hasse [**1**]).

Jetzt können wir aus Satz 16 schließen

Satz 19. *Die $\mathfrak{P}$-Komponente eines zu $\mathfrak{P}$ gehörigen unzerlegbaren Ideals von $\mathfrak{A}$ ist ein unzerlegbares Ideal von $\mathfrak{A}_{\mathfrak{P}}$.*

Alle unzerlegbaren Ideale von $\mathfrak{A}_{\mathfrak{P}}$ gehören zu $\overline{\mathfrak{P}}$, da ja eine Maximalordnung von $\mathfrak{A}_{\mathfrak{P}}$ nur ein Primideal enthält (Satz 10).

Satz 20. *Jede Maximalordnung von $\mathfrak{A}_{\mathfrak{P}}$ ist die $\mathfrak{P}$-Komponente einer Maximalordnung von $\mathfrak{A}$, jedes unzerlegbare Ideal von $\mathfrak{A}_{\mathfrak{P}}$ ist die $\mathfrak{P}$-Komponente eines zu $\mathfrak{P}$ gehörigen unzerlegbaren Ideals von $\mathfrak{A}$.*

Beweis. Wir gehen aus von einem unzerlegbaren Ideal $\overline{\mathfrak{P}}_{ik}$ von $\mathfrak{A}_{\mathfrak{P}}$ und seiner Linksordnung $\bar{\mathfrak{o}}_i$. Wir können links an $\overline{\mathfrak{P}}_{ik}$ eine Reihe von unzerlegbaren Idealen anfügen, bis die Linksordnung $\bar{\mathfrak{o}}_j$ eine solche ist, von der bekannt ist, daß sie die $\mathfrak{P}$-Komponente einer Maximalordnung $\mathfrak{o}_j$ von $\mathfrak{A}$ ist:

$$\overline{\mathfrak{P}}_{jl}\overline{\mathfrak{P}}_{lm}\cdot \ldots \cdot \overline{\mathfrak{P}}_{ik}.$$

$\overline{\mathfrak{P}}_{jl}$ teilt $\overline{\mathfrak{P}}_{jj}$, muß also nach Satz 16 und Satz 19 die $\mathfrak{P}$-Komponente eines unzerlegbaren Teilers $\mathfrak{P}_{jl}$ von $\mathfrak{P}_{jj}$ sein. Nach Satz 17 wird die

$\mathfrak{P}$-Komponente der Rechtsordnung $\mathfrak{o}_l$ von $\mathfrak{P}_{jl}$ gerade $\bar{\mathfrak{o}}_l$ sein. Jetzt können wir für $\overline{\mathfrak{P}}_{lm}$ genau so schließen usw.

Satz 21. *Die $\mathfrak{P}$-Komponente eines nicht zu $\mathfrak{P}$ gehörigen unzerlegbaren Ideals $\mathfrak{Q}_{ik}$ ist $\mathfrak{o}_{i\mathfrak{P}}$.*

Beweis. Wäre $\mathfrak{Q}_{ik\mathfrak{P}} \equiv 0\ (\overline{\mathfrak{P}}_{ij})$, so hätte $(\mathfrak{P}_{ij}, \mathfrak{Q}_{ik}) = \mathfrak{o}_i$ zur Folge, daß $\mathfrak{o}_i \equiv 0\ (\overline{\mathfrak{P}}_{ij})$, was nicht möglich ist, denn 1 kann nicht in $\overline{\mathfrak{P}}_{ij}$ enthalten sein.

Wir schließen hieraus weiter, daß die $\mathfrak{P}$-Komponenten von Links- und Rechtsordnung eines Ideals $\mathfrak{a}_{ik}$, das keinen zu $\mathfrak{P}$ gehörigen unzerlegbaren Faktor hat, gleich sind, und *daß man die $\mathfrak{P}$-Komponente eines Ideals einfach erhält, indem man die in ihm vorkommenden zu $\mathfrak{P}$ gehörigen unzerlegbaren Faktoren durch ihre $\mathfrak{P}$-Komponenten ersetzt und den Rest wegläßt.*

Wir wenden uns zum Schluß der Frage zu, wie ein Ideal $\mathfrak{a}$ von $\mathfrak{A}$ durch alle $\mathfrak{P}$-Komponenten bestimmt ist.

Satz 22. *Ein Ideal $\mathfrak{a}$ von $\mathfrak{A}$ ist der Durchschnitt von $\mathfrak{A}$ mit allen $\mathfrak{P}$-Komponenten von $\mathfrak{a}$.*

Beweis. Da $\mathfrak{a}$ in $\mathfrak{A}$ und in allen $\mathfrak{A}_{\mathfrak{P}}$ enthalten ist, so muß nur gezeigt werden, daß ein $\mathfrak{A}$-Element, das in allen $\mathfrak{a}_{\mathfrak{P}}$ liegt, zu $\mathfrak{a}$ gehört.

Wir bezeichnen mit $\mathfrak{c}$ die Menge aller c aus $\mathfrak{o}$, unter $\mathfrak{o}$ die Linksordnung von $\mathfrak{a}$ verstanden, für die $ca \equiv 0\ (\mathfrak{a})$ ist. $\mathfrak{c}$ ist ein $\mathfrak{o}$-Linksideal. Denn $\mathfrak{o}\mathfrak{c}a \equiv 0\ (\mathfrak{o}a)$, $\mathfrak{o}\mathfrak{a} = \mathfrak{a}$, daher $\mathfrak{o}\mathfrak{c} = \mathfrak{c}$.

Sei $a = \lim\limits_{\nu \to \infty} a_\nu$ im $\mathfrak{P}$-adischen Sinn, $a_\nu \equiv 0\ (\mathfrak{a})$. Sei etwa $(a - a_\nu) = \mathfrak{Z}/\mathfrak{N}$, $(\mathfrak{N}, \mathfrak{P}) = \mathfrak{o}$. $\mathfrak{b}$ sei irgendein durch $\mathfrak{a}$ teilbares zweiseitiges $\mathfrak{o}$-Ideal und $\mathfrak{b} = \mathfrak{P}^e \mathfrak{Q}$, $(\mathfrak{Q}, \mathfrak{P}) = \mathfrak{o}$. q sei teilbar durch $\mathfrak{N}\mathfrak{Q}$, aber nicht durch $\mathfrak{N}\mathfrak{Q}\mathfrak{P}'$, wo $\mathfrak{P}'$ irgendein unzerlegbarer Teiler von $\mathfrak{P}$ mit der Linksordnung $\mathfrak{o}$ ist. $q(a - a_\nu)$ liegt für fast alle ν in $\mathfrak{Q}\mathfrak{P}^e$, ist also durch $\mathfrak{a}$ teilbar. Dann ist auch $qa = qa_\nu + q(a - a_\nu) \equiv 0\ (\mathfrak{a})$. q ist also ein Element von $\mathfrak{c}$, welches durch das vorgegebene unzerlegbare $\mathfrak{o}$-Linksideal $\mathfrak{P}'$ nicht teilbar ist. Daher muß $\mathfrak{c} = \mathfrak{o}$ sein, also $a \equiv 0\ (\mathfrak{a})$, w. z. b. w.

Als Umkehrung von Satz 22 gilt

Satz 23. *In den Komponenten $\mathfrak{o}_{\mathfrak{P}}$ einer Maximalordnung $\mathfrak{o}_i$ seien Linksideale $\mathfrak{a}_{\mathfrak{P}}$ vorgegeben, von denen aber nur endlich viele nicht gleich ihrem $\mathfrak{o}_{\mathfrak{P}}$ sind. Dann gibt es ein $\mathfrak{o}_i$-Linksideal $\mathfrak{a}$ mit den Komponenten $\mathfrak{a}_{\mathfrak{P}}$.*

Beweis. Ist $\mathfrak{a}_{\mathfrak{p}}$ nicht gleich $\mathfrak{o}_{\mathfrak{P}}$, so spalten wir es in unzerlegbare Faktoren $\mathfrak{a}_{\mathfrak{P}} = \overline{\mathfrak{P}}_{ik} \overline{\mathfrak{P}}_{kl} \ldots \overline{\mathfrak{P}}_{rs}$. Jedes dieser $\overline{\mathfrak{P}}_{\nu\mu}$ ist $\mathfrak{P}$-Komponente eines unzerlegbaren Ideals $\mathfrak{P}_{\nu\mu}$ von $\mathfrak{A}$. Wir fangen den Aufbau von $\mathfrak{a}$ an mit $\mathfrak{P}_{ik} \mathfrak{P}_{kl} \ldots \mathfrak{P}_{rs}$. Das Produkt kann eigentlich gewählt werden, wie die Überlegung beim Beweis von Satz 20 zeigt. $\mathfrak{Q}$ sei ein zweites Primideal, für das $\mathfrak{a}_{\mathfrak{Q}} = \overline{\mathfrak{Q}}_{st} \overline{\mathfrak{Q}}_{tu} \ldots \overline{\mathfrak{Q}}_{xy} \neq \mathfrak{o}_{\mathfrak{Q}}$ ist. Die $\mathfrak{Q}$-Komponenten der beiden Ordnungen des Produktes $\mathfrak{P}_{ik} \mathfrak{P}_{kl} \ldots \mathfrak{P}_{rs}$ sind gleich. Wir können daher wie eben ein eigentliches Produkt $\mathfrak{Q}_{st} \mathfrak{Q}_{tu} \ldots \mathfrak{Q}_{xy}$

bilden, dessen $\mathfrak{Q}$-Komponente das gegebene $\mathfrak{a}_{\mathfrak{Q}}$ ist. So fahren wir fort, bis alle $\mathfrak{a}_{\mathfrak{P}} \neq \mathfrak{o}_{\mathfrak{P}}$ dran gewesen sind, das entstandene Ideal heiße $\mathfrak{a}$. Es hat die Linksordnung $\mathfrak{o}$ und ersichtlich auch die vorgegebenen $\mathfrak{P}$-Komponenten. Auch wenn unzerlegbare Ideale $\mathfrak{P}_{ki}$ in der Potenz $\mathfrak{P}_{ki}^{-1}$ vorkommen, kann ähnlich vorgegangen werden.

Aus der Isomorphie $\mathfrak{o}_{\mathfrak{P}}/\overline{\mathfrak{P}} \cong \mathfrak{o}/\mathfrak{P}$ (Satz 16) folgt, daß die Norm von $\overline{\mathfrak{P}}$ in Beziehung auf $\mathsf{P}_{\mathfrak{p}}$ genau dieselbe Potenz von $\overline{\mathfrak{p}}$ ist wie die Norm von $\mathfrak{P}$ in Beziehung auf P. Daher gilt

Satz 24. *Die Norm eines Ideals* $\mathfrak{a}$ *von* $\mathfrak{A}$ *ist gleich dem Produkt der Normen seiner* $\mathfrak{P}$*-Komponenten* (*wenn in den Normen* $\overline{\mathfrak{p}} = \mathfrak{p}$ *gesetzt wird*).

Satz 25. *Die Differente von* $\mathfrak{A}_{\mathfrak{P}}$ *in Beziehung auf* $\mathsf{P}_{\mathfrak{p}}$ *ist der* $\mathfrak{P}$*-Anteil* $\mathfrak{D}_{\mathfrak{P}}$ *der Differente* $\mathfrak{D}$ *von* $\mathfrak{A}$ *in Beziehung auf* P.

Beweis. Das folgt leicht aus der Definition der Differente.

5. Zum Schluß machen wir einige Anwendungen der $\mathfrak{P}$-adischen Methode auf die Idealtheorie „im Großen". Die folgenden Sätze lassen sich natürlich auch ohne die $\mathfrak{p}$-adik gewinnen, aber mit mehr Umständen.

Satz 26. *In der Darstellung eines Ideals* $\mathfrak{a}_{ik}$ *von* $\mathfrak{A}$ *als Produkt unzerlegbarer Ideale kann die Reihenfolge der Primideale, zu denen die unzerlegbaren Faktoren gehören, beliebig vorgeschrieben werden.*

Beweis. Die beim Beweis von Satz 23 gegebene Konstruktion eines Ideals $\mathfrak{a}$ aus seinen $\mathfrak{P}$-Komponenten zeigt unmittelbar, daß, falls überhaupt ein zu $\mathfrak{P}$ gehöriger unzerlegbarer Faktor in $\mathfrak{a}$ vorkommt, er an den Anfang gesetzt werden kann. Daher kann ein Produkt $\mathfrak{P}_{ik}\mathfrak{Q}_{kj}$ stets in die Form $\mathfrak{Q}_{kl}\mathfrak{P}_{lj}$, ein Produkt $\mathfrak{P}_{ik}^{-1}\mathfrak{Q}_{ij}$ in die Form $\mathfrak{Q}_{kl}\mathfrak{P}_{jl}^{-1}$, ein Produkt $\mathfrak{P}_{ik}\mathfrak{Q}_{jk}^{-1}$ in die Form $\mathfrak{Q}_{li}^{-1}\mathfrak{P}_{lj}$ und ein Produkt $\mathfrak{P}_{ki}^{-1}\mathfrak{Q}_{jk}^{-1}$ in die Form $\mathfrak{Q}_{li}^{-1}\mathfrak{P}_{jl}^{-1}$ gebracht werden, und daraus ergibt sich leicht die allgemeine Behauptung.

Satz 27. *In jeder Linksklasse einer Maximalordnung* $\mathfrak{o}_i$ *gibt es ein ganzes Ideal, das teilerfremd ist zu vorgegebenen endlich vielen Primidealen von* $\mathfrak{o}_i$. (NEHRKORN [1].)

Beweis. Wir zeigen zuerst, daß es in einem unzerlegbaren Ideal $\mathfrak{P}_{ik}$ einen Nichtnullteiler P gibt, so daß

$$\mathfrak{o}_i P = \mathfrak{P}_{ik}\mathfrak{C}_{kj}$$

gilt mit einem $\mathfrak{C}_{kj}$, das keine unzerlegbaren Faktoren enthält, die zu vorgegebenen endlich vielen Primidealen gehören. Die $\mathfrak{P}$-Komponente von $\mathfrak{P}_{ik}$ ist ein Hauptideal (Satz 13): $\overline{\mathfrak{P}}_{ik} = \mathfrak{o}_{i\mathfrak{P}}\overline{P}$. Sei $\overline{P} = \lim P_\nu$, $P_\nu \equiv 0\ (\mathfrak{P}_{ik})$, $P_\nu = \overline{P}Q_\nu$, also $\lim Q_\nu = 1$. Es wird $\mathfrak{o}_{i\mathfrak{P}}\overline{P}_\nu = \mathfrak{o}_{i\mathfrak{P}}\overline{P}Q_\nu = \overline{\mathfrak{P}}_{ik}Q_\nu = \overline{\mathfrak{P}}_{ik}\cdot\mathfrak{o}_{k\mathfrak{P}}Q_\nu$. $1 - Q_\nu$ liegt für hinreichend hohes ν in $\overline{\mathfrak{P}}_{kk}$. $(\mathfrak{o}_{k\mathfrak{P}}Q_\nu, \overline{\mathfrak{P}}_{kk})$ enthält dann $Q_\nu + (1 - Q_\nu) = 1$, ist also gleich $\mathfrak{o}_{k\mathfrak{P}}$, daraus folgt aber $\mathfrak{o}_{k\mathfrak{P}}Q_\nu = \mathfrak{o}_{k\mathfrak{P}}$, $\overline{\mathfrak{P}}_{ik} = \mathfrak{o}_{i\mathfrak{P}}P_\nu$. Für ein solches $P_\nu = P'$ ist $\mathfrak{o}_i P' = \mathfrak{P}_{ik}\mathfrak{D}_{kl}$ mit einem $\mathfrak{D}_{kl}$, das keine zu $\mathfrak{P}$ gehörigen unzerlegbaren Faktoren enthält. Nun sei $\mathfrak{Q}$ das Produkt der von $\mathfrak{P}$ verschiedenen der vorgegebenen Primideale. Wir bestimmen c und d aus $\mathfrak{o}_i$, so daß

$$c \equiv 0\ (\mathfrak{P}_{ii}^2), \quad d \equiv 1\ (\mathfrak{P}_{ii}^2)$$

$$c \equiv 1\ (\mathfrak{Q}_{ii}), \quad d \equiv 0\ (\mathfrak{Q}_{ii})$$

ist, und

$$P = d P' + c$$

kein Nullteiler wird (indem, falls nötig, c um eine durch $\mathfrak{P}^2 \mathfrak{Q}$ teilbare Größe von P vermehrt wird).

Dann ist

$$\mathfrak{o}_i P = \mathfrak{P}_{ik} \mathfrak{C}_{kj},$$

$\mathfrak{C}_{kj}$ ist durch kein zu $\mathfrak{P}$ gehöriges unzerlegbares Ideal teilbar. Andernfalls wäre nach Satz 26 $\mathfrak{C}_{kj} = \mathfrak{P}_{kl} \mathfrak{C}'_{lj}$, da $\mathfrak{P}_{ik} \mathfrak{P}_{kl}$ wegen $\mathfrak{P}_{ik} \mathfrak{P}_{kl} \cdot \mathfrak{P}_{kl}^{-1} \mathfrak{P}_{kk} \mathfrak{P}_{ik}^{-1} \mathfrak{P}_{ii} = \mathfrak{P}_{ik} \mathfrak{P}_{kk} \mathfrak{P}_{ik}^{-1} \mathfrak{P}_{ii} = \mathfrak{P}_{ii}^2$ ein Teiler von $\mathfrak{P}_{ii}^2$ ist, also $P \equiv P'\ (\mathfrak{P}_{ik} \mathfrak{P}_{kl})$ gilt, auch $P' \equiv 0\ (\mathfrak{P}_{ik} \mathfrak{P}_{kl})$.

$\mathfrak{C}_{kj}$ ist aber auch durch kein zu $\mathfrak{Q}$ gehöriges unzerlegbares Ideal teilbar, denn sonst wäre nach Satz 26 $\mathfrak{o}_i P = \mathfrak{Q}_{is} \ldots$, $P \equiv 0\ (\mathfrak{Q}_{is})$, was der Kongruenz $P \equiv 1\ (\mathfrak{Q}_{ii})$ widerspricht.

Zum Beweis von Satz 27 betrachten wir irgendein Ideal $\mathfrak{a}_{ik}$ der gegebenen Linksklasse. Wenn in der Darstellung von $\mathfrak{a}_{ik}$ als Produkt unzerlegbarer Ideale ein unzulässiges (d. h. zu den vorgegebenen Primidealen gehöriges) vorkommt, so kann es nach Satz 26 an das Ende gebracht werden

$$\mathfrak{a}_{ik} = \mathfrak{a}'_{ij} \mathfrak{P}_{jk} \quad \text{oder} \quad \mathfrak{a}_{ik} = \mathfrak{a}'_{ij} \mathfrak{P}_{kj}^{-1}.$$

Im ersten Fall sei $P \mathfrak{o}_k = \mathfrak{C}_{lj} \mathfrak{P}_{jk}$ mit nur aus zulässigen Faktoren bestehendem $\mathfrak{C}_{ij}$, in $\mathfrak{a}_{ik} P^{-1}$ kommt dann ein unzulässiger Faktor weniger vor als in $\mathfrak{a}_{ik}$. Im zweiten Fall sei $\mathfrak{o}_k P = \mathfrak{P}_{kj} \mathfrak{C}_{jl}$, dann hat $\mathfrak{a}_{ik} P$ einen unzulässigen Teiler weniger. Auf diese Weise kann ein Ideal $\mathfrak{a}_{ik} b$ gefunden werden, das überhaupt keinen unzulässigen Teiler mehr enthält. Ist dieses Ideal noch nicht ganz, so können die mit negativem Exponenten vorkommenden unzerlegbaren Ideale fortgeschafft werden in genau der gleichen Weise, wie es eben mit den unzulässigen Idealen geschehen ist, die mit negativen Exponenten vorkommen.

§ 12. Die Zerlegung der Primideale.

1. Ist $\mathfrak{A}$ die direkte Summe der einfachen Algebren $\mathfrak{A}_1, \ldots, \mathfrak{A}_r$, so wird, wie leicht einzusehen, jede Maximalordnung $\mathfrak{o}$ von $\mathfrak{A}$ die direkte Summe von Maximalordnungen $\mathfrak{o}^{(i)}$ der $\mathfrak{A}_i$, und umgekehrt wird die direkte Summe von irgendwelchen Maximalordnungen $\mathfrak{o}^{(i)}$ der $\mathfrak{A}_i$ eine Maximalordnung $\mathfrak{o}$ von $\mathfrak{A}$. Ein Ideal $\mathfrak{a}$ von $\mathfrak{o}$ ist die direkte Summe von (gleichartigen) Idealen $\mathfrak{a}^{(i)}$ der $\mathfrak{o}^{(i)}$ und umgekehrt. Insbesondere erhält man ein Primideal (ein unzerlegbares Ideal) von $\mathfrak{o}$, wenn man die direkte Summe eines Primideals (unzerlegbaren Ideals) von $\mathfrak{o}^{(i)}$ mit allen übrigen $\mathfrak{o}^{(j)}$ $(j \neq i)$ bildet; und alle Primideale (unzerlegbaren Ideale) von $\mathfrak{A}$ haben diese Form. Wesentlich für die Arithmetik sind also nur die einfachen Algebren.

2. Alle Primideale einer Algebra $\mathfrak{A}$ erhält man nach § 2 durch Zerlegung der Primideale $\mathfrak{p}$ von $\mathfrak{g}$. Das Zentrum einer einfachen Algebra ist ein Körper über P, wir unterlassen die Untersuchung der Zerlegung der $\mathfrak{p}$ in der Maximalordnung des Zentrums als nicht hierhergehörig (diese Untersuchung für Zahlkörper ist eine Hauptaufgabe der Theorie der algebraischen Zahlen).

3. Satz 1. *$\mathfrak{A}$ sei eine einfache Algebra mit dem Zentrum* P. *Jedes Primideal $\mathfrak{p}$ von $\mathfrak{g}$ ist nur durch ein Primideal $\mathfrak{P}$ von $\mathfrak{o}$ teilbar, also* $\mathfrak{p} = \mathfrak{P}^e$ BRANDT [8].

Beweis. Nach Satz 5, § 11, ist $\mathfrak{A}_\mathfrak{p}$ die direkte Summe von so viel Algebren $\mathfrak{A}_{\mathfrak{P}_i}$, als $\mathfrak{p}$ *verschiedene* Primteiler $\mathfrak{P}_i$ in $\mathfrak{o}$ hat. Andererseits ist nach Satz 6, § 11, $\mathfrak{A}_\mathfrak{p} = \mathfrak{A} \times \mathsf{P}_\mathfrak{p}$, nach Satz 12 in IV, § 4, ist daher $\mathfrak{A}_\mathfrak{p}$ eine einfache Algebra, und daraus folgt also, daß $\mathfrak{p}$ nur durch ein Primideal $\mathfrak{P}$ von $\mathfrak{o}$ teilbar ist, w. z. b. w.

Die weitere Zerlegung der Primideale von $\mathfrak{o}$ in unzerlegbare Ideale ist ein Problem, über das sich im allgemeinen nichts aussagen läßt. Für den Spezialfall, daß der Grundkörper ein algebraischer Zahlkörper ist, vgl. VII, dort wird auch der Fall eines $\mathfrak{p}$-adischen Grundkörpers restlos abgehandelt.

4. $\mathfrak{A}$ sei eine Algebra vom Range n über P. Wird ein Primideal $\mathfrak{p}$ von $\mathfrak{g}$ in einer Maximalordnung gleich $\mathfrak{P}_1^{e_1} \cdot \ldots \cdot \mathfrak{P}_r^{e_r}$, so wird nach Satz 5, § 11,

$$\mathfrak{A}_\mathfrak{p} = \mathfrak{A}_{\mathfrak{P}_1} + \cdots + \mathfrak{A}_{\mathfrak{P}_r}.$$

Der Rang $(\mathfrak{A}_{\mathfrak{P}_i} : \mathsf{P}_\mathfrak{p})$ ist $e_i f_i$, wenn f_i den Grad von $\mathfrak{P}_i$ bezeichnet: Bedeutet $u_1, \ldots, u_m$ eine Basis einer Maximalordnung $\mathfrak{o}$ von $\mathfrak{A}_{\mathfrak{P}_i}/\mathsf{P}_\mathfrak{p}$, so hat eine lineare Kongruenz $\alpha_1 u_1 + \cdots + \alpha_m u_m \equiv 0 \pmod{\mathfrak{p}}$ $\alpha_i \equiv 0 \pmod{\mathfrak{p}}$ zur Folge, $\mathfrak{o}/\mathfrak{p}$ ist also vom Range m über $\mathfrak{g}_\mathfrak{p}/\mathfrak{p}$. Daraus folgt für die Norm von $\mathfrak{p}$ sofort $N\mathfrak{p} = \mathfrak{p}^m$. Andererseits ist $N\mathfrak{p} = N(\mathfrak{P}_i^{e_i})$ $= (N\mathfrak{P}_i)^e = \mathfrak{p}_i^{f_i e_i}$, also $m = e_i f_i$. Wir haben also den

Satz 2. *Grade f_i und Verzweigungsordnungen e_i der Primfaktoren eines Primideals $\mathfrak{p} = \prod \mathfrak{P}^{e_i}$ von $\mathfrak{g}$ in einer Maximalordnung einer Algebra $\mathfrak{A}/\mathsf{P}$ vom Range n genügen der Gleichung*

$$\sum e_i f_i = n.$$

Wegen $(\mathfrak{A}_{\mathfrak{P}_i} : \mathsf{P}_\mathfrak{p}) = e_i f_i$ heißt $e_i f_i$ *der $\mathfrak{P}_i$-Grad der Algebra* $\mathfrak{A}/\mathsf{P}$.

VII. Algebren über Zahlkörpern. Zusammenhang mit der Arithmetik der Körper.

Die tiefere Theorie der Algebren über einem Zahlkörper führt, wie HASSE erkannt hat, auf Zusammenhänge zwischen den Struktureigenschaften der Algebren und der Arithmetik der Zahlkörper, insbesondere der Klassenkörpertheorie und des Reziprozitätsgesetzes. Damit hat sich die Algebrentheorie mit anderen Entwicklungsrichtungen der Algebra und Zahlentheorie vereinigt und schreitet gemeinsam mit ihnen fort.

§ 1. Hilfssätze über Galoisfelder und p-adische Zahlkörper.

1. Satz 1. *g sei ein Teilkörper des Galoisfeldes G. Jedes Element von g ist Norm eines Elementes von G.*

Beweis. Siehe V, § 5.

Satz 2. *Unter den gleichen Voraussetzungen wie in Satz 1 ist jedes Element von g auch die Spur eines Elementes von G.*

Beweis. Sei $S(\Gamma) = \varepsilon \neq 0$ (Γ aus G), das geht, da, wenn alle $S(\Gamma)$ gleich Null wären, auch die Diskriminante von G/g gleich Null sein müßte. Für beliebiges α aus g ist $\alpha = S(\alpha\Gamma/\varepsilon)$.

2. Die folgenden Sätze handeln von der Struktur der $\mathfrak{p}$-adischen Zahlkörper. $\mathsf{P}_\mathfrak{p}$ sei ein fester $\mathfrak{p}$-adischer Zahlkörper, $\mathfrak{p}$ sein Primideal. Der Restklassenbereich der ganzen Zahl von $\mathsf{P}_\mathfrak{p}$ modulo $\mathfrak{p}$ ist ein Galoisfeld g. Die Elementezahl von g sei q. Den Absolutgrad von g nennen wir den *Restklassengrad* von $\mathsf{P}_\mathfrak{p}$.

Satz 3. *w sei eine primitive $(q^f - 1)$-te Einheitswurzel über $\mathsf{P}_\mathfrak{p}$. $W_f = \mathsf{P}_\mathfrak{p}(w)$ ist zyklisch vom Grade f über $\mathsf{P}_\mathfrak{p}$ und unverzweigt, d. h. $\mathfrak{p}$ bleibt Primideal von W_f. Der Grad von $\mathfrak{p}$ als W_f-Primideal in Beziehung auf $\mathsf{P}_\mathfrak{p}$ ist also f. Der durch $a^F \equiv a^q(\mathfrak{p})$ für jedes a aus W_f definierte Automorphismus von W_f erzeugt die galoissche Gruppe von $W_f/\mathsf{P}_\mathfrak{p}$. F heißt die Frobeniussubstitution von $W_f/\mathsf{P}_\mathfrak{p}$. F ist durch $w^F = w^q$ gegeben.*

Beweis. Da alle $(q^f - 1)$-ten Einheitswurzeln Potenzen von w sind, so ist $W_f/\mathsf{P}_\mathfrak{p}$ galoissch. Die ganzen Elemente $w^i - w^j$, $w^i \neq w^j$, sind Einheiten, denn das Produkt $\prod_{\substack{j=0 \\ j\neq i}}^{f-1} (w^i - w^j) = \frac{d}{dx}(x^{q^f-1} - 1)\big|_{x=w^i}$ $= (q^f - 1)\, w^{(q^f-2)i}$ ist eine Einheit. Eine Substitution T der Trägheitsgruppe des W_f-Primideals $\mathfrak{P}$ ist durch $w^T - w = w^i - w \equiv 0(\mathfrak{P})$ definiert. Daher ist die Trägheitsgruppe von der Ordnung 1: W_f ist unverzweigt und die galoissche Gruppe von $W_f/\mathsf{P}_\mathfrak{p}$ ist, als Zerlegungsgruppe von $\mathfrak{P} = \mathfrak{p}$, zyklisch.

Die Frobeniussubstitution F muß w in w^q überführen, denn das Element $w^F - w^q = w^j - w^q$ kann, wie wir sahen, nur durch $\mathfrak{p}$ teilbar sein, wenn es gleich Null ist. F erzeugt die Zerlegungsgruppe von $\mathfrak{p}$, also die ganze galoissche Gruppe von $W_f/\mathsf{P}_\mathfrak{p}$, und da die Ordnung von F ersichtlich gleich f ist, so folgt schließlich $(W_f : \mathsf{P}_\mathfrak{p}) = f$.

Satz 4. *K sei vom Grade n über $\mathsf{P}_\mathfrak{p}$; $\mathfrak{p}$ sei die e-te Potenz des Primideals $\mathfrak{P}$ von K, $\mathfrak{P}$ hat also den Grad $f = n/e$ in Beziehung auf $\mathsf{P}_\mathfrak{p}$. K enthält W_f als maximalen unverzweigten Teilkörper (Trägheitskörper von $\mathfrak{P}$).*

Beweis. Der Restklassenkörper von K modulo $\mathfrak{P}$ ist ein Galoisfeld vom Grade f über g, er enthält demnach q^f Elemente. Die Restklassenzahl von K modulo $\mathfrak{P}^j$ ist q^{fj} und die Anzahl der primen Restklassen modulo $\mathfrak{P}^j$ ist $q^{fj} - q^{f(j-1)} = q^{f(j-1)}(q^f - 1)$. Daher gilt

$$a^{q^{f(j-1)}(q^f-1)} \equiv 1(\mathfrak{P}^j)$$

für jedes ganze a aus K. w_0 sei modulo $\mathfrak{P}$ primitives Element des Restklassenkörpers von K modulo $\mathfrak{P}$. Die Folge $w_0, w_0^{q^f}, w_0^{q^{2f}}, \ldots, w_0^{q^{nf}}, \ldots$ ist $\mathfrak{P}$-adisch konvergent. Denn für $i < j$ ist

$$w_0^{q^{jf}} - w_0^{q^{if}} = w_0^{q^{if}}\left[w_0^{q^{if}(q^f-1)(q^{f(j-i)}-1)/(q^f-1)} - 1\right]$$

durch $\mathfrak{P}^{i+1}$ teilbar. Wir setzen $\lim\limits_{i\to\infty} w_0^{q^{if}} = w$. Aus

$$w_0^{q^{if}(q^f-1)} \equiv 1(\mathfrak{P}^{i+1})$$

folgt dann

$$w^{q^f-1} = 1.$$

w ist *primitive* $(q^f - 1)$-te Einheitswurzel, denn es ist

$$w_0^{q^{if}} - w_0 \equiv 0\ (\mathfrak{P}),$$

daher

$$w \equiv w_0(\mathfrak{P}),$$

aber w_0 ist primitive $(q^f - 1)$-te Einheitswurzel modulo $\mathfrak{P}$. Hinzunahme von Satz 3 vollendet den Beweis.

Aus den beiden letzten Sätzen folgt

Satz 5. *Es gibt genau eine unverzweigte Erweiterung f-ten Grades über $\mathsf{P}_\mathfrak{p}$, nämlich W_f.*

Satz 6. *Die Normfaktorgruppe von $W_f/\mathsf{P}_\mathfrak{p}$ ist zyklisch von der Ordnung f, und die Potenzen $1, \pi, \ldots, \pi^{f-1}$ eines Primelementes π von $\mathsf{P}_\mathfrak{p}$ sind Vertreter der Normklassen; α ist also dann und nur dann Norm von W_f, wenn der Exponent r des Ideals $(\alpha) = \mathfrak{p}^r$ durch f teilbar ist.*

Beweis. Aus $(a) = \mathfrak{p}^t$ folgt $(Na) = \mathfrak{p}^{ft}$, die Bedingung $f|r$ ist also notwendig. Ist andererseits $(\alpha) = \mathfrak{p}^{ft}$, $\alpha = \alpha_0\pi^{ft}$, α_0 Einheit, so bestimmen wir gemäß Satz 1 ein Element b_0 von W_f, so daß

$$\alpha_0 \equiv N b_0\ (\mathfrak{p}).$$

Sodann bestimmen wir eine Folge von Elementen b_i aus W_f derart, daß für $a_i = b_0 + b_1\pi + \cdots + b_{i-1}\pi^{i-1}$ die Kongruenz $\alpha_0 \equiv N a_i\ (\mathfrak{p}^i)$

gilt. b_0 war dieser Bedingung gemäß gewählt. Sind $b_0, \ldots, b_{n-1}$ bekannt, so ergibt sich zur Bestimmung von b_n die Kongruenz

$$\alpha_0 \equiv N a_n + \pi n S_{w_f \to \mathsf{P}_\mathfrak{p}}(a_n^{1+F+\cdots+F^{f-2}} b_n^{F^f-1}) \quad (\mathfrak{p}^{n+1})$$

oder

$$S_{W_f \to \mathsf{P}_\mathfrak{p}}(a_n^{1+F+\cdots+F^{f-2}} b_n^{F^f-1}) \equiv (\alpha_0 - N a_n)/\pi^n \quad (\mathfrak{p})$$

die nach Satz 2 lösbar ist. $a = \pi^t \lim\limits_{i\to\infty} a_i$ erfüllt die Gleichung $Na = \alpha$.

Satz 7. *Z sei zyklisch vom Grade n über $\mathsf{P}_\mathfrak{p}$. Es gibt eine niedrigste Potenz $\mathfrak{f}_\mathfrak{p} = \mathfrak{p}^\varrho$ von $\mathfrak{p}$, so daß jede Zahl $\alpha \equiv 1 \pmod{\mathfrak{f}_\mathfrak{p}}$ von $\mathsf{P}_\mathfrak{p}$ Norm einer Zahl von Z ist. $\mathfrak{f}_\mathfrak{p}$ heißt der Führer von $Z/\mathsf{P}_\mathfrak{p}$. Damit eine Zahl von P Norm einer Zahl von Z sei, ist demnach notwendig und hinreichend, daß sie Normenrest modulo $\mathfrak{f}_\mathfrak{p}$ ist.*

Beweis. Es genügt zu zeigen, daß für hinreichend große m jede Zahl $\alpha \equiv 1$ $(\mathfrak{p}^m)$ sogar eine n-te Potenz ist. Für hinreichend großes m konvergiert aber die $\mathfrak{p}$-adische Logarithmusreihe

$$\log\alpha = \log(1 + \alpha - 1) = (\alpha - 1) - \frac{(\alpha-1)^2}{2} + \frac{(\alpha-1)^3}{3} - \cdots$$

und hat einen Wert $\log\alpha$, der durch eine vorgegebene Potenz von $\mathfrak{p}$ teilbar ist. Daher ist für hinreichend großes m die $\mathfrak{p}$-adische Exponentialreihe

$$e^{\frac{1}{n}\log\alpha} = 1 + \frac{\frac{1}{n}\log\alpha}{1!} + \frac{\left(\frac{1}{n}\log\alpha\right)^2}{2!} + \cdots$$

konvergent. Ihr Wert β, eine Zahl von $\mathsf{P}_\mathfrak{p}$, genügt der Gleichung $\beta^n = \alpha$.

Aus Satz 6 folgt, daß der Führer eines unverzweigten Körpers W_f gleich 1 ist.

Für den § 1 vgl. etwa HASSE [1].

§ 2. p-adische Algebren.

In diesem Abschnitt sei ein $\mathfrak{p}$-adischer Zahlkörper $\mathsf{P}_\mathfrak{p}$ mit dem Primideal $\mathfrak{p}$ fest gegeben. Ziel ist die Aufstellung aller normalen einfachen Algebren über P und die Untersuchung der Struktur der BRAUERschen Gruppe. Für diesen Paragraph vgl. HASSE [1], [2], [3], [5]; KÖTHE [5].

In Hinsicht auf die Möglichkeit der Entstehung von Algebren über $\mathsf{P}_\mathfrak{p}$ durch $\mathfrak{p}$-adische Erweiterung von Algebren über einem Zahlkörper bezeichnen wir die Algebren über $\mathsf{P}_\mathfrak{p}$ mit $\mathfrak{A}_\mathfrak{p}$, $\mathfrak{B}_\mathfrak{p}$ usw.

1. Zuerst untersuchen wir die normalen einfachen Divisionsalgebren $\mathfrak{D}_\mathfrak{p}$ über $\mathsf{P}_\mathfrak{p}$. Ein $\mathfrak{D}_\mathfrak{p}$ hat nach Satz 12, VI, § 11, eine einzige Maximalordnung $\mathfrak{o}$. $\mathfrak{p}$ ist Potenz des Primideals $\mathfrak{P}$ von $\mathfrak{o}$: $\mathfrak{p} = \mathfrak{P}^e$. Bedeutet f den Grad von $\mathfrak{P}$, so wird nach Satz 2, VI, § 12, $ef = n^2$ der Rang $(\mathfrak{D}_\mathfrak{p} : \mathsf{P}_\mathfrak{p})$. $\mathfrak{o}/\mathfrak{P}$ ist nach Satz 29, VI, § 2, eine Divisionsalgebra über dem Galoisfeld $\mathfrak{g}/\mathfrak{p}$, ist also nach Satz 1, § 1, selbst ein Galoisfeld vom Grade f. Dies ist der Punkt, an dem die besondere Struktur der Zahlkörper wesentlich ausgenutzt wird. Die $\mathfrak{P}$-Restklasse des

Elementes w von $\mathfrak{o}$ sei ein erzeugendes Element von $\mathfrak{o}/\mathfrak{P}$. Der Körper $\mathsf{P}_\mathfrak{p}(w)$ hat dann mindestens den Grad f über $\mathsf{P}_\mathfrak{p}$, und da ein Teilkörper von $\mathfrak{D}_\mathfrak{p}$ höchstens den Grad n haben kann, so gilt $f \leqq n$. Bedeutet P ein Primelement von $\mathfrak{o}$ — also $(P) = (\mathfrak{P})$ —, so hat der Körper $\mathsf{P}_\mathfrak{p}(P)$ mindestens den Grad e über $\mathsf{P}_\mathfrak{p}$ (Satz 4, § 1). Es ist daher auch $e \leqq n$, und aus $ef = n^2$, $e \leqq n$, $f \leqq n$ ergibt sich $e = f = n$:

Satz 1. *Grad und Verzweigungsordnung (des Primideals) einer normalen Divisionsalgebra $\mathfrak{D}_\mathfrak{p}$ über $\mathsf{P}_\mathfrak{p}$ vom Range n^2 sind gleich n.*

2. Der Teilkörper $\mathsf{P}_\mathfrak{p}(w)$ von $\mathfrak{D}_\mathfrak{p}$ hat nach dem Voraufgegangenen den Grad n, denn sein Grad muß mindestens gleich $f = n$ sein. Aus Satz 4, § 1, ergibt sich also, daß $\mathsf{P}_\mathfrak{p}(w)$ unverzweigt über $\mathsf{P}_\mathfrak{p}$ ist. $\mathsf{P}_\mathfrak{p}(w)$ ist demnach (Satz 3, § 1) der Körper W_n der $(q^n - 1)$-ten Einheitswurzeln. W_n ist so als maximaler Teilkörper einer jeden *Divisionsalgebra* vom Range n^2 erkannt. Daraus folgt aber nach IV, § 4, ohne weiteres, daß sich W_n in *jede* normale einfache Algebra $\mathfrak{A}_\mathfrak{p}$ vom Range n^2 einbetten läßt.

Damit ist bewiesen

Satz 2. *Jede normale einfache Algebra $\mathfrak{A}_\mathfrak{p}$ über $\mathsf{P}_\mathfrak{p}$ ist zyklisch mit W_n als maximalem Teilkörper,*

$$\mathfrak{A}_\mathfrak{p} = (\alpha, W_n, F_n).$$

Als erzeugende Substitution der Galoisgruppe von W_n haben wir gleich die arithmetisch ausgezeichnete Frobeniussubstitution F_n gewählt, diese Normierung ist für die Formulierung des folgenden Satzes wesentlich.

Satz 3. *Die Gruppe $\mathfrak{B}(\mathsf{P}_\mathfrak{p})$ der Algebrenklassen mit dem Zentrum $\mathsf{P}_\mathfrak{p}$ ist isomorph zur additiven Gruppe der rationalen Zahlen modulo 1. Eine isomorphe Abbildung von $\mathfrak{B}(\mathsf{P}_\mathfrak{p})$ auf diese Gruppe entsteht, wenn der Klasse der Algebra (α, W_n, F_n) vom Range n^2 die Restklasse r/n modulo 1 zugeordnet wird, wo r den Exponenten der in α enthaltenen Potenz von $\mathfrak{p}$ bezeichnet. Index und Exponent von $(\alpha, W_n, \mathsf{P}_n)$ sind gleich und gleich der Ordnung von r/n mod 1.*

Beweis. 1. Wir betrachten die Untergruppe $\mathfrak{B}_n$ aller Algebrenklassen, die von W_n zerfällt werden, von denen jede also eine Algebra (α, W_n, F_n) enthält. Nach Satz 2, V, § 5, ist $\mathfrak{B}_n$ isomorph zur Normenklassengruppe von $W_n/\mathsf{P}_\mathfrak{p}$. Die ist nach Satz 6, § 1, zyklisch von der Ordnung n, und $1, \pi, \ldots, \pi^{n-1}$ sind Vertreter der Normenklassen, falls $\mathfrak{p} = (\pi)$. Daher wird $\mathfrak{B}_n$ durch die Zuordnung $(\alpha, W_n, F_n) \to r/n$ mit der Gruppe der Restklassen von Zahlen g/n mod 1 isomorph (g ganz rational). Der Exponent von (α, W_n, F_n) ist also die Ordnung von r/n mod 1.

2. Zur Vollendung des Beweises bleibt allein zu zeigen übrig, daß für zwei ähnliche Algebren

$$\mathfrak{A}_\mathfrak{p} = (\alpha, W_n, F_n); \quad (\alpha) = \mathfrak{p}^r,$$
$$\mathfrak{A}'_\mathfrak{p} = (\alpha', W_{n'}, F_{n'}); \quad (\alpha') = \mathfrak{p}^{r'},$$
$$r/n \equiv r'/n' \pmod 1$$

wird. Es genügt, den Fall zu betrachten, daß n' durch n teilbar ist, etwa $n' = ns$.

Nach Satz 5, V, § 5, wird dann

$$\mathfrak{A}'_{\mathfrak{p}} = (\alpha^s, W_{ns}, F^*),$$

wo F^* eine solche Ausdehnung von F_n auf W_{ns} ist, welche die ganze Galoisgruppe von W_{ns} erzeugt. Ein solches F^* ist aber nach Definition der Frobeniussubstitution gerade $F_{ns} = F_{n'}$. Aus

$$\mathfrak{A}'_{\mathfrak{p}} = (\alpha', W_{ns}, F_{ns}) = (\alpha^s, W_{ns}, F_{ns})$$

folgt aber, daß α'/α^s eine Norm von W_{ns} ist, so daß $r' \equiv rs \pmod{ns}$ oder $r'/n' \equiv r/n \pmod{1}$ sein muß. Da hiernach (α, W_n, F_n) genau dann zu einer Algebra kleineren Ranges ähnlich ist, wenn r und n einen Teiler gemeinsam haben, so ist auch der Index von (α, W_n, F_n) gleich der Ordnung von $r/n \bmod 1$.

Nach Satz 3 ist eine Algebrenklasse über $\mathsf{P}_{\mathfrak{p}}$ vollständig durch die Restklasse von r/n modulo 1 bestimmt. Wir nennen daher diese Restklasse die *Invariante der Algebrenklasse.*

3. Das Verhalten der Algebren über $\mathsf{P}_{\mathfrak{p}}$ bei Erweiterung des Grundkörpers ist leicht aufzuklären. Alles ist enthalten in dem

Satz 4. *$\Lambda_{\mathfrak{P}}$ sei eine Erweiterung endlichen Grades von* P. *$(\mathfrak{A}_{\mathfrak{p}})$ sei eine Algebrenklasse über* P *mit der Invariante ϱ. Dann ist die Invariante der Erweiterungsklasse $(\mathfrak{A}_{\mathfrak{p}\,\Lambda_{\mathfrak{P}}})$ gleich $\varrho\,(\Lambda_{\mathfrak{P}} : \mathsf{P}_{\mathfrak{p}})$. $\Lambda_{\mathfrak{P}}$ ist genau dann Zerfällungskörper von $(\mathfrak{A}_{\mathfrak{p}})$, wenn $(\Lambda_{\mathfrak{P}} : \mathsf{P}_{\mathfrak{p}})$ durch den Index von $(\mathfrak{A}_{\mathfrak{p}})$ teilbar ist.* (KÖTHE [5].)

Eine Folgerung daraus ist:

Jede Algebra $\mathfrak{A}_{\mathfrak{p}}$ vom Range n^2 über $\mathsf{P}_{\mathfrak{p}}$ enthält zu jeder Erweiterung n-ten Grades von $\mathsf{P}_{\mathfrak{p}}$ einen isomorphen Teilkörper, wird also durch jede Erweiterung n-ten Grades von $\mathsf{P}_{\mathfrak{p}}$ zerfällt.

Beweis von Satz 4. Nach Satz 4, V, § 5, ist, falls $\mathfrak{A}_{\mathfrak{p}} = (\alpha, W_n, F_n)$, $\mathfrak{A}_{\mathfrak{p}} \times \Lambda_{\mathfrak{P}} \backsim (\alpha, W_n\Lambda_{\mathfrak{P}}, S)$, wo $W_n\Lambda_{\mathfrak{P}}$ das körpertheoretische Kompositum von W_n und $\Lambda_{\mathfrak{P}}$ bedeutet und S die niedrigste Potenz von F_n ist, die in der galoisschen Gruppe von $W_n\Lambda_{\mathfrak{P}}/\Lambda_{\mathfrak{P}}$ liegt. Hat $\Lambda_{\mathfrak{P}}$ den Restklassengrad f, so ist der Durchschnitt $W_n \cap \Lambda_{\mathfrak{P}}$ gleich $W_{(n,f)}$, demnach wird $S = F_n^{(n,f)}$. Wir gehen über zur Darstellung von $\mathfrak{A}_{\mathfrak{p}} \times \Lambda_{\mathfrak{P}}$ mittels der Frobeniussubstitution F' von $W_n\Lambda_{\mathfrak{P}}$. Der Definition gemäß ist $a^{F'} \equiv a^{q^f} \pmod{\mathfrak{P}'}$ für Elemente a aus $W_n\Lambda_{\mathfrak{P}}$, denn die Restklassenzahl von $\Lambda_{\mathfrak{P}}$ ist q^f. Daraus folgt $F' = F^f = S^{f/(n,f)}$. Daher ist

$$\mathfrak{A}_{\mathfrak{p}} \times \Lambda_{\mathfrak{P}} \sim (a^{f/(n,f)}, W_n\Lambda_{\mathfrak{P}}, F')\,.$$

Der Grad $(W_n\Lambda_{\mathfrak{P}} : \Lambda_{\mathfrak{P}})$ ist gleich $n/(n,f)$. Bedeutet e die Verzweigungsordnung von $\Lambda_{\mathfrak{P}}$, so wird, wenn ϱ die Invariante von $(\mathfrak{A}_{\mathfrak{p}})$ bedeutet, $a^{f/(n,f)}$ durch die $en\varrho\cdot f/(n,f)$-te Potenz des Primideals von $\Lambda_{\mathfrak{P}}$ teilbar, also die Invariante von $(\mathfrak{A}_{\mathfrak{p}} \times \Lambda_{\mathfrak{P}})$ kongruent

$$\frac{en\varrho f/(n,f)}{n/(n,f)} = ef\varrho\,,$$

und ef ist der Grad von $\Lambda_{\mathfrak{P}}$. Damit ist Satz 4 bewiesen.

Eine weitere Folgerung aus Satz 4 ist: *Wenn* $\Lambda_{\mathfrak{P}}$ *zyklisch über* $\mathsf{P}_{\mathfrak{p}}$ *ist, so ist die Normenklassengruppe von* $\Lambda_{\mathfrak{P}}/\mathsf{P}_{\mathfrak{p}}$ *zyklisch von der Ordnung* $(\Lambda_{\mathfrak{P}} : \mathsf{P}_{\mathfrak{p}})$.

4. Satz 5. *Ist* n *der Index der normalen einfachen Algebra* $\mathfrak{A}_{\mathfrak{p}}$ *über* $\mathsf{P}_{\mathfrak{p}}$, *so wird* $\mathfrak{p}$ *die* n*-te Potenz des Primideals* $\mathfrak{P}$ *einer Maximalordnung* $\mathfrak{o}$ *von* $\mathfrak{A}_{\mathfrak{p}}$, *und die Differente von* $\mathfrak{o}$ *ist* $\mathfrak{P}^{n-1}$.

Beweis. $\mathfrak{p} = \mathfrak{P}^n$ folgt aus Satz 1, VI, § 12, und Satz 1. Nach Satz 3, VI, § 5, ist die Differente $\mathfrak{d}$ von $\mathfrak{o}$ durch $\mathfrak{P}^{n-1}$ teilbar. Es muß also lediglich bewiesen werden, daß $\mathfrak{d}$ nicht durch $\mathfrak{P}^n = \mathfrak{p}$ teilbar ist; daß also — Definition der Differente — $S(1/\mathfrak{p})$ nicht ganz ist. Sei $\mathfrak{p} = (\pi)$. Da $S(\pi^{-1}a) = \pi^{-1}S(a)$ ist, so handelt es sich darum, ein $a \subset \mathfrak{o}$ mit nicht durch $\mathfrak{p}$ teilbarer Spur anzugeben. Gehört a einem maximalen Teilkörper von $\mathfrak{A}_{\mathfrak{p}}$ an, so ist $S(a)$ nach IV, § 7, auch die Spur von a als Element dieses Teilkörpers. Entnimmt man a aus W_n, so werden nicht alle Spuren $S(a)$ durch $\mathfrak{p}$ teilbar sein können, weil W_n unverzweigt über $\mathsf{P}_{\mathfrak{p}}$ ist.

Nach VI, § 11, Satz 25, kann hieraus eine Formel für die Differente einer einfachen Algebra über einen Zahlkörper gewonnen werden, weiter auch für die Diskriminante nach VI, § 6; vgl. SHODA [5].

§ 3. Unendliche Primstellen von Zahlkörpern.

Die späteren Ausführungen zwingen uns dazu, neben den durch Primideale definierten $\mathfrak{p}$-adischen Bewertungen algebraischer Zahlkörper auch die Bewertungen durch Absolutbeträge heranzuziehen.

P sei ein algebraischer Zahlkörper, wir denken ihn uns als Teilkörper des Körpers Ω aller komplexen Zahlen. Jeder Isomorphismus $a \to a^{(i)}$ von P auf einen Teilkörper von Ω definiert eine Bewertung $|a|^{(i)}$ von P, indem $|a|^{(i)}$ gleich dem Betrag der komplexen Zahl $a^{(i)}$ gesetzt wird. Konjugiert komplexe Isomorphismen ergeben dieselbe Bewertung, man überzeugt sich leicht davon, daß dies der einzige Fall ist, daß zwei verschiedene Isomorphismen äquivalente Bewertungen ergeben. Gibt es also r_1 isomorphe Abbildungen von P auf reelle Zahlkörper und r_2 Abbildungen auf komplexe Körper, so gibt es $r_1 + r_2$ inäquivalente Bewertungen durch Absolutbeträge. Diese Bewertungen haben, wie die durch Primideale definierten, die Eigenschaft $|ab| = |a|\,|b|$. Zusammen mit allen $\mathfrak{p}$-adischen Bewertungen erschöpfen sie bekanntlich alle überhaupt möglichen Bewertungen von P, die diese Eigenschaft haben.

Die Bewertungen durch Absolutbeträge werden gewöhnlich als die *unendlichen Primstellen* von k bezeichnet, Symbole $\mathfrak{p}_{\infty,1}, \mathfrak{p}_{\infty,2} \dots$. Die Primideale $\mathfrak{p}$ von P heißen die *endlichen Primstellen* von P.

Zu einer reellen unendlichen Primstelle $\mathfrak{p}_\infty$ gehört als perfekte Erweiterung $\mathsf{P}_{\mathfrak{p}_\infty}$ ein zum Körper der reellen Zahlen Ω_0 isomorpher Teilkörper von Ω, zu einer komplexen Primstelle gehört Ω selbst.

Entsprechend Abschnitt 2 stellen wir alle normalen einfachen Algebren über Ω_0 und Ω auf. Das ist durch Angabe der Divisionsalgebren leicht geschehen: über Ω_0 gibt es zwei Divisionsalgebren, Ω_0 selbst und die Quaternionenalgebra $\mathfrak{Q}$; über Ω gibt es nur Ω selbst.

Die Gruppe der Algebrenklassen über Ω_0 ist also zyklisch von der Ordnung 2 und daher isomorph zur additiven Gruppe der Restklassen von 0 und $\frac{1}{2}$ mod 1. Dies ist für die unendlichen reellen Primstellen die Ergänzung zu Satz 3 in § 2. Als *Invariante* der Klasse Ω_0 werden wir 0 mod 1, als *Invariante* von $\mathfrak{Q}$ $\frac{1}{2}$ mod 1 einführen. Für Ω besteht die Algebrenklassengruppe nur aus der eins, als deren *Invariante* bezeichnen wir 0 mod 1.

Λ sei eine Erweiterung von P. Der Zerlegung der P-Primideale in Λ entsprechend wollen wir formal eine Zerlegung der unendlichen Primstellen $\mathfrak{p}_\infty$ von P in unendliche Primstellen $\mathfrak{P}_\infty$ von Λ festsetzen. $\mathfrak{P}_\infty$ soll $\mathfrak{p}_\infty$ teilen, wenn die Bewertung $|\;|_{\mathfrak{P}_\infty}$ von Λ durch Fortsetzung der Bewertung $|\;|_{\mathfrak{p}_\infty}$ von P entsteht (wie es auch bei den endlichen Primstellen ist). $\mathfrak{P}_\infty$ muß daher zu einer Fortsetzung des Isomorphismus $a \to a^{(i)}$ gehören, zu dem $\mathfrak{p}_\infty$ gehört. Als Exponenten e der in $\mathfrak{p}_\infty$ enthaltenen Potenz von $\mathfrak{P}_\infty$ erklären wir die Anzahl der verschiedenen Fortsetzungen des Isomorphismus $a \to a^{(i)}$, die das gleiche $\mathfrak{P}_\infty$ ergeben. Daher ist $e = 1$, wenn $\mathfrak{p}_\infty$ und $\mathfrak{P}_\infty$ beide reell sind, dagegen $e = 2$, wenn $\mathfrak{p}_\infty$ reell und $\mathfrak{P}_\infty$ komplex ist, $e = 1$, wenn $\mathfrak{p}_\infty$ (und daher auch $\mathfrak{P}_\infty$) komplex ist. Setzen wir schließlich noch den Grad f von $\mathfrak{P}_\infty$ gleich 1, so gilt für die Zerlegung

$$\mathfrak{p}_\infty = \Pi\, \mathfrak{P}_{\infty,i}^{e_i}$$

wie für endliche $\mathfrak{p}$ die Formel

$$\sum e_i f_i = (\Lambda : \mathsf{P}).$$

Die verschiedenen $\Lambda_{\mathfrak{P}_{\infty,i}}$ sind den verschiedenen Körperkomposita von Λ mit $\mathsf{P}_{\mathfrak{p}_\infty}$ isomorph. Daher ist nach IV, § 3, wie im Falle endlicher $\mathfrak{p}$, $\Lambda \times \mathsf{P}_{\mathfrak{p}_\infty}$ zur direkten Summe der $\Lambda_{\mathfrak{P}_{\infty,i}}$ isomorph.

Ist Λ/P galoissch, so bezeichnen wir die Gesamtheit aller Automorphismen von Λ/P, die $\mathfrak{P}_\infty$ (d. h. die Bewertung $|\;|_{\mathfrak{P}_\infty}$) in sich überführen, als die *Zerlegungsgruppe* von $\mathfrak{P}_\infty$. Sie ist von der Ordnung 1, außer wenn $\mathfrak{p}_\infty$ reell, aber $\mathfrak{P}_\infty$ komplex ist, dann hat sie die Ordnung 2.

Schließlich wollen wir auch für ein unendliches $\mathfrak{p}$ den $\mathfrak{p}$-Führer einer zyklischen Erweiterung Z von $\mathsf{P}_\mathfrak{p}$ definieren: $\mathfrak{f}_\mathfrak{p} = 1$, wenn $\mathsf{Z} = \mathsf{P}$, also immer für komplexes $\mathfrak{p}$, $\mathfrak{f}_\mathfrak{p} = \mathfrak{p}$, wenn $(\mathsf{Z} : \mathsf{P}_\mathfrak{p}) = 2$, wenn also $\mathfrak{p}$ reell ist und Z der Körper der komplexen Zahlen ist.

§ 4. Der Übergang zu den Primstellen.

P sei ein endlicher algebraischer Zahlkörper, $\mathfrak{A}$ eine einfache normale Algebra über P. Zu jeder Primstelle $\mathfrak{p}$ von P gehört dann eine Algebra $\mathfrak{A}_\mathfrak{p} = \mathfrak{A} \times \mathsf{P}_\mathfrak{p}$, die aus $\mathfrak{A}$ durch $\mathfrak{p}$-adische Erweiterung des Grundkörpers P, oder auch (im Falle endlicher $\mathfrak{p}$) — nach VI, § 11, Satz 6 —

durch $\mathfrak{P}$-adische Erweiterung von $\mathfrak{A}$ für ein $\mathfrak{p}$ teilendes Primideal $\mathfrak{P}$ von $\mathfrak{A}$ entsteht. $\mathfrak{A}_\mathfrak{p}$ ist einfach und normal über $\mathsf{P}_\mathfrak{p}$ und heißt die *$\mathfrak{p}$-adische Komponente* von $\mathfrak{A}$. Äquivalente $\mathfrak{A}$ bestimmen äquivalente $\mathfrak{A}_\mathfrak{p}$. Jede Algebrenklasse über P bestimmt also unendlich viele Algebrenklassen über den einzelnen Körpern $\mathsf{P}_\mathfrak{p}$. Vgl. HASSE [**2**], [**3**], [**4**] für den ganzen Paragraphen.

Hat $\mathfrak{A}$ den Index m, so ist der Index $m_\mathfrak{p}$ von $\mathfrak{A}_\mathfrak{p}$ ein Teiler von m, $m_\mathfrak{p}$ heißt *der $\mathfrak{p}$-Index von* $\mathfrak{A}$. Zu $\mathfrak{A}_\mathfrak{p}$ gehört im Sinne von Satz 3 und seiner Ergänzung am Schluß des vorigen Abschnittes eine gewisse Restklasse $\varrho_\mathfrak{p}$ mod 1 als Invariante. $\varrho_\mathfrak{p}$ heißt *die $\mathfrak{p}$-Invariante der Algebra* $\mathfrak{A}$ *oder der Algebrenklasse von* $\mathfrak{A}$. Wir bezeichnen sie mit $\left(\frac{\mathfrak{A}}{\mathfrak{p}}\right)$.

Schließlich ist der Exponent von $\mathfrak{A}_\mathfrak{p}$, der nach Satz 3, § 2, gleich dem $\mathfrak{p}$-Index $m_\mathfrak{p}$ ist, ein Teiler des Exponenten m^* der Klasse von $\mathfrak{A}$.

Λ sei ein Zerfällungskörper von $\mathfrak{A}$. Ist $\mathfrak{P}$ ein Λ-Primteiler der Primstelle $\mathfrak{p}$ von P, so gilt

$$(\mathfrak{A}_\mathfrak{p})_{\Lambda_\mathfrak{P}} = \mathfrak{A}_{\Lambda_\mathfrak{P}} = (\mathfrak{A}_\Lambda)_\mathfrak{P} \sim 1,$$

$\Lambda_\mathfrak{P}$ ist daher Zerfällungskörper von $\mathfrak{A}_\mathfrak{p}$, das hat insbesondere $(\Lambda_\mathfrak{P} : \mathsf{P}_\mathfrak{p}) \equiv 0\ (m_\mathfrak{p})$ zur Folge.

Wenn $\mathfrak{A}$ ein verschränktes Produkt $\mathfrak{A} = (a, \mathfrak{K})$ ist, so wird

$$\mathfrak{A}_\mathfrak{p} \sim (a_\mathfrak{P}, \mathfrak{K}_\mathfrak{P}).$$

Da für galoissches $\mathfrak{K}/\mathsf{P}$ alle $\mathfrak{K}_\mathfrak{P}$, $\mathfrak{P}/\mathfrak{p}$, isomorph sind, so wollen wir in diesem Falle den gemeinsamen Typus der $\mathfrak{K}_\mathfrak{P}$ mit $\mathfrak{K}^\mathfrak{p}$ bezeichnen. Demgemäß schreiben wir

$$\mathfrak{A}_\mathfrak{p} \sim (a_\mathfrak{p}, \mathfrak{K}^\mathfrak{p})$$

an Stelle der vorigen Gleichung.

$\mathfrak{P}$ ist dabei irgendein $\mathfrak{K}$-Primteiler von $\mathfrak{p}$ und $a_\mathfrak{P}$ bzw. $a_\mathfrak{p}$ bezeichnet den Teil des Faktorensystems a, der sich nur auf die Zerlegungsgruppe der Primstelle $\mathfrak{P}$ bezieht (V, § 4, Satz 1).

Für den besonderen Fall einer zyklischen Algebra $\mathfrak{A} = (\alpha, \mathfrak{Z}, S)$ dürfen wir nach V, § 5, Satz 4, auch schreiben

$$\mathfrak{A}_\mathfrak{p} \sim (\alpha, \mathfrak{Z}^\mathfrak{p}, S_\mathfrak{p}),$$

wenn $S_\mathfrak{P}$ die früheste in der Zerlegungsgruppe von $\mathfrak{P}$ gelegene Potenz von S bezeichnet; also $S_\mathfrak{p} = S^{n/n_\mathfrak{p}}$, wenn $(Z : \mathsf{P}) = n$, $(Z^\mathfrak{p} : \mathsf{P}_\mathfrak{p}) = n_\mathfrak{p}$ ist.

Die Differente $\mathfrak{D}$ einer Maximalordnung $\mathfrak{o}$ von $\mathfrak{A}$ reduziert sich beim Übergang von $\mathfrak{A}$ zu $\mathfrak{A}_\mathfrak{p}$ auf die Differente $\mathfrak{D}_\mathfrak{p}$ der Maximalordnung $\mathfrak{o}_\mathfrak{p}$ von $\mathfrak{A}_\mathfrak{p}$ (VI, § 11, Satz 25). Es ist also $\mathfrak{D} = \Pi\mathfrak{D}_\mathfrak{p}$ (Satz 20—22, VI, § 11). Da aber nach Satz 5, § 1, $m_\mathfrak{p} > 1$ nur für $\mathfrak{D}_\mathfrak{p} \neq 1$ gilt, so erkennen wir, daß *nur für endlich viele* Primstellen $\mathfrak{p}$ von P der $\mathfrak{p}$-Index von $\mathfrak{A}$ von 1 verschieden ist, nämlich, außer für gewisse unendliche $\mathfrak{p}$, *gerade für die Primteiler der Diskriminante von* $\mathfrak{A}/\mathsf{P}$. Diese $\mathfrak{p}$ (einschließlich der unendlichen) heißen die *Verzweigungsstellen* der Algebra $\mathfrak{A}$, oder auch der ganzen Algebrenklasse von $\mathfrak{A}$.

Für einen zyklischen Körper Z/P bezeichnen wir den Führer $\mathfrak{f}_\mathfrak{p}$ von $Z^\mathfrak{p}$ (Satz 7, § 1) als den $\mathfrak{p}$-*Führer von* Z. Das Produkt aller $\mathfrak{p}$-Führer, $\mathfrak{f} = \prod \mathfrak{f}_\mathfrak{p}$, heißt der *Führer von* Z/P. Nach der Bemerkung am Schluß von § 1 ist $\mathfrak{f}_\mathfrak{p} = 1$, außer für unendliche nur für die endlich vielen $\mathfrak{p}$, welche die Diskriminante von Z/P teilen, $\mathfrak{f}$ ist also ein *endlicher Idealmodul.*

§ 5. Algebren über Zahlkörpern.

1. Die tiefere Theorie der Algebren über Zahlkörpern beruht auf einem Satze, der viele Eigenschaften einer Algebra $\mathfrak{A}$ auf ihre $\mathfrak{p}$-adischen Komponenten $\mathfrak{A}_\mathfrak{p}$ zurückführen lehrt:

Satz 1. $\mathfrak{A}/\mathsf{P}$ *ist dann und nur dann eine volle Matrizesalgebra über* P, *wenn dies für alle* $\mathfrak{A}_\mathfrak{p}$ *gilt.* (HASSE-BRAUER-NOETHER [**1**], HASSE [**4**], ALBERT-HASSE [**1**].)

Beweis. Satz 1 ist gleichwertig mit einem Satz aus der Klassenkörpertheorie: Dann und nur dann ist die Zahl α von P Norm einer Zahl des zyklischen Erweiterungskörpers Z, wenn für jede Primstelle $\mathfrak{p}$ von P die Zahl α Norm einer Zahl der $\mathfrak{p}$-adischen Erweiterung $\mathsf{Z}^\mathfrak{p}$ ist. (Nach § 1, Satz 7, und der Definition des Führers $\mathfrak{f}$ von Z/P ist das damit gleichbedeutend, daß α Normenrest modulo $\mathfrak{f}$ ist.) Für eine Algebra $\mathfrak{A} \backsim (\alpha, Z, S)$ mit zyklischem Zerfällungskörper folgt Satz 1 aus dem Normensatz unmittelbar (Satz 1 in V, § 5). Die allgemeine Aussage von Satz 1 wird folgendermaßen auf den zyklischen Sonderfall zurückgeführt: Sei $\mathfrak{A}_\mathfrak{p} \backsim 1$ für alle $\mathfrak{p}$. Gesetzt, der Index m von $\mathfrak{A}$ wäre durch eine Primzahl $p > 1$ teilbar. Λ sei ein galoisscher Zerfällungskörper von $\mathfrak{A}$ und Λ_0 der Teilkörper von Λ, der zu einer p-Sylowgruppe der galoisschen Gruppe von Λ/P gehört. Es ist dann $(\Lambda_0 : \mathsf{P}) \not\equiv 0(p)$. Zwischen Λ_0 und Λ können Körper $\Lambda_0 \subset \Lambda_1 \subset \Lambda_2 \subset \cdots \subset \Lambda_s = \Lambda$ eingeschoben werden, derart, daß Λ_i/Λ_{i-1} zyklisch vom Grade p ist. Aus $\mathfrak{A}_\mathfrak{p} \backsim 1$ folgt $(\mathfrak{A}_{\Lambda_{s-1}})_\mathfrak{P} \sim 1$ für jede Primstelle $\mathfrak{P}$ von Λ_{s-1}. Da außerdem $\mathfrak{A}_{\Lambda_{s-1}}$ den zyklischen Zerfällungskörper Λ_s hat, so folgt nach dem Normensatz $\mathfrak{A}_{\Lambda_{s-1}} \backsim 1$. Auf die gleiche Weise kann jetzt $\mathfrak{A}_{\Lambda_{s-2}} \backsim 1$, $\mathfrak{A}_{\Lambda_{s-3}} \backsim 1, \ldots, \mathfrak{A}_{\Lambda_0} \backsim 1$ erschlossen werden. $\mathfrak{A}$ hätte also den Zerfällungskörper Λ_0, was wegen $(\Lambda_0 : \mathsf{P}) \not\equiv 0\ (p)$ der Voraussetzung $m \equiv 0(p)$ widerspricht.

Einen anderen Beweis von Satz 1 siehe in § 8, 3. Satz 1 kann auch so formuliert werden:

Wenn $\mathfrak{A} \not\backsim 1$ *ist, so hat* $\mathfrak{A}/\mathsf{P}$ *mindestens eine Verzweigungsstelle.*

(Dabei sind aber auch die unendlichen verzweigten Primstellen zu berücksichtigen!)

2. Wir ziehen eine Reihe von Folgerungen aus Satz 1.

Satz 2. *Kennzeichnung der von einem Körper Λ/P zerfällten Algebren. Damit Λ/P ein Zerfällungskörper der Algebra $\mathfrak{A}/\mathsf{P}$ ist, ist die notwendige Bedingung, daß für jede Primstelle $\mathfrak{P}$ von Λ die $\mathfrak{P}$-adische Erweiterung $\Lambda_{\mathfrak{P}}$ ein Zerfällungskörper von $\mathfrak{A}_{\mathfrak{p}}$ ist, auch hinreichend. Nach Satz 4 in § 2 können also die Zerfällungskörper Λ von $\mathfrak{A}$ dadurch gekennzeichnet werden, daß für jede Primstelle $\mathfrak{P}$ der $\mathfrak{P}$-Grad $(\Lambda_{\mathfrak{P}} : \mathsf{P}_{\mathfrak{p}})$ von Λ durch den $\mathfrak{p}$-Index $m_{\mathfrak{p}}$ von $\mathfrak{A}$ teilbar sein muß.* (Hasse [**4**].)

Diese Bedingung verlangt nur von den *endlich vielen* Verzweigungsstellen von $\mathfrak{A}$ etwas.

Eine interessante Anwendung des Satzes 2 auf einen besonderen Fall ist

Satz 3. *Jede Darstellung einer endlichen Gruppe $\mathfrak{G}$ der Ordnung n ist im Körper der n^h-ten Einheitswurzeln möglich.* (Hasse-Brauer-Noether [**1**].)

Beweis. Der Gruppenring von $\mathfrak{G}$ im Körper P_0 der rationalen Zahlen ist halbeinfach, wie man etwa durch Berechnung der Diskriminante beweist. Das Zentrum P eines einfachen Bestandteils $\mathfrak{A}$ ist ein Teilkörper des Körpers der n-ten Einheitswurzeln (denn das Minimalpolynom eines Gruppenelementes ist $x^h - 1$, h/n), und der Index eines solchen Bestandteils $\mathfrak{A}$ ist ein Teiler von n. Die Verzweigungsprimstellen sind Teiler von n. Um das einzusehen, genügt es, zu beachten, daß die Diskriminante der (nichtmaximalen) Ordnung von $\mathfrak{A}$, die von den Gruppenelementen als Basis erzeugt wird, gleich n^n ist. Ein Zerfällungskörper Λ/P von $\mathfrak{A}$ muß für einige Primteiler $\mathfrak{p}$ von n $\mathfrak{P}$-Grade $n_{\mathfrak{P}}$ haben, die Vielfache eines gewissen Teilers $m_{\mathfrak{p}}$ von n sind. Man zeigt leicht, daß dies für den n^h-ten Kreiskörper Λ sicher der Fall ist, wenn h hinreichend groß gewählt wird.

Satz 4. *Jede Algebra $\mathfrak{A}/\mathsf{P}$ hat zyklische Kreiskörper als Zerfällungskörper.* (Hasse [**4**].)

Beweis. Nach Satz 2 ist es nur nötig, Λ als Klassenkörper zu einer zyklischen Kongruenzklasseneinteilung der absoluten Idealnormen von P zu wählen, in der die Klasse von $N\mathfrak{p} = p^{f_{\mathfrak{p}}}$ jeweils einen durch $m_{\mathfrak{p}}$ teilbaren Exponenten hat (für unendliches $\mathfrak{p}$ tritt -1 an die Stelle von $N\mathfrak{p}$). Das ist der Fall, wenn in der zugrunde liegenden Klasseneinteilung der rationalen Zahlen eine Primzahl p einen Exponenten $k_{\mathfrak{p}}$ hat, der durch das kleinste gemeinschaftliche Vielfache aller zu p gehörigen $m_{\mathfrak{p}} f_{\mathfrak{p}}$ teilbar ist und wenn außerdem -1 den Exponenten 2 hat. Das folgt aber aus dem elementarzahlentheoretischen Existenzsatz: Sind $a_1, \ldots, a_r$ endlich viele ganze rationale Zahlen, so gibt es eine zyklische Kongruenzklasseneinteilung der rationalen Zahlen, bei der der Exponent von a_i durch eine vorgegebene natürliche Zahl $k_{\mathfrak{p}}$ teilbar ist und überdies -1 den Exponenten 2 hat. (van der Waerden [**3**].)

Die Anwendung von Existenztheoremen über abelsche und zyklische Körper mit vorgegebenen Eigenschaften (Grunwald [1], Wang [1], [2]) ergibt

Satz 5. *Jede Algebra $\mathfrak{A}/\mathsf{P}$ ist zyklisch.* (Hasse-Brauer-Noether [**1**].)

Die erwähnten Sätze ergeben nämlich die Existenz von zyklischen Körpern Z/P, die $(\mathsf{Z}_{\mathfrak{P}} : \mathsf{P}_{\mathfrak{p}}) \equiv 0\ (m_{\mathfrak{p}})$ erfüllen und deren Grad der kleinstmögliche, nämlich das kleinste gemeinschaftliche Vielfache der $m_{\mathfrak{p}}$ ist. Der Index m von $\mathfrak{A}$ ist hiernach ein Teiler des kleinsten gemeinschaftlichen Vielfachen der $m_{\mathfrak{p}}$, da andererseits $m \equiv 0\ (m_{\mathfrak{p}})$ gilt, so ist bewiesen

Satz 6. *Der Index einer Algebra $\mathfrak{A}/\mathsf{P}$ ist gleich dem kleinsten gemeinschaftlichen Vielfachen ihrer $\mathfrak{p}$-Indizes.* (HASSE-BRAUER-NOETHER [**1**], ALBERT-HASSE [**1**], HASSE [**4**].)

Der Exponent m^* von $\mathfrak{A}$ ist durch alle $\mathfrak{p}$-Exponenten $m_{\mathfrak{p}}$ (Satz 3, § 2), also durch das kleinste gemeinschaftliche Vielfache m der $m_{\mathfrak{p}}$, teilbar, andererseits ist $m \equiv 0\ (m^*)$ (Satz 1, V, § 3):

Satz 7. *Der Exponent einer Algebra $\mathfrak{A}/\mathsf{P}$ ist gleich ihrem Index.* (HASSE-BRAUER-NOETHER [**1**].)

Satz 5 enthält kein zahlentheoretisches Moment in seiner Formulierung. Er ist in Sonderfällen auch rein algebraisch bewiesen worden. (WEDDERBURN [**3**], ALBERT [**8**], [**11**], [**13**], [**15**].) Diese Untersuchungen gelten zum Teil auch für allgemeinere Körper als Zahlkörper, behalten also trotz Satz 5 ihre Bedeutung. Daß Satz 5 nicht für jeden Grundkörper richtig ist, zeigt ALBERT [**23**].

3. Satz 8. *Zwei Algebren* $\mathfrak{A}/\mathsf{P}$ und $\mathfrak{B}/\mathsf{P}$ *sind dann und nur dann äquivalent, wenn sie in allen $\mathfrak{p}$-Invarianten übereinstimmen:* $\left(\frac{\mathfrak{A}}{\mathfrak{p}}\right) \equiv \left(\frac{\mathfrak{B}}{\mathfrak{p}}\right)$ (mod 1) *für alle Primstellen $\mathfrak{p}$ von* P. (HASSE [**4**].)

Dies ist eine unmittelbare Folgerung aus Satz 1 und Satz 3, § 2.

Es gilt $\left(\frac{\mathfrak{A}\times\mathfrak{B}}{\mathfrak{p}}\right) \equiv \left(\frac{\mathfrak{A}}{\mathfrak{p}}\right) + \left(\frac{\mathfrak{B}}{\mathfrak{p}}\right)$ (mod 1). Die Invarianten bilden also die Gruppe der Algebrenklassen über P isomorph ab auf eine Untergruppe der direkten Summe der additiven Gruppen modulo 1, die den einzelnen Primstellen von P entsprechen. (HASSE [**4**].) Diese Untergruppe läßt sich in einfacher Weise kennzeichnen. Das geschieht mittels des *Reziprozitätsgesetzes.*

Satz 9. *Zwischen den $\mathfrak{p}$-Invarianten einer Algebrenklasse* $(\mathfrak{A})$ *besteht die Beziehung*

$$\sum_{\mathfrak{p}} \left(\frac{\mathfrak{A}}{\mathfrak{p}}\right) \equiv 0 \pmod 1.$$

Dies ist die einzige Relation zwischen den $\left(\frac{\mathfrak{A}}{\mathfrak{p}}\right)$: *Zu vorgegebenen Restklassen* $\varrho_{\mathfrak{p}}$ (mod 1), *die aber für unendliches $\mathfrak{p}$ entweder* $\equiv 0$ *oder* $\equiv \frac{1}{2}$ (mod 1) *sind, von denen nur endlich viele* $\not\equiv 0$ *sind und die der Bedingung* $\sum_{\mathfrak{p}} \varrho_{\mathfrak{p}} \equiv 0$ (mod 1) *genügen, gibt es eine Algebrenklasse* $(\mathfrak{A})$ *mit* $\left(\frac{\mathfrak{A}}{\mathfrak{p}}\right) \equiv \varrho_{\mathfrak{p}}$ (mod 1). (HASSE [**4**].)

Beweis. 1. Nach Satz 4 nehmen wir in der vorgegebenen Klasse $(\mathfrak{A})$ eine zyklische Algebra $(\alpha, \mathfrak{Z}, S)$ mit einem zyklischen Kreiskörper $\mathfrak{Z}/\mathsf{P}$.

Übergang zu einer Primstelle $\mathfrak{p}$ ergibt

$$\mathfrak{A}_\mathfrak{p} \sim (\alpha, \mathfrak{Z}^\mathfrak{p}, S_\mathfrak{p}),$$

$S_\mathfrak{p} = S^{n/n_\mathfrak{p}}$, falls $(\mathfrak{Z} : \mathsf{P}) = n$, $(\mathfrak{Z}^\mathfrak{p} : \mathsf{P}_\mathfrak{p}) = n_\mathfrak{p}$. $\mathfrak{Z}$ ist beim Beweis von Satz 4 so konstruiert worden, daß $\mathfrak{Z}$ an den endlichen Verzweigungsstellen $\mathfrak{p}$ von $\mathfrak{A}$ unverzweigt ist. Für diese $\mathfrak{p}$ ist daher $\mathfrak{Z}^\mathfrak{p} = W_{n_\mathfrak{p}}$.

Zur Bildung von $\left(\frac{\mathfrak{A}}{\mathfrak{p}}\right)$ müssen wir gemäß der Definition von $\left(\frac{\mathfrak{A}}{\mathfrak{p}}\right)$ zunächst die Frobeniussubstitution $F_\mathfrak{p}$ von $W_{n_\mathfrak{p}}$ in die zyklische Darstellung von $\mathfrak{A}_\mathfrak{p}$ einführen. Ist

$$F_\mathfrak{p} = S_\mathfrak{p}^{\lambda_\mathfrak{p}} \quad (\text{mit } (\lambda_\mathfrak{p}, n_\mathfrak{p}) = 1), \tag{1}$$

so wird nach Satz 3, V, § 5

$$\mathfrak{A}_\mathfrak{p} \sim (\alpha^{\lambda_\mathfrak{p}}, W_{n_\mathfrak{p}}, F_\mathfrak{p})$$

und daher

$$\left(\frac{\mathfrak{A}}{\mathfrak{p}}\right) \equiv \frac{\lambda_\mathfrak{p}\nu_\mathfrak{p}}{n_\mathfrak{p}} \pmod 1, \tag{2}$$

wenn $\mathfrak{p}^{\nu_\mathfrak{p}}$ die in α enthaltene Potenz von $\mathfrak{p}$ bezeichnet.

Für die endlichen $\mathfrak{p}$ mit $\left(\frac{\mathfrak{A}}{\mathfrak{p}}\right) \equiv 0 \pmod 1$ ist α Norm einer Zahl aus $\mathfrak{Z}^\mathfrak{p}$. Die Primfaktoren des Moduls M der zu $\mathfrak{Z}$ gehörigen Kongruenzklasseneinteilung sind solche $\mathfrak{p}$. Daraus folgt, daß α Normenrest von $\mathfrak{Z}$ modulo M ist. Durch Multiplikation mit einer passenden Norm aus $\mathfrak{Z}$ können wir also erreichen, daß α zu M teilerfremd ist.

α hat nach dem Voraufgegangenen eine Idealzerlegung

$$(\alpha) = \prod_{\substack{\mathfrak{p}\text{ endl.}\\ \text{Verzw.stelle}}} \mathfrak{p}^{\nu_\mathfrak{p}} N_{\mathfrak{Z}\to\mathsf{P}}\,\mathfrak{c}, \qquad (\mathfrak{c}, M) = 1. \tag{3}$$

Für die unendlichen $\mathfrak{p}$ ist $\mathfrak{Z}^\mathfrak{p}$ immer der Körper der komplexen Zahlen, weil die Kongruenzklasseneinteilung zu $\mathfrak{Z}$ so gewählt worden war, daß -1 den Exponenten 2 hat. Daher ist α für ein (reelles) unendliches $\mathfrak{p}$ mit $\left(\frac{\mathfrak{A}}{\mathfrak{p}}\right) \equiv \frac{1}{2} \pmod 1$ negativ, α ist keine Norm aus $\mathfrak{Z}^\mathfrak{p}$. Für ein reelles unendliches $\mathfrak{p}$ mit $\left(\frac{\mathfrak{A}}{\mathfrak{p}}\right) \equiv 0 \pmod 1$ ist jedoch α eine Norm aus $\mathfrak{Z}^\mathfrak{p}$, ist also positiv.

Das Vorzeichen der Absolutnorm von α ist hiernach $(-1)^a$, wenn mit a die Anzahl der unendlichen $\mathfrak{p}$ mit $\left(\frac{\mathfrak{A}}{\mathfrak{p}}\right) \equiv \frac{1}{2} \pmod 1$ bezeichnet wird. Als Normenrest mod M liegt (α) also in der Hauptklasse der zu $\mathfrak{Z}$ gehörigen Idealklasseneinteilung von P oder in der Klasse der Ordnung 2, je nachdem a gerade oder ungerade ist. Genau das gleiche gilt nach (3) für das Ideal $\prod\limits_{\substack{\mathfrak{p}\text{ endl.}\\ \text{Verzw.stelle}}} \mathfrak{p}^{\nu_\mathfrak{p}}$. Nach dem Artinschen Reziprozitätsgesetz für Z ist daher das Artinsymbol des Ideals $\prod \mathfrak{p}^{\nu_\mathfrak{p}}$, das ist der

Automorphismus $\prod F_{\mathfrak{p}}^{\nu_{\mathfrak{p}}}$, gleich 1 für gerades a, hingegen gleich $S^{n/2}$ für ungerades a, denn $S^{n/2}$ ist in diesem Fall das Element der Ordnung 2 in der galoisschen Gruppe von $\mathfrak{Z}/\mathsf{P}$. Immer ist somit

$$\prod_{\substack{\mathfrak{p}\text{ endl.}\\ \text{Verzw.stelle}}} F_{\mathfrak{p}}^{\nu_{\mathfrak{p}}} = S^{a n/2}.$$

Drücken wir nach (1) die $F_{\mathfrak{p}}$ durch S aus, so kommt

$$\sum_{\substack{\mathfrak{p}\text{ endl.}\\ \text{Verzw.stelle}}} \frac{\lambda_{\mathfrak{p}}\nu_{\mathfrak{p}}}{n_{\mathfrak{p}}} + \frac{a}{2} \equiv 0 \pmod 1,$$

was nach (2) gerade die behauptete Relation $\sum_{\mathfrak{p}} \left(\frac{\mathfrak{A}}{\mathfrak{p}}\right) \equiv 0 \pmod 1$ ist.

2. Die Restklassen $\varrho_{\mathfrak{p}}$ seien den Voraussetzungen in Satz 9 gemäß vorgegeben. Sei $\varrho_{\mathfrak{p}} = \mu_{\mathfrak{p}}/m_{\mathfrak{p}}$ mit $m_{\mathfrak{p}} > 0$, $(m_{\mathfrak{p}}, \mu_{\mathfrak{p}}) = 1$. Eine Schlußweise wie beim Beweis von Satz 4 ergibt die Existenz eines zyklischen Kreiskörpers $\mathfrak{Z}/\mathsf{P}$, dessen $\mathfrak{p}$-Grad $n_{\mathfrak{p}}$ jeweils durch $m_{\mathfrak{p}}$ teilbar ist. Es sei $\varrho_{\mathfrak{p}} = \nu'_{\mathfrak{p}}/n_{\mathfrak{p}}$. S sei ein erzeugender Automorphismus von $\mathfrak{Z}/\mathsf{P}$. Die Algebra $\mathfrak{A}$ mit den Invarianten $\left(\frac{\mathfrak{A}}{\mathfrak{p}}\right) \equiv \varrho_{\mathfrak{p}} \pmod 1$ muß nach Satz 2, wenn sie überhaupt existiert, als zyklische Algebra $\mathfrak{A} = (\alpha, \mathfrak{Z}, S)$ zu konstruieren sein.

Entsprechend der Formel (3) wollen wir α so wählen, daß für ein endliches $\mathfrak{p}$ mit $m_{\mathfrak{p}} \not\equiv 0 \pmod 1$ die in α enthaltene Potenz von $\mathfrak{p}$ gleich $\mathfrak{p}^{\nu_{\mathfrak{p}}}$ ist, wo $\nu'_{\mathfrak{p}} \equiv \nu_{\mathfrak{p}}\lambda_{\mathfrak{p}} \pmod{n_{\mathfrak{p}}}$ ist — $\lambda_{\mathfrak{p}}$ ist wieder durch (1) definiert. Weiter soll α teilerfremd sein zu den endlichen $\mathfrak{p}$, die in dem Modul der zu $\mathfrak{Z}$ gehörigen Kongruenzklasseneinteilung aufgehen — für diese $\mathfrak{p}$ ist nach der Wahl von $\mathfrak{Z}$ sicher $m_{\mathfrak{p}} = 1$ —, außerdem soll für diese $\mathfrak{p}$ die Zahl α Norm einer Zahl aus $\mathfrak{Z}^{\mathfrak{p}}$ sein. Dazu genügt es nach § 1, Satz 7, daß α primer Normenrest nach dem Führer $\mathfrak{f}_{\mathfrak{p}}$ von $\mathfrak{Z}^{\mathfrak{p}}$ ist. Schließlich soll α für ein reelles unendliches $\mathfrak{p}$ das Vorzeichen $(-1)^{\nu_{\mathfrak{p}}}$ haben.

$\prod_{m_{\mathfrak{p}} \neq 1} \mathfrak{p}^{\nu_{\mathfrak{p}}}$ liegt in einer gewissen Strahlklasse mod $\prod_{\mathfrak{p}\text{ endl.}} \mathfrak{f}_{\mathfrak{p}} p_{\infty}$. Es gibt dann eine zweite Strahlklasse mod $\prod_{\mathfrak{p}\text{ endl.}} \mathfrak{f}_{\mathfrak{p}} p_{\infty}$, deren Ideale $\mathfrak{q}$ durch $\prod_{m_{\mathfrak{p}} \neq 1} \mathfrak{p}^{\nu_{\mathfrak{p}}} \cdot \mathfrak{q} = (\alpha)$ Zahlen mit allen gewünschten Eigenschaften bestimmen. Diese Eigenschaften bewirken, daß für $\mathfrak{A} = (\alpha, \mathfrak{Z}, S)$

$$\left(\frac{\mathfrak{A}}{\mathfrak{p}}\right) \equiv \varrho_{\mathfrak{p}} \pmod 1$$

ist an allen Primstellen von P, die an $\mathfrak{q}$ keinen Anteil haben. Es folgt

$$\sum_{\mathfrak{p}\mid\mathfrak{q}} \left(\frac{\mathfrak{A}}{\mathfrak{p}}\right) \equiv -\sum_{\mathfrak{p}\nmid\mathfrak{q}} \left(\frac{\mathfrak{A}}{\mathfrak{p}}\right) \equiv -\sum_{\mathfrak{p}\nmid\mathfrak{q}} \varrho_{\mathfrak{p}} \pmod 1.$$

Nach dem Satz von der arithmetischen Progression kann aber $\mathfrak{q}$ als Primideal gewählt werden, so daß

$$\left(\frac{\mathfrak{A}}{\mathfrak{q}}\right) \equiv -\sum_{\mathfrak{p}\neq\mathfrak{q}}' \varrho_{\mathfrak{p}} \pmod 1$$

folgt. Das bedeutet aber wegen $\sum_{\mathfrak{p}} \varrho_{\mathfrak{p}} \equiv 0 \pmod 1$, daß auch $\left(\frac{\mathfrak{A}}{\mathfrak{q}}\right) \equiv \varrho_{\mathfrak{q}} \pmod 1$ ist, $\mathfrak{A}$ hat die vorgeschriebenen Invarianten.

Satz 10. *Es sei* K/P *galoissch. Der Grad* $n_{\mathfrak{p}}$ *der* K*-Primteiler eines in* K *nicht verzweigten Primideals* $\mathfrak{p}$ *von* P *ist gleich dem kleinsten Exponenten* f *mit* $\mathfrak{A}_{\mathfrak{p}}^{f} \sim 1$ *für alle Algebren* $\mathfrak{A}/\mathsf{P}$, *die von* K *zerfällt werden.* (Hasse-Brauer-Noether [**1**].)

Beweis. $f \equiv 0\ (n_{\mathfrak{p}})$ folgt aus $\left(\frac{\mathfrak{A}}{\mathfrak{p}}\right) n_{\mathfrak{p}} \equiv 0 \pmod 1$. Daß es von K zerfällte Algebren $\mathfrak{A}$ gibt, für die $\mathfrak{A}_{\mathfrak{p}}$ genau den Index $n_{\mathfrak{p}}$ hat, folgt leicht aus Satz 3, § 2, und Satz 9.

Wir bemerken jedoch, daß Satz 10 ohne die tiefliegenden Sätze dieses Abschnittes „elementar" begründet werden kann, d. h. ohne die analytischen Hilfsmittel der Klassenkörpertheorie, auf denen ja Satz 9 beruht. $\mathfrak{K}/\mathsf{P}$ sei zu K isomorph. Es handelt sich darum, eine Algebra $\mathfrak{A} = (a, \mathfrak{K})$ zu finden, für die $\mathfrak{A}_{\mathfrak{p}} \sim (a_{\mathfrak{p}}, \mathfrak{K}^{\mathfrak{p}})$ den Index $n_{\mathfrak{p}}$ hat. $\mathfrak{K}^{\mathfrak{p}}$ ist unverzweigt vom Grade $n_{\mathfrak{p}}$ über $\mathsf{P}_{\mathfrak{p}}$. Bedeutet α eine Zahl des Grundkörpers P, die $\mathfrak{p}$ genau in der ersten Potenz enthält, so wird es genügen, $\mathfrak{A}_{\mathfrak{p}}$ in der Form $\mathfrak{A}_{\mathfrak{p}} \sim (\alpha, \mathfrak{K}^{\mathfrak{p}}, S)$ anzusetzen (normierte Darstellung mittels einer Erzeugenden S der Zerlegungsgruppe eines $\mathfrak{K}$-Primteilers von $\mathfrak{p}$). Wir haben jetzt ein Faktorensystem zu der von S erzeugten Untergruppe $\mathfrak{Z}$ der Gruppe $\mathfrak{G}$ von $\mathfrak{K}/\mathsf{P}$ angegeben: es soll in ein Faktorensystem der ganzen Gruppe eingebettet werden. A bedeute irgendeine $n_{\mathfrak{p}}$-te Wurzel aus α. Wir bilden das direkte Produkt der von A erzeugten zyklischen Gruppe $\mathfrak{H}$ mit $\mathfrak{G}$. In diesem direkten Produkt bezeichnen wir $\mathsf{A}S$ mit u_S, setzen dann weiter $u_S^i = u_{S^i}$ für $i = 1, 2, \ldots, n_{\mathfrak{p}} - 1$, $1 = u_E$, ferner, wenn $\mathfrak{G} = \sum \mathfrak{Z} T_\nu$ ist, $u_{S^i} T_\nu = u_{S^i T_\nu}$. Die Gesamtheit der Elemente $\alpha^j u_T$, $T \subset \mathfrak{G}$, bildet dann eine Untergruppe von $\mathfrak{H} \times \mathfrak{G}$, die u_T multiplizieren sich mit einem Faktorensystem $a_{S,T}$, das aus Potenzen von α besteht und für die Untergruppe $\mathfrak{Z}$ mit dem vorgegebenen Faktorensystem übereinstimmt. Mit diesen u_T kann ein verschränktes Produkt $(a, \mathfrak{K})$ gebildet werden, da α in P liegt. Etwas allgemeiner lassen sich auf diese Weise Algebren konstruieren, die an vorgegebenen Stellen vorgegebene Invarianten haben — ohne Rücksicht auf die übrigen Stellen.

Satz 11. K/P *sei galoissch,* Ω/P *beliebig. Wenn* K *in* Ω *enthalten ist, so wird jede von* K *zerfällte Algebra auch von* Ω *zerfällt; umgekehrt: wenn jede von* K *zerfällte Algebra auch* Ω *zum Zerfällungskörper hat, so ist* K *in* Ω *enthalten.* (Hasse-Brauer-Noether [**1**].)

Es zeigt sich also, daß die Gruppe der von einem galoisschen Körper K zerfällten Algebrenklassen diesen Körper als gemeinsamen Zerfällungskörper eindeutig bestimmt: ganz im Gegensatz zu den Verhältnissen bei $\mathfrak{p}$-adischen Körpern. (Satz 4, § 2.)

Beweis von Satz 11. Daß $\mathfrak{A}_\Omega \sim 1$ aus $\mathfrak{A}_K \sim 1$ folgt, wenn $K \subseteqq \Omega$, ist trivial (und auch nicht daran gebunden, daß K galoissch).

Wenn umgekehrt aus $\mathfrak{A}_K \sim 1$ stets $\mathfrak{A}_\Omega \sim 1$ folgt, so muß nach Satz 2 für jedes Primideal $\mathfrak{p}$ von P, das weder in K noch in Ω verzweigt ist, der $\mathfrak{p}$-Grad $n_\mathfrak{p}$ von K ein Teiler aller zugehörigen $\mathfrak{P}$-Grade von Ω sein, insbesondere muß $\mathfrak{p}$ in K voll zerfallen, wenn es in Ω einen Primfaktor vom Relativgrad eins hat. Daraus folgt aber nach dem Satz von Bauer, daß $K \subseteqq \Omega$.

Auch der Satz von Bauer läßt eine „elementare" Begründung zu (Deuring [**3**]). Die beiden letzten Sätze sind also „elementar" beweisbar.

Algebren über unendlichen algebraischen Zahlkörpern behandelt Albert [**29**].

§ 6. Beweis des Reziprozitätsgesetzes. Normenreste.

Der Beweis der Summenrelation $\sum_{\mathfrak{p}} \left(\frac{\mathfrak{A}}{\mathfrak{p}}\right) \equiv 0 \pmod 1$ benutzte das Reziprozitätsgesetz für zyklische Kreiskörper — ein recht einfach ohne die tieferen Hilfsmittel (insbesondere die analytischen) der Klassenkörpertheorie beweisbarer Satz. Andererseits ist es naheliegend, zu vermuten, daß die Summenrelation auch für andere zyklische Körper über P mit dem Reziprozitätsgesetz in Zusammenhang steht. In der Tat kann auf diese Weise das allgemeine Reziprozitätsgesetz in seinem wesentlichen Teil gewonnen werden (Hasse [**4**]):

Satz 1. *Z sei zyklisch über* P. *Das Artinsymbol $\left(\frac{Z}{\mathfrak{a}}\right)$, für die zum Führer $\mathfrak{f}$ von Z/P primen Ideale $\mathfrak{a} = \prod \mathfrak{p}^{\nu_\mathfrak{p}}$ definiert durch $\left(\frac{Z}{\mathfrak{a}}\right) = \prod F_\mathfrak{p}^{\nu_\mathfrak{p}}$ ergibt eine homomorphe Abbildung der Z modulo $\mathfrak{f}$ zugeordneten Idealklassengruppe von* P *in die galoissche Gruppe von Z/P. Dabei ist der Führer $\mathfrak{f}$ von Z das Produkt aller $\mathfrak{p}$-Führer: $\mathfrak{f} = \prod \mathfrak{f}_\mathfrak{p}$, und die Hauptklasse der Z zugeordneten Klasseneinteilung besteht aus allen Strahlklassen modulo $\mathfrak{f}$, die Normen von zu $\mathfrak{f}$ primen Idealen aus Z enthalten.*

Beweis. Die Behauptung heißt, anders ausgesprochen: $\left(\frac{Z}{\mathfrak{a}}\right) = 1$, wenn $\mathfrak{a}$ in der Hauptklasse liegt, d. h. wenn es ein zu $\mathfrak{f}$ primes Ideal $\mathfrak{c}$ von Z gibt mit $\mathfrak{a} N_{Z \to P} \mathfrak{c} = (\alpha)$, $\alpha \equiv 1\,(\mathfrak{f})$. Es sei $\mathfrak{a} = \prod \mathfrak{p}^{\nu_\mathfrak{p}}$, also $\left(\frac{Z}{\mathfrak{a}}\right) = \prod F_\mathfrak{p}^{\nu_\mathfrak{p}}$. S sei irgendein erzeugender Automorphismus von Z/P. Für die Algebra $(\alpha, Z, S) = \mathfrak{A}$ ist $\left(\frac{\mathfrak{A}}{\mathfrak{p}}\right) \equiv 0$, wenn $\mathfrak{p}$ in $\mathfrak{f}$ aufgeht, denn α ist Normenrest modulo $\mathfrak{f}_\mathfrak{p}$ (wegen $\alpha \equiv 1\,(\mathfrak{f})$), also eine $\mathfrak{p}$-adische Norm. Für die übrigen $\mathfrak{p}$ gilt nach § 5 (1), (2) (die Gültigkeit der Formel (2) ist natürlich nicht daran gebunden, daß damals $\mathfrak{Z}$ ein Kreiskörper war)

$$\left(\frac{\mathfrak{A}}{\mathfrak{p}}\right) \equiv \frac{\lambda_{\mathfrak{p}} \nu_{\mathfrak{p}}}{n_{\mathfrak{p}}} \pmod 1 .$$

Demnach ist $\sum\limits_{\mathfrak{p} \nmid \mathfrak{f}} \frac{\lambda_{\mathfrak{p}} \nu_{\mathfrak{p}}}{n_{\mathfrak{p}}} \equiv 0 \pmod 1$. Setzen wir in $\left(\frac{Z}{\mathfrak{a}}\right) = \Pi F_{\mathfrak{p}}^{\nu_{\mathfrak{p}}}$ den Ausdruck $F_{\mathfrak{p}} = S_{\mathfrak{p}}^{\lambda_{\mathfrak{p}}} = S^{n \frac{\lambda_{\mathfrak{p}}}{n_{\mathfrak{p}}}}$ ein, so ergibt sich

$$\left(\frac{Z}{\mathfrak{a}}\right) = S^{n \sum\limits_{\mathfrak{p} \nmid \mathfrak{f}} \frac{\lambda_{\mathfrak{p}} \nu_{\mathfrak{p}}}{n_{\mathfrak{p}}}} = 1 .$$

Um das volle Reziprozitätsgesetz zu erhalten, muß noch gezeigt werden, daß 1. $\left(\frac{Z}{\mathfrak{a}}\right)$ die volle galoissche Gruppe durchläuft; 2. die Abbildung ein Isomorphismus ist. Das erste folgt aus dem Satz von FROBENIUS, daß es in Z sogar Primideale $\mathfrak{p}$ mit $\left(\frac{Z}{\mathfrak{p}}\right) = F_{\mathfrak{p}} = S$ gibt, läßt sich aber auch auf arithmetischem Wege begründen (CHEVALLEY [**3**], DEURING [**3**]). Das zweite ist eine Folge des Satzes, daß die Ordnung der Z zugeordneten Idealklassengruppe in P höchstens gleich $(Z : \mathsf{P})$ ist. Der Beweis *dieses* Satzes bildet die Hauptanwendung der analytischen Methoden in der Klassenkörpertheorie.

h sei die Ordnung der Z zugeordneten Idealklassengruppe in P, $n = (Z : \mathsf{P})$. In der Klassenkörpertheorie wird auf arithmetischem Wege bewiesen, daß h/n gleich ist dem Index der Gruppe aller Normen $N_{Z \to \mathsf{P}} a$ von Z in der Gruppe aller Normenreste mod $\mathfrak{f}$ (d. i. die Gruppe aller Zahlen von P, die an jeder Primstelle $\mathfrak{p}$ $\mathfrak{p}$-adische Normen sind). Der analytisch bewiesene Satz $h \leqq n$ ist demnach gleichwertig mit dem Normensatz, also im wesentlichen mit Satz 1, § 5, der die Grundlage für alles folgende war. Vgl. auch den Beweis von Satz 1, § 5, in § 8, 3.

Die Teilaussage des Reziprozitätsgesetzes, die wir auf dem Wege über die Algebren gewonnen haben, ist im Grunde nichts anderes als die *Produktformel für das Normenrestsymbol* (HASSE [**4**]).

Wir wollen zunächst die Definition des Normenrestsymbols auf die Theorie der $\mathfrak{p}$-adischen Algebren gründen. (HASSE [**4**], CHEVALLEY [**1**].)

$Z^{\mathfrak{p}}$ sei eine zyklische Erweiterung n-ten Grades des $\mathfrak{p}$-adischen Zahlkörpers $\mathsf{P}_{\mathfrak{p}}$. Für eine Zahl $\alpha \neq 0$ von $\mathsf{P}_{\mathfrak{p}}$ definieren wir das *Normenrestsymbol* $\left(\frac{\alpha, Z^{\mathfrak{p}}}{\mathfrak{p}}\right)$ folgendermaßen: S sei irgendein erzeugender Automorphismus von $Z/\mathsf{P}_{\mathfrak{p}}$. Die Invariante der Algebra (α, Z, S) sei ν/n. Dann setzen wir

$$\left(\frac{\alpha, Z^{\mathfrak{p}}}{\mathfrak{p}}\right) = S^{-\nu} .$$

Daß diese Definition nicht von der Wahl von S abhängt, folgt aus Satz 3, V, § 5, unmittelbar.

Jetzt erklären wir das Normenrestsymbol $\left(\frac{\alpha,\, Z}{\mathfrak{p}}\right)$ für einen zyklischen Körper Z/P durch Zurückgehen auf die Primstelle $\mathfrak{p}$:

$$\left(\frac{\alpha,\, Z}{\mathfrak{p}}\right) = \left(\frac{\alpha,\, Z^{\mathfrak{p}}}{\mathfrak{p}}\right).$$

Satz 2. $\alpha \rightarrow \left(\frac{\alpha,\, Z^{\mathfrak{p}}}{\mathfrak{p}}\right)$ *ist eine isomorphe Abbildung der Normenklassengruppe von* $Z^{\mathfrak{p}}/\mathsf{P}_{\mathfrak{p}}$ *auf die galoissche Gruppe von* $Z^{\mathfrak{p}}/\mathsf{P}_{\mathfrak{p}}$.

Beweis. Nach der Definition hängt $\left(\frac{\alpha,\, Z^{\mathfrak{p}}}{\mathfrak{p}}\right)$ nur von der Normenklasse ab, der α angehört, fällt aber für zwei verschiedene Normenklassen verschieden aus. Isomorph ist die Abbildung wegen $(\alpha, Z, S) \times (\beta, Z^{\mathfrak{p}}, S) \sim (\alpha\beta, Z^{\mathfrak{p}}, S)$. Daß $\left(\frac{\alpha,\, Z^{\mathfrak{p}}}{\mathfrak{p}}\right)$ auch die volle galoissche Gruppe von $Z^{\mathfrak{p}}/\mathsf{P}_{\mathfrak{p}}$ durchläuft, folgt aus Satz 4, § 2, nach dem $(\alpha, Z^{\mathfrak{p}}, S)$ alle Algebrenklassen durchläuft, deren Index ein Teiler von $(Z^{\mathfrak{p}} : \mathsf{P}_{\mathfrak{p}})$ ist.

Für das Normenrestsymbol im Großen heißt dies

Satz 3. $\alpha \rightarrow \left(\frac{\alpha,\, Z}{\mathfrak{p}}\right)$ *ist eine isomorphe Abbildung der Normenrestklassengruppe nach dem* $\mathfrak{p}$*-Führer* $\mathfrak{f}_{\mathfrak{p}}$ *von* Z/P *auf die Zerlegungsgruppe von* $\mathfrak{p}$.

(§ 1, Satz 7, ist zu berücksichtigen.)

Schreiben wir die Summenrelation Satz 9, § 5, für die durch Z zerfällten Algebren auf das Normenrestsymbol um, so erhalten wir

Satz 4. (*Produktformel für das Normenrestsymbol*)

$$\prod_{\mathfrak{p}} \left(\frac{\alpha,\, Z}{\mathfrak{p}}\right) = 1.$$

Die Algebrentheorie kann auch zum Beweis der weiteren Eigenschaften des Normenrestsymbols benutzt werden. (Chevalley [**1**], vgl. auch Deuring [**1**] für den Vertauschungssatz.)

Den Beweis des Reziprozitätsgesetzes und die Theorie des Normenrestsymbols von zyklischen auf abelsche Körper auszudehnen, bietet keine Schwierigkeiten.

Unser Vorgehen, aus dem sehr einfachen Reziprozitätsgesetz für Kreiskörper auf dem Umweg über die Algebren das allgemeine Reziprozitätsgesetz abzuleiten, ist ein Beispiel für den Gedanken, der vielen neueren Untersuchungen in der Theorie der Algebren zugrunde liegt: sie als Hilfsmittel bei der Lösung von Fragen der kommutativen Algebra und Zahlentheorie zu gebrauchen.

Die Beziehungen der Arithmetik einer Algebra zu ihren maximalen Teilkörpern ist Gegenstand einiger neuerer Arbeiten (Chevalley [**2**], Hasse [**5**], Kořínek [**1**], [**2**], Noether [**6**]).

Es wird das Verhalten der Ideale eines maximalen Teilkörpers $\mathfrak{K}$ der Algebra $\mathfrak{A}$ in einer Maximalordnung $\mathfrak{o}_k$ von $\mathfrak{A}$ untersucht, welche die Maximalordnung $\mathfrak{o}'$ von $\mathfrak{K}$ umfaßt. Ein Ideal $\mathfrak{a}$ der Maximalordnung

$\mathfrak{o}'$ von $\mathfrak{K}$ bestimmt ein Ideal $\mathfrak{a}_{ik} = \mathfrak{a}\mathfrak{o}_k$ von $\mathfrak{A}$, dessen Linksordnung $\mathfrak{o}_i$ auch $\mathfrak{o}'$ enthält. Es wird umgekehrt gezeigt, daß zur Differente von $\mathfrak{A}$ prime Ideale $\mathfrak{a}_{ik}$, deren Linksordnung $\mathfrak{o}'$ umfaßt, in der Form $\mathfrak{a}_{ik}\mathfrak{a}\mathfrak{o}_k$ mittels eines Ideales $\mathfrak{a}$ von $\mathfrak{o}'$ darstellbar sind. Für Differententeiler sind die Verhältnisse komplizierter (CHEVALLEY [**2**]). Weitere Untersuchungen in dieser Richtung bei NOETHER [**6**]. KOŘÍNEK [**1**], [**2**] faßt alle zu $\mathfrak{K}$ isomorphen Teilkörper von $\mathfrak{A}$, deren Maximalordnungen in $\mathfrak{o}_k$ enthalten sind und die aus $\mathfrak{K}$ durch solche Automorphismen von $\mathfrak{A}$ entstehen, welche $\mathfrak{o}_k$ (nicht elementweise!) in sich überführen, in eine *Schar* zusammen. Die Anzahl der zu $\mathfrak{o}_k$ gehörigen Scharen mit $\mathfrak{K}$ isomorpher Körper ist endlich. Gibt es ω_S $\mathfrak{o}_k$ fest lassende Automorphismen von $\mathfrak{A}$, die einen Körper $\mathfrak{K}$ der Schar S in sich überführen, so heißt $\sum_S \omega_S$ das *Maß* der Scharen mit $\mathfrak{K}$ isomorpher Körper in $\mathfrak{o}_k$. Dieses Maß ist eine endliche Zahl, die mit der Klassengruppe von $\mathfrak{K}$ in Zusammenhang steht.

§ 7. Der allgemeine Hauptgeschlechtssatz.

Satz 1, § 5, wurde aus dem Normensatz für zyklische Körper abgeleitet; sprechen wir ihn folgendermaßen aus:

> Damit das Faktorensystem $a_{S,T}$ des galoisschen Körpers $\mathfrak{K}/\mathsf{P}$ zu 1 assoziiert sei, ist notwendig und hinreichend, daß für jede Primstelle $\mathfrak{P}$ von $\mathfrak{K}$ der auf die Zerlegungsgruppe von $\mathfrak{P}$ sich beziehende Teil von $a_{S,T}$ in $\mathfrak{K}_{\mathfrak{P}}$ zu 1 assoziiert ist;

so erscheint er als eine naturgemäße Verallgemeinerung des Normensatzes auf galoissche Körper.

In der Theorie der zyklischen Körper $\mathfrak{K}$ erscheint der Index (Normenreste modulo Führer : Normen) als Produkt von zwei anderen Indizes. Der eine ist (Normenreste unter den Einheiten : Normen unter den Einheiten). Der zweite ist (Idealklassen des Hauptgeschlechtes : $(1-S)$-te Potenzen von Idealklassen). Der Normensatz umfaßt also den Hauptgeschlechtssatz: Das Hauptgeschlecht besteht aus den $(1-S)$-ten Potenzen von Idealklassen. Das Hauptgeschlecht ist erklärt als die Menge aller zum Führer primen Ideale von $\mathfrak{K}$, deren Normen Hauptideale sind, die von Normenresten erzeugt werden können.

Eine entsprechende Aufspaltung kann nun mit der anfangs dieses Abschnittes gegebenen Fassung des Satzes 1, § 5, vorgenommen werden, auf diese Weise werden wir zu dem auf galoissche Körper verallgemeinerten Hauptgeschlechtssatz geführt.

Wir haben dabei Gelegenheit, eine Verallgemeinerung der Faktorensysteme kennenzulernen, die von der zahlentheoretischen Bedeutung der Faktorensysteme nahegelegt wird.

Ein *Idealfaktorensystem* des galoisschen Körpers $\mathfrak{K}/\mathsf{P}$ mit der galoisschen Gruppe $\mathfrak{G} = \{S, T, \ldots,\}$ ist ein System von n^2 Idealen

$\mathfrak{a}_{S,T}$ des Körpers $\mathfrak{K}$, die den Relationen

$$\mathfrak{a}_{S,TR}\,\mathfrak{a}_{T,R} = \mathfrak{a}_{ST,R}\,\mathfrak{a}_{S,T}^{R}$$

genügen. (NOETHER [5].) Mittels n Symbolen u_S und der Relationen $\mathfrak{a} u_S = u_S\,\mathfrak{a}^S$ für alle Ideale $\mathfrak{a}$ von $\mathfrak{K}$ und $u_S u_T = u_{ST}\mathfrak{a}_{S,T}$ kann eine Erweiterung der Gruppe aller Ideale von $\mathfrak{K}$ durch die galoissche Gruppe $\mathfrak{G}$ definiert werden, doch ist es unnötig, darauf einzugehen.

Aus n Idealen $\mathfrak{c}_S$ läßt sich ein Faktorensystem

$$\mathfrak{a}_{S,T} = \frac{\mathfrak{c}_S^T\,\mathfrak{c}_T}{\mathfrak{c}_{ST}}$$

bilden, wir nennen es ein System von *Transformationsgrößen.*

Die Idealfaktorensysteme bilden eine Gruppe $\mathfrak{F}$, in ihr bilden die Transformationsgrößensysteme eine Untergruppe $\mathfrak{T}$.

Entsprechend dem Satz 1, V, § 6, gilt

Satz 1. *Dann und nur dann ist* $\mathfrak{c}_S^T\,\mathfrak{c}_T/\mathfrak{c}_{ST} = 1$, *wenn es ein Ideal* $\mathfrak{b}$ *mit* $\mathfrak{b}^{1-S} = \mathfrak{c}_S$ *gibt.* (NOETHER [5].)

Beweis. Wir setzen $\mathfrak{b}$ gleich dem größten gemeinsamen Teiler $\sum\limits_S \mathfrak{c}_S$ der $\mathfrak{c}_S$. Dann ist in der Tat

$$\mathfrak{b}^S\,\mathfrak{c}_S = \Big(\sum_R \mathfrak{c}_R^S\Big)\cdot \mathfrak{c}_S = \sum_R \mathfrak{c}_R^S\,\mathfrak{c}_S = \sum_R \mathfrak{c}_{RS} = \mathfrak{b}\,.$$

Die Umkehrung ist trivial.

Der Gruppe der von Normenresten nach dem Führer erzeugten Hauptideale von P, die im Hauptgeschlechtssatz für zyklische Körper auftritt, entsprechend, definieren wir die *Hauptklasse der Idealfaktorensysteme.* (NOETHER [5].)

Ein Idealfaktorensystem soll zur Hauptklasse der Faktorensysteme gehören, wenn $\mathfrak{a}_{S,T} = (a_{S,T})$ *ist mit einem gewöhnlichen (Zahl-) Faktorensystem* $a_{S,T}$, *das eine Algebra* $\mathfrak{A} = (a, \mathfrak{K})$ *bestimmt, die an allen Verzweigungsstellen* $\mathfrak{p}$ *des Körpers* $\mathfrak{K}$ *zerfällt:* $\mathfrak{A}_\mathfrak{p} \sim 1$.

Jetzt können wir den allgemeinen Hauptgeschlechtssatz formulieren:

Satz 2. *Wenn das Transformationsgrößensystem* $\mathfrak{c}_S^T\,\mathfrak{c}_T/\mathfrak{c}_{ST}$ *in der Hauptklasse der Idealfaktorensysteme liegt, so gibt es ein Ideal* $\mathfrak{b}$ *derart, daß* $\mathfrak{b}^{1-S}$ *und* $\mathfrak{c}_S$ *in der gleichen Idealklasse liegen; kürzer: die Idealklassen der* $\mathfrak{c}_S$ *sind die* $(1-S)$*-ten Potenzen einer Idealklasse.* (NOETHER [5].)

Beweis. Nach der Voraussetzung ist $\mathfrak{c}_S^T\,\mathfrak{c}_T/\mathfrak{c}_{ST} = (a_{S,T})$ mit einem Zahlfaktorensystem $a_{S,T}$, und $\mathfrak{A} = (a, \mathfrak{K})$ zerfällt an allen Verzweigungsstellen von $\mathfrak{K}$. Wir zeigen, daß $\mathfrak{A}$ auch an allen anderen Primstellen von P zerfällt und demnach selbst eine volle Matrixalgebra ist. Für eine in $\mathfrak{K}$ nicht verzweigte Primstelle $\mathfrak{p}$ von P wird (§ 4)

$$\mathfrak{A}_\mathfrak{p} \sim (a_\mathfrak{p}, \mathfrak{K}^\mathfrak{p})\,.$$

Der Körper $\mathfrak{K}^\mathfrak{p}$ ist unverzweigt und zyklisch über $\mathsf{P}_\mathfrak{p}$. Für ein unendliches $\mathfrak{p}$ ist also $\mathfrak{K}^\mathfrak{p} = \mathsf{P}_\mathfrak{p}$, d. h. $\mathfrak{A}_\mathfrak{p} \sim 1$.

Für ein endliches $\mathfrak{p}$ ist $a_\mathfrak{p}$ assoziiert zu einem Faktorensystem $e_{S,T}$, das nur aus Einheiten des Körpers $\mathfrak{K}^\mathfrak{p}$ besteht. Denn ist die $\mathfrak{P}$-adische Komponente von $\mathfrak{c}_S$ gleich (c_S), so wird nach Voraussetzung

$$(a_{S,T}) = (c_S^T)(c_T)/(c_{ST}),$$

d. h.

$$a_{S,T} = e_{S,T}\, c_S^T c_T / c_{ST}$$

mit Einheiten $e_{S,T}$. Es ist

$$\mathfrak{A}_\mathfrak{p} \sim (e, \mathfrak{K}^\mathfrak{p}).$$

$\mathfrak{K}^\mathfrak{p}$ ist zyklisch und unverzweigt über $\mathsf{P}_\mathfrak{p}$, es gibt also eine normierte zyklische Darstellung

$$\mathfrak{A}_\mathfrak{p} \sim (e_0, \mathfrak{K}^\mathfrak{p}, S).$$

Benutzen wir als Transformator u_S zu dem erzeugenden Element S der Gruppe von $\mathfrak{K}^\mathfrak{p}/\mathsf{P}_\mathfrak{p}$ das gleiche u_S, das in der Darstellung $\mathfrak{A}_\mathfrak{p} \sim (e, \mathfrak{K}_\mathfrak{p})$ vorkommt, so wird

$$u_S^f = e_0 = e_{E,E}\, e_{S,S^{f-1}}\, e_{S,S^{f-2}} \cdots e_{S,S}$$

(denn $u_S^2 = u_S u_S = u_{S^2} e_{S,S}$, $u_S^3 = u_S u_{S^2} = u_{S^3} e_{S,S^2}\, e_{S,S}, \ldots, u_S^f = u_E\, e_{S,S^{f-1}} \cdots e_{S,S} = e_{E,E}\, e_{S,S^{f-1}} \cdots e_{S,S}$). e_0 ist also eine Einheit, demnach

$$\mathfrak{A}_\mathfrak{p} \sim 1.$$

Aus $\mathfrak{A}_\mathfrak{p} \sim 1$ für alle $\mathfrak{p}$ folgt $\mathfrak{A} \sim 1$, d. h. $a_{S,T} = d_S^T d_T / d_{ST}$. Daraus folgt

$$(\mathfrak{c}_S d_S^{-1})^T (\mathfrak{c}_T d_T^{-1}) / (\mathfrak{c}_{ST} d_{ST}^{-1}) = (1),$$

und nach Satz 1 ist

$$\mathfrak{c}_S d_S^{-1} = \mathfrak{b}^{1-S},$$

$$\mathfrak{c}_S = \mathfrak{b}^{1-S} d_S,$$

wie behauptet.

§ 8. Die Zetafunktion einer Algebra.

Die Erfolge in der Arithmetik der Algebren legten es nahe, die Theorie der DEDEKINDschen Zetafunktion von den Zahlkörpern auf Algebren über dem Körper der rationalen Zahlen zu übertragen. (K. HEY [**1**], ZORN [**1**].)

1. Der Maximalordnung $\mathfrak{o}_i$ einer halbeinfachen Algebra $\mathfrak{A}$ über dem Körper der rationalen Zahlen wird die Funktion

$$\zeta(s) = \sum |N \mathfrak{a}_{ki}|^{-s} \tag{1}$$

zugeordnet. $\mathfrak{a}_{ki}$ durchläuft alle ganzen $\mathfrak{o}_i$-Linksideale. Weiter unten werden wir die absolute Konvergenz dieser Reihe für $Rs \geqq 1$ beweisen. $\zeta(s)$ heißt die *Zetafunktion von* $\mathfrak{o}_i$. $\zeta(s)$ läßt sich aufspalten in die Funktionen

$$\zeta(s, \mathfrak{K}) = \sum_{\mathfrak{a}_{ki} \subset \mathfrak{K}} |N \mathfrak{a}_{ki}|^{-s}, \tag{2}$$

die den einzelnen Linksidealklassen (VI, § 8, 1) $\mathfrak{K}$ von $\mathfrak{o}_i$ zugeordnet sind.

Ist $\mathfrak{A}$ die direkte Summe der einfachen Algebren $\mathfrak{A}^{(\nu)}$, $\mathfrak{o}_i = \sum \mathfrak{o}_i^{(\nu)}$, so wird $\zeta(s)$ das Produkt der Zetafunktionen $\zeta^{(\nu)}(s)$ der einzelnen

Maximalordnungen $\mathfrak{o}_i^{(\nu)}$, entsprechend wird $\zeta(s, \mathfrak{K}) = \prod \zeta^{(\nu)}(s, \mathfrak{K}^{(\nu)})$, wenn $\mathfrak{K}^{(\nu)}$ die Klasse von $\mathfrak{o}_i^{(\nu)}$ bezeichnet, die aus den $\mathfrak{A}^{(\nu)}$-Komponenten der Ideale aus $\mathfrak{K}$ besteht. Dieser einfachen Zusammenhänge wegen sei von jetzt ab $\mathfrak{A}$ als einfache Algebra vorausgesetzt.

2. $\zeta(s)$ kann, genau wie die DEDEKINDsche Zetafunktion, als Produkt von den einzelnen Primidealen zugeordneten Faktoren $Z_\mathfrak{p}$ geschrieben werden. Setzen wir

$$Z_\mathfrak{p} = \sum_{\mathfrak{a}_\mathfrak{p} | \mathfrak{p}^\nu,\ \nu = 1, 2, \ldots} |N \mathfrak{a}_\mathfrak{p}|^{-s}, \tag{3}$$

wo $\mathfrak{a}_\mathfrak{p}$ alle Linksideale der $\mathfrak{p}$-Komponente $\mathfrak{o}_\mathfrak{p}$ von $\mathfrak{o}_i$ durchläuft, so gilt (zunächst in formalem Sinne)

$$\zeta(s) = \prod_\mathfrak{p} Z_\mathfrak{p}.$$

Zum Beweis brauchen wir nur zu bedenken, daß nach Satz 22, VI, § 11, sich jedes ganze $\mathfrak{a}_{ik}$ auf genau eine Weise als Durchschnitt von $\mathfrak{p}$-adischen Komponenten $\mathfrak{a}_\mathfrak{p}$ darstellen läßt, für deren Normen $\prod_\mathfrak{p} N\mathfrak{a}_\mathfrak{p} = N\mathfrak{a}_{ki}$ gilt. (VI, § 11, Satz 24.)

$Z_\mathfrak{p}$ ist eine Dirichlet-Reihe $\sum_{n=1}^{\infty} a_n n^{-s}$; der Koeffizient a_n ist die Anzahl der $\mathfrak{a}_\mathfrak{p}$ mit der Norm n. a_n ist von Null verschieden für die Potenzen der Norm $q = N\mathfrak{P}_{ik}$ eines zu $\mathfrak{p}$ gehörigen unzerlegbaren Ideals $\mathfrak{P}_{ik}$.

Zur Bestimmung von a_n benutzen wir die Normaldarstellung VI, § 11, Satz 14, der $\mathfrak{o}_\mathfrak{p}$-Linksideale. Die Kapazität von $\mathfrak{p}$ bezeichnen wir mit $\varkappa_\mathfrak{p}$, $\mathfrak{A}_\mathfrak{p}$ ist also Matrizesring vom Grade $\varkappa_\mathfrak{p}$ in einer Divisionsalgebra. Wird ein $\mathfrak{o}_\mathfrak{p}$-Linksideal von

$$\begin{aligned} a = p_0^{\nu_1} c_{11} + d_{12} c_{12} + d_{13} c_{13} + \cdots \\ + p_0^{\nu_2} c_{22} + d_{23} c_{23} + \cdots \\ \cdots\cdots\cdots \end{aligned}$$

erzeugt, so bezeichnen wir es mit $\mathfrak{a}_{\nu_1 \nu_2 \ldots \nu_{\varkappa_\mathfrak{p}}}$. Die Anzahl aller $\mathfrak{a}_{\nu_1 \ldots \nu_{\varkappa_\mathfrak{p}}}$ ist offenbar

$$|N p_0|^{0 \cdot \nu_1 + 1 \cdot \nu_2 + 2 \cdot \nu_3 + \cdots + (\varkappa_\mathfrak{p} - 1) \nu_{\varkappa_\mathfrak{p}}}.$$

Die Norm eines $\mathfrak{a}_{\nu_1 \ldots \nu_{\varkappa_\mathfrak{p}}}$ ist

$$N \mathfrak{p}^{(\nu_1 + \cdots + \nu_{\varkappa_\mathfrak{p}})/\varkappa_\mathfrak{p}}.$$

Da $(N p_0)^{\varkappa_\mathfrak{p}^2} = N\mathfrak{p}$ ist, so erhalten wir

$$Z_\mathfrak{p} = \sum_{\nu_1, \ldots, \nu_{\varkappa_\mathfrak{p}} = 0}^{\infty} |N\mathfrak{p}|^{\frac{0 \cdot \nu_1 + \cdots + (\varkappa_\mathfrak{p} - 1) \cdot \nu_{\varkappa_\mathfrak{p}}}{\varkappa_\mathfrak{p}^2} - \frac{\nu_1 + \cdots + \nu_{\varkappa_\mathfrak{p}}}{\varkappa_\mathfrak{p}} s}$$

$$= \sum_{\nu_1 = 0}^{\infty} |N\mathfrak{p}|^{-\frac{\nu_1 s \varkappa_\mathfrak{p}}{\varkappa_\mathfrak{p}^2}} \cdot \sum_{\nu_2 = 0}^{\infty} |N\mathfrak{p}|^{-\frac{\nu_2 (s \varkappa_\mathfrak{p} - 1)}{\varkappa_\mathfrak{p}^2}} \cdot \ldots \cdot \sum_{\nu_{\varkappa_\mathfrak{p}} = 0}^{\infty} |N\mathfrak{p}|^{-\frac{\nu_{\varkappa_\mathfrak{p}} (s \varkappa_\mathfrak{p} - (\varkappa_\mathfrak{p} - 1))}{\varkappa_\mathfrak{p}^2}},$$

$$Z_\mathfrak{p} = \frac{1}{\prod_{i=1}^{\varkappa_\mathfrak{p} - 1} \left(1 - |N\mathfrak{p}|^{-\frac{(s \varkappa_\mathfrak{p} - i)}{\varkappa_\mathfrak{p}^2}}\right)}.$$

Diese Rechnung zeigt die absolute und gleichmäßige Konvergenz von $Z_{\mathfrak{p}}$ für $Rs \geqq 1 + \varepsilon > 1$, daraus folgt in bekannter Weise das gleiche Konvergenzverhalten von $\zeta(s)$ und die Gültigkeit von (3) in $Rs > 1$. Auch die Konvergenz der Teilreihen von $\zeta(s)$, welche die Zetafunktionen der Klassen darstellen, ist jetzt bewiesen.

$\mathfrak{p}_{\mathfrak{Z}}$ sei das durch $\mathfrak{p}$ teilbare Primideal des Zentrums $\mathfrak{Z}$ von $\mathfrak{A}$. Wird $\mathfrak{p}_{\mathfrak{Z}} = \mathfrak{p}^{e_{\mathfrak{p}}}$, so gilt

$$N_{\mathfrak{A}\to\mathsf{P}}\mathfrak{p} = (N_{\mathfrak{Z}\to\mathsf{P}}\mathfrak{p}_{\mathfrak{Z}})^{e_{\mathfrak{p}}\varkappa_{\mathfrak{p}}^2}.$$

Beachten wir schließlich, daß $e_{\mathfrak{p}}^2\varkappa_{\mathfrak{p}}^2 = n^2$ der Rang von $\mathfrak{A}$ in Beziehung auf $\mathfrak{Z}$ ist, so erhalten wir

$$Z_{\mathfrak{p}} = 1 \prod_{i=0}^{\varkappa_{\mathfrak{p}}-1} (1 - |N_{\mathfrak{Z}\to\mathsf{P}}\mathfrak{p}_{\mathfrak{Z}}|^{-(ns-ie_{\mathfrak{p}})})^{-1}.$$

Die Zetafunktion des Zentrums $\mathfrak{Z}$ ist

$$\zeta_{\mathfrak{Z}}(s) = \prod_{\mathfrak{p}_{\mathfrak{Z}}}(1 - |N_{\mathfrak{Z}\to\mathsf{P}}\mathfrak{p}_{\mathfrak{Z}}|^{-s})^{-1}.$$

Da $n \neq \varkappa_{\mathfrak{p}}$ nur für die Teiler der Diskriminante $\mathfrak{d}$ von $\mathfrak{A}/\mathfrak{Z}$ gilt, so haben wir

$$\zeta(s) = \prod_{\mathfrak{p}} Z_{\mathfrak{p}} = \prod_{i=0}^{n-1}\zeta_{\mathfrak{Z}}(ns-i)\prod_{\mathfrak{p}|\mathfrak{d}}\frac{\prod_{i=0}^{n-1}(1 - |N_{\mathfrak{Z}\to\mathsf{P}}\mathfrak{p}_{\mathfrak{Z}}|^{-(ns-i)})}{\prod_{i=0}^{\varkappa_{\mathfrak{p}}-1}(1 - |N_{\mathfrak{Z}\to\mathsf{P}}\mathfrak{p}_{\mathfrak{Z}}|^{-(ns-e_{\mathfrak{p}}i)})}. \quad (4)$$

Diese aus dem Zerlegungsgesetz VI, § 12, Satz 1, gewonnene Darstellung von $\zeta(s)$ durch die Zetafunktion des Zentrums darf man der Aufspaltung der Zetafunktion eines galoisschen Zahlkörpers in L-Reihen des Grundkörpers an die Seite stellen. Aus (4)' ist ohne weiteres ersichtlich, daß die Funktion $\zeta(s)$ ebensogut mittels der Rechtsideale von $\mathfrak{o}_i$ hätte erklärt werden können und daß sie für alle Maximalordnungen gleich ausfällt. *$\zeta(s)$ wird daher als die Zetafunktion von $\mathfrak{A}$ schlechthin bezeichnet.*

3. Für Divisionsalgebren läßt sich die funktionentheoretische Natur von $\zeta(s)$ in einer Weise untersuchen, die der von HECKE für Zahlkörper angewendeten vollkommen entspricht. (HEY [**1**].)

Das Ergebnis ist

Satz 1. *$\mathfrak{D}$ sei eine Divisionsalgebra mit dem Zentrum $\mathfrak{Z}$, $(\mathfrak{A} : \mathfrak{Z}) = n^2$, $(\mathfrak{Z} : \mathsf{P}) = n_0$. Δ bezeichne die Diskriminante einer Maximalordnung von $\mathfrak{D}$ in Beziehung auf P. r_1 sei die Anzahl der reellen, r_2 die Anzahl der komplexen unendlichen Primstellen von $\mathfrak{Z}$. v unendliche (reelle) Primstellen seien in $\mathfrak{D}$ verzweigt. Es sei*

$$\psi(s) = \pi^{-\frac{n_0 n^2 s}{2}} |\Delta|^{\frac{s}{2}} 2^{-n^2 r_2 s - n\frac{n^2}{2} v s} \prod_{i=0}^{n-1}\Gamma(ns-i)^{r_2}\prod_{i=0}^{n-1}\Gamma\left(\frac{ns-i}{2}\right)^{r_1-v}\prod_{i=0}^{\frac{n}{2}-1}\Gamma(ns-2i)^{v}$$

$$\zeta(s)\cdot\psi(s) = \varphi(s), \qquad \zeta(s, \mathfrak{K})\cdot\psi(s) = \varphi(s, \mathfrak{K}).$$

Die Funktionen $\varphi(s, \mathfrak{K})$ und $\varphi(s)$ sind regulär analytisch in der ganzen s-Ebene, zwei Pole erster Ordnung bei $s = 0, 1$ ausgenommen. Es gelten die Funktionalgleichungen

$$\varphi(s) = \varphi(1 - s), \qquad \varphi(s, \mathfrak{K}) = \varphi(1 - s, \widehat{\mathfrak{K}}).$$

$\widehat{\mathfrak{K}}$ ist die Rechtsidealklasse der Ideale, die zu den Idealen von $\mathfrak{K}$ komplementär sind. (Hey [**1**].)

Der Beweis verläuft wie folgt: $\varphi(s, \mathfrak{K})$ wird mittels des Gammaintegrals in ein Integral einer unvollständigen Thetareihe umgeformt. Die Thetareihe ist nicht vollständig, weil von den Einheiten eine Summationsbeschränkung herrührt (wäre $\mathfrak{A}$ keine Divisionsalgebra, so würden die Nullteiler eine weitere Summationsbeschränkung verursachen. Dies ist in Hey [**1**] übersehen worden). Die Summationsbeschränkung wird (nach dem Heckeschen Gedanken für Zahlkörper) in eine Integrationsbeschränkung umgewandelt, so daß unter dem Integral die volle Thetareihe (ausschließlich des Mittelgliedes) steht. Die Durchführung dieser Umwandlung wird durch den Umstand erschwert, daß die Einheitengruppe einer Maximalordnung nicht so gut bekannt ist wie für Zahlkörper (die Einheitengruppe definiert eine Transformationsgruppe des $n_0 n^2$-dimensionalen Raumes, für die die Existenz eines meßbaren Fundamentalbereiches nachgewiesen werden muß). Der übrigbleibende Integrationsbereich wird nach Einfügung des Mittelgliedes in zwei Teile getrennt, und auf die Thetareihe in dem einen der beiden Integrale wird die Transformationsformel für Thetareihen angewendet; und dann der Integrationsbereich dieses Integrales durch eine Variablentransformation mit dem des anderen Integrales zur Deckung gebracht; dadurch nimmt die transformierte Thetafunktion ihre alte Gestalt an und es entsteht ein Ausdruck, der, bis auf von den Mittelgliedern herrührende polare Bestandteile, eine ganze Funktion darstellt und an dem die Gleichung $\varphi(s, \mathfrak{K}) = \varphi(1 - s, \widehat{\mathfrak{K}})$ unmittelbar eingesehen werden kann, weil er in $s, \mathfrak{K}$ und $1 - s, \widehat{\mathfrak{K}}$ formal symmetrisch ist. Für die nähere Ausführung muß auf Hey [**1**] verwiesen werden.

Die Formel (4) legt es nahe, die Funktionalgleichung für $\zeta(s)$ mit der Funktionalgleichung für $\zeta_{\mathfrak{Z}}(s)$ zu vergleichen. Wir wollen den von den verzweigten Zentrumsprimidealen herrührenden Faktor

$$\prod_{\mathfrak{p} \mid \mathfrak{d}} \frac{\prod\limits_{i=0}^{n-1} \left(1 - |N_{\mathfrak{Z} \to P}\, \mathfrak{p}_{\mathfrak{Z}}|^{-(ns - i)}\right)}{\prod\limits_{i=0}^{\varkappa_{\mathfrak{p}}-1} \left(1 - |N_{\mathfrak{Z} \to P}\, \mathfrak{p}_{\mathfrak{Z}}|^{-(ns - e_{\mathfrak{p}} i)}\right)}$$

in (4) mit $\delta(s)$ bezeichnen. Wird

$$\varphi_{\mathfrak{Z}}(s) = \left(2^{-r_2} \pi^{-\frac{n_0}{2}} |d|^{\frac{1}{2}}\right)^s \zeta_{\mathfrak{Z}}(s)\, \Gamma\!\left(\frac{s}{2}\right)^{r_1} \Gamma(s)^{r_2}$$

gesetzt (d Diskriminante von $\mathfrak{Z}$), so gilt die Heckesche Funktionalgleichung

$$\varphi_{\mathfrak{Z}}(s) = \varphi_{\mathfrak{Z}}(1 - s),$$

und $\varphi_{\mathfrak{Z}}(s)$ ist bis auf Pole erster Ordnung bei $s = 0, 1$ regulär in der ganzen s-Ebene. (Sonderfall von Satz 1.) Aus (4) folgt nun durch eine leichte Rechnung ($\zeta_{\mathfrak{Z}}(ns - i)$ durch $\varphi_{\mathfrak{Z}}(ns - i)$, $\zeta(s)$ durch $\varphi(s)$ ausdrücken):

$$\varphi(s) = \alpha\,\delta(s) \prod_{i=0}^{n-1} \varphi_{\mathfrak{Z}}(ns-i) \left|\frac{\Delta}{d^{n^2}}\right|^{\frac{1}{2}s} \cdot 2^{-\frac{n^2}{2}vs} \prod_{i=0}^{n-1} \Gamma\left(\frac{ns-i}{2}\right)^{-v} \prod_{i=0}^{\frac{n}{2}-1} \Gamma(ns-2i)^{v} \quad (5)$$

(α eine Konstante).

Aus dieser Gleichung folgt zunächst ein neuer Beweis (ZORN [**1**]) des Satzes 1, § 5, daß eine überall zerfallende Algebra schlechthin zerfällt, oder anders ausgedrückt, daß in einer Divisionsalgebra $\mathfrak{D}$ vom Range n^2 über ihrem Zentrum mindestens eine Primstelle des Zentrums verzweigt ist. Ist $v = 0$, ist also keine unendliche Primstelle verzweigt, so fallen die Gammafaktoren rechts fort. Das Produkt $\prod_{i=0}^{n-1} \varphi_{\mathfrak{Z}}(ns - i)$ hat aber von den Faktoren mit $i > 0$ herrührende Pole bei $s = 1/n, 2/n, \ldots$, die $\varphi(s)$ nicht hat. Diese Pole müssen also von Nullstellen der Funktion $\delta(s)$ aufgehoben werden, $\delta(s)$ kann daher nicht gleich 1 sein. Man kann sogar auf die Existenz von mindestens zwei Verzweigungsstellen schließen.

Dieser Beweis des Hauptsatzes über Algebren ist gleichsam die stärkste Zusammenfassung der analytischen Hilfsmittel zur Erreichung des Zieles.

Wir ersetzen in (5) s durch $1 - s$, wenden dann auf $\varphi(s)$ und $\varphi_{\mathfrak{Z}}(ns - i)$ die Funktionalgleichung an und dividieren das Ergebnis durch die ursprüngliche Gleichung (5). $\varphi(s)$ und $\varphi_{\mathfrak{Z}}(s)$ fallen heraus und es bleibt

$$\frac{\delta(s)}{\delta(1-s)} = \left|\frac{\Delta}{d^{n^2}}\right|^{\frac{1}{2}-s} \cdot \left[2^{-n^2(\frac{1}{2}-s)} \prod_{i=0}^{n-1} \frac{\Gamma\left(\frac{ns-i}{2}\right)}{\Gamma\left(\frac{n-ns-i}{2}\right)} \prod_{i=0}^{\frac{n}{2}-1} \frac{\Gamma(n-ns-2i)}{\Gamma(ns-2i)} \right]^{v}.$$

Die linke Seite läßt sich durch eine leichte Rechnung umformen in

$$\left(\prod_{\mathfrak{p}|\mathfrak{d}} |N_{\mathfrak{A}\to P}\,\mathfrak{p}|^{e_{\mathfrak{p}}-1}\right)^{\frac{1}{2}-s} \cdot (-1)^{\sum\limits_{\mathfrak{p}} (n+n/e_{\mathfrak{p}})}.$$

Das Produkt der Gammafunktionen kann mittels der GAUSSschen Multiplikationsformel auf Exponentialfunktionen reduziert werden. Auf diese Weise vereinfacht sich die Gleichung zu

$$\left(\prod_{\mathfrak{p}|\mathfrak{d}} |N_{\mathfrak{D}\to P}\,\mathfrak{p}|^{e_{\mathfrak{p}}-1}\right)^{\frac{1}{2}-s} (-1)^{\sum\limits_{\mathfrak{p}} (n+n/e_{\mathfrak{p}})} = \left|\frac{\Delta}{d^{n^2}}\right|^{\frac{1}{2}-s} (-1)^{v\frac{n}{2}}.$$

Das besagt einerseits

$$|\Delta| = \left| d^{n^2} \prod_{\mathfrak{p}|\mathfrak{d}} (N_{\mathfrak{D}\to P}\,\mathfrak{p})^{e_{\mathfrak{p}}-1} \right|,$$

damit ist aufs neue bewiesen, daß ein Primideal $\mathfrak{p}$ vom Verzweigungsexponenten e die Differente $\mathfrak{E}$ von $\mathfrak{D}/\mathfrak{Z}$ genau in der Potenz $\mathfrak{p}^{e-1}$ teilt.

Nach Satz 3, VI, § 5, ist nämlich sicher $\mathfrak{p}^{e-1}/\mathfrak{E}$, und da $N_{\mathfrak{D}\to\mathfrak{Z}}\mathfrak{E}$ die Diskriminante von $\mathfrak{D}/\mathfrak{Z}$ ist, so ist Δ/d^{n^2} (Absolutnorm der Diskriminante von $\mathfrak{D}/\mathfrak{Z}$) mindestens durch $N_{\mathfrak{D}\to P}\mathfrak{p}^{e-1}$ teilbar.

Andererseits ergibt sich die Kongruenz (HEY [1], ZORN [1])

$$\frac{n}{2}v \equiv \sum_{\mathfrak{p}}(n + n/e_{\mathfrak{p}}) \pmod 2.$$

Für ungerades n ist diese Kongruenz trivial. Im Falle $n = 2$ besagt sie aber, daß die Anzahl der Verzweigungsstellen von $\mathfrak{D}/\mathfrak{Z}$ gerade ist, oder, etwas anders ausgedrückt, die Summenrelation (Satz 9, § 5) für die Invarianten von $\mathfrak{D}$, die mit dem quadratischen Reziprozitätsgesetz im Körper $\mathfrak{Z}$ gleichbedeutend ist. (ZORN [1].) Die eigenartige Kraft der analytischen Methoden erweist sich hier aufs neue. Ist 2^w die in n enthaltene Potenz von 2, so besagt unsere Kongruenz: die Anzahl der Verzweigungsstellen, für die $e_{\mathfrak{p}} \equiv 0 \pmod{2^w}$ ist, ist gerade. Das ist eine Folge der allgemeinen Summenrelation.

4. Im Verlauf des Beweises von Satz 1 ergibt sich auch ein Ausdruck für das Residuum der Zetafunktion $\zeta(s, \mathfrak{K})$ einer Klasse $\mathfrak{K}$ bei $s = 1$. Dies Residuum ist

$$\varrho_{\mathfrak{K}} = \int\int_F \ldots \int d x_1 \ldots d x_{n_0 n^2}, \tag{5}$$

also das Volumen eines Bereiches F im $n_0 n^2$-dimensionalen Raum. F wird dabei folgendermaßen erklärt: Ist $\mathfrak{K}$ etwa eine Linksidealklasse, so gehören die Rechtsordnungen $\mathfrak{o}'$ der Ideale von $\mathfrak{K}$ zu einem Typus. $u_1, \ldots, u_{n_0 n^2}$ sei eine Basis einer, $\mathfrak{o}'$, dieser Ordnungen. Die Multiplikation eines Elementes $x = \sum x_i u_i$ der Algebra $\mathfrak{D}_R$ (R Körper der reellen Zahlen) von rechts mit einer Einheit e der Ordnung $\mathfrak{o}'$ ist eine lineare Transformation der Koordinaten x_i von x. Auf diese Weise definiert die Einheitengruppe der Ordnung $\mathfrak{o}'$ eine lineare Gruppe im x_i-Raume: F ist ein Fundamentalbereich dieser Gruppe für den (bei der Gruppe invarianten) Teilraum $|N_{\mathfrak{D}\to P}x| \leqq 1$. (HEY [1].)

Benutzt man im kommutativen Fall $\mathfrak{D} = \mathfrak{Z}$ vom DIRICHLETschen Einheitensatz nur die leichtere Hälfte, daß die Einheitengruppe von $\mathfrak{Z}$ höchstens $r_1 + r_2 - 1$ freie Erzeugende hat, so folgt zuerst, daß die Anzahl dieser Erzeugenden mindestens $r_1 + r_2 - 1$ ist (andernfalls würde F nicht von endlichem Volumen sein), also die wesentliche Existenzaussage des DIRICHLETschen Satzes (dies nach einer Bemerkung von C. L. SIEGEL), dann weiter durch eine leichte Rechnung der bekannte Wert

$$\varrho_{\mathfrak{K}} = \frac{2^{r_1+r_2}\pi^{r_2} R}{w|\sqrt{d}|}.$$

R ist der Regulator und w die Anzahl der Einheitswurzeln von $\mathfrak{Z}$.

Während also im kommutativen Fall $\varrho_{\mathfrak{K}}$ von $\mathfrak{K}$ unabhängig ist, wird im allgemeinen Fall der Wert von $\varrho_{\mathfrak{K}}$ durch die Einheitengruppe der Maximalordnung $\mathfrak{o}'$ bestimmt, fällt also möglicherweise bei zwei

Klassen, die Maximalordnungen $\mathfrak{o}'$ verschiedener Typen bestimmen, verschieden aus. Tatsächlich kommt dies schon bei Algebren mit endlicher Einheitengruppe, also bei Algebren vom Rang 4 über P, in denen p_∞ verzweigt ist, vor. In diesem Fall kann nämlich $\varrho_{\mathfrak{K}}$ bestimmt werden (HEY [**1**])

$$\varrho_{\mathfrak{K}} = \frac{1}{w_{\mathfrak{K}}} \frac{2\pi^2}{|\sqrt{\Delta}|}.$$

$w_{\mathfrak{K}}$ ist die Anzahl der Einheiten in einer der Ordnungen $\mathfrak{o}'$.

HEY [**1**] gibt Beispiele von Maximalordnungen mit verschiedenem $w_{\mathfrak{K}}$ in einer Algebra $\mathfrak{A}$.

Der angedeutete Beweis für den DIRICHLETschen Einheitensatz läßt vermuten, daß in (5) eine Existenzaussage über Einheiten in Divisionsalgebren verborgen ist (C. L. SIEGEL). Jedoch ist Näheres darüber nicht bekannt.

K. HEY [**1**] gibt für $\varrho_{\mathfrak{K}}$ auch im Fall der indefiniten rationalen Quaternionenalgebren (siehe § 9) einen einfachen Ausdruck. Die oben erwähnte Substitutionsgruppe läßt sich in diesem Fall auf eine lineare Transformationsgruppe der komplexen Ebene zurückführen. Ist $g_{\mathfrak{K}}$ das Geschlecht eines Fundamentalbereiches dieser neuen Gruppe, so gilt

$$\varrho_{\mathfrak{K}} = \frac{\pi^2}{|\sqrt{\Delta}|}(g_{\mathfrak{K}} - 1),$$

wenn in $\mathfrak{o}'$ eine Einheit mit der Norm -1 vorhanden ist, und

$$\varrho_{\mathfrak{K}} = \frac{2\pi^2}{|\sqrt{\Delta}|}(g_{\mathfrak{K}} - 1),$$

wenn dies nicht der Fall ist.

Das Residuum von $\zeta(s)$ bei $s = 1$ ist $\sum \varrho_{\mathfrak{K}}$ ($\mathfrak{K}$ durchläuft die Linksklassen einer festen Ordnung). Die Formel (3) liefert einen anderen Wert für das Residuum von $\zeta(s)$. Der Vergleich ergibt (h_0 die Klassenzahl des Zentrums)

$$\sum \varrho_{\mathfrak{K}} = \frac{h_0}{n} \frac{2^{r_1+r_2}\pi^{r_2} R}{w|\sqrt{d}|} \prod_{i=2}^{n} \zeta(i) \prod_{\mathfrak{p}|\Delta} \frac{\prod_{i=1}^{n}(1 - |N_{3\to P}\,\mathfrak{p}_3|^{-i})}{\prod_{i=1}^{\varkappa_{\mathfrak{p}}}(1 - |N_{3\to P}\,\mathfrak{p}_3|^{-ie_{\mathfrak{p}}})}.$$

Wir wenden dies auf die rationalen Quaternionenalgebren an. Im definiten Fall kommt

$$\frac{2\pi^2}{|\sqrt{\Delta}|} \sum w_{\mathfrak{K}}^{-1} = \frac{\pi^2}{12} \prod_{p|\Delta}(1 - p^{-1})$$

oder, da $\Delta = \prod_{p|\Delta} p^2$ ist,

$$\sum w_{\mathfrak{K}}^{-1} = \frac{1}{24} \prod_{p|\Delta}(p - 1).$$

Diese Formel ist der Klassenzahlformel für imaginäre quadratische Zahlkörper analog. Zwar kann aus ihr der Wert der Klassenzahl h

nicht abgelesen werden, aber sie gibt doch weitgehenden Aufschluß über h. Zum Beispiel ist, mit zwei Ausnahmen,

$$h/6 \leqq \tfrac{1}{24} \prod_{p|\Delta} (p-1) \leqq h/2,$$

da nach HEY [1], von zwei Ausnahmen abgesehen, $w_{\mathfrak{K}}$ nur die Werte 2, 4 oder 6 haben kann. Daher ist

$$\tfrac{1}{12} \prod_{p|\Delta} (p-1) \leqq h \leqq \tfrac{1}{4} \prod_{p|\Delta} (p-1),$$

woraus folgt, daß h mit Δ wächst wie $\sqrt{\Delta}$.

Für indefinite rationale Quaternionenkörper ergibt sich

$$\tfrac{1}{24} \prod_{p|\Delta} (p-1) = \begin{cases} \tfrac{1}{2} \sum (g_{\mathfrak{K}} - 1) \\ \sum (g_{\mathfrak{K}} - 1), \end{cases}$$

den zwei Fällen der Formel für $\varrho_{\mathfrak{K}}$ entsprechend.

§ 9. Quaternionenalgebren.

1. Eine zyklische Algebra $\mathfrak{A}$ vom Rang 4 über ihren Zentrum P heißt eine (verallgemeinerte) *Quaternionenalgebra*. $\mathfrak{A}$ hat also eine zyklische Darstellung

$$\mathfrak{A} = (\alpha, \mathsf{P}(\sqrt{\beta}), S).$$

Es wird $u^{-1}\sqrt{\beta}\,u = -\sqrt{\beta}$, $u^2 = \alpha$. Setzen wir noch $\sqrt{\beta} = v$, so ist $1, u, v, uv$ eine Basis von $\mathfrak{A}/\mathsf{P}$ mit der Multiplikationstafel $u^2 = \alpha$, $v^2 = \beta$, $vu = -uv$. $\alpha = \beta = -1$ gibt die gewöhnlichen Quaternionen. Die Norm eines Elementes, „Quaternions"

$$a = \xi_1 + \xi_2 u + \xi_3 v + \xi_4 uv$$

ist

$$Na = \xi_1^2 - \alpha\xi_2^2 - \beta\xi_3^2 + \alpha\beta\xi_4^2, \tag{1}$$

die Spur

$$Sa = 2\xi_1,$$

das Hauptpolynom

$$f(x) = x^2 - 2\xi_1 x + (\xi_1^2 - \alpha\xi_2^2 - \beta\xi_3^2 + \alpha\beta\xi_4^2). \tag{2}$$

Es ist

$$f(x) = (x - a)(x - a'),$$

wo

$$a' = \xi_1 - \xi_2 u - \xi_3 v - \xi_4 uv.$$

a' heißt das *zu a konjugierte Quaternion*. (Im allgemeinen ist eine solche Bildung nicht eindeutig möglich!)

Aus der Formel für $f(x)$ folgt, daß die quadratischen Teilkörper von $\mathfrak{A}$ die Körper

$$\mathsf{P}\left(\sqrt{\alpha\xi_2^2 + \beta\xi_3^2 - \alpha\beta\xi_4^2}\right)$$

sind.

2. Verbinden wir dies im Falle eines algebraischen Zahlkörpers P als Grundkörper mit Satz 2 in § 5, so ergeben sich dafür, daß eine Zahl ϱ von P durch die ternäre quadratische Form $\alpha x^2 + \beta y^2 - \alpha\beta z^2$

darstellbar ist, gewisse Vorzeichen- und Kongruenzbedingungen nach den in $\mathfrak{A}$ verzweigten Primstellen von P. Der Sinn dieses Satzes wird besonders deutlich, wenn man ihn für den Fall des rationalen Grundkörpers und der gewöhnlichen Quaternionen ausspricht, dann reduziert er sich nämlich auf die bekannte Tatsache, daß eine natürliche Zahl dann und nur dann Summe dreier Quadrate ist, wenn sie nicht die Form $4^n(8m-1)$ hat. (Die Verzweigungsstellen sind in diesem Falle $\mathfrak{p}_\infty$ und 2, $\mathfrak{p}_\infty$ ergibt die triviale Forderung, daß die Summe dreier Quadrate positiv sein muß, 2 ergibt die andere Bedingung.)

Wir wollen den Satz 1, § 5, für rationale Quaternionenalgebren auf eine Art beweisen, die dem LAGRANGEschen Reduktionsverfahren für ternäre quadratische Formen nahesteht und, wie auch das gerade zuletzt Gesagte, zeigen mag, daß die Algebrentheorie mit klassischen Teilen der Zahlentheorie zusammenhängt. Hier sei auch der Hauptgeschlechtssatz in § 7 erwähnt, dessen Keimzelle ja der GAUSSsche Satz über quadratische Formen ist.

$\mathfrak{A} = \left(\alpha_2', (\mathsf{P}\sqrt{\alpha_1}), S_1\right)$ zerfalle für alle Primstellen von P. Wir dürfen α_1 als quadratfreie ganze Zahl voraussetzen. Aus der Tatsache, daß α_2' Norm aus allen $\mathfrak{p}$-adischen Körpern ist, folgt leicht, daß (α_2') Norm eines Ideals $\mathfrak{a}'$ von $\mathsf{P}(\sqrt{\alpha_1})$ ist (das gilt noch für beliebige zyklische Algebren). In der Idealklasse von $\mathfrak{a}'$ gibt es ein ganzes Ideal $\mathfrak{a} = \mathfrak{a}'\mathfrak{b}$, dessen Norm $N\mathfrak{a} = (\alpha_2' N\mathfrak{b})$ kleiner als die Wurzel aus der Diskriminante von $\mathsf{P}(\sqrt{\alpha_1})$ ist. Jedenfalls ist also $|\alpha_2' N\mathfrak{b}| = |\alpha_2''| < 2|\sqrt{\alpha_1}|$. Solange $|\alpha_2''| \geqq 4$ ist, folgt daraus $|\alpha_2''| < |\alpha_1|$. α_2 bezeichne den quadratfreien Kern von α_2''. Es ist $\mathfrak{A} = \left(\alpha_2, \mathsf{P}(\sqrt{\alpha_1}), S_1\right)$. Ist $\alpha_2 = 1$, so folgt $\mathfrak{A} \sim 1$, und wir sind fertig. Ist α_2 kein Quadrat, so können wir $\mathsf{P}(\sqrt{\alpha_2})$ als maximalen Teilkörper von $\mathfrak{A}$ nehmen und finden eine Darstellung

$$\mathfrak{A} = \left(\alpha_3^1, \mathsf{P}(\sqrt{\alpha_2}), S_2\right), \quad |\alpha_2| < |\alpha_1|.$$

Durch Fortsetzung dieses Verfahrens gelangen wir, falls nicht ein $\alpha_i = 1$ auftritt, schließlich zu einer Darstellung

$$\mathfrak{A} = \left(\alpha_{n+1}, \mathsf{P}(\sqrt{\alpha_n}), S_n\right),$$

wo $|\alpha_n| < 4$ ist und $|\alpha_{n+1}|$ kleiner als die Wurzel aus der Diskriminante von $\mathsf{P}(\sqrt{\alpha_n})$. Das gibt endlich viele Fälle, und man zeigt in jedem einzelnen von ihnen leicht durch direkte Rechnung, daß $\mathfrak{A}$ zerfällt.

3. Die Quaternionenalgebren sind Gegenstand zahlreicher besonderer Untersuchungen gewesen. Zunächst muß hier bemerkt werden, daß BRANDT [**1**]—[**7**] an den Quaternionenalgebren zu der Theorie der einseitigen Ideale gelangt ist, wie sie in VI, § 2, dargestellt wurde. BRANDTs Ausgangspunkt war die Theorie der quaternären quadratischen Formen mit quadratischer Diskriminante, insbesondere der Formenklassen und der Komposition der Formen (BRANDT [**1**]—[**7**].)

Der Zusammenhang der quaternären Formen mit den Quaternionenalgebren ist von ähnlicher Natur wie der zwischen den binären Formen und den quadratischen Körpern. Ist $\mathfrak{a}$ ein Ideal der Quaternionenalgebra $\mathfrak{A}$, so kann mittels einer Basis $w_1, \ldots, w_4$ von $\mathfrak{a}$ eine quadratische Form Nw als Norm des allgemeinen Elementes $w = \sum w_i x_i$ gewonnen werden. Die Koeffizienten dieser Normenform sind durch $N\mathfrak{a}$ teilbar; die durch $N\mathfrak{a}$ dividierte Form Nw heiße $Q_{\mathfrak{a}}(x, x)$. Das -16-fache der Determinante $|\alpha_{ik}|$ von $Q_{\mathfrak{a}}(x, x) = \sum \alpha_{ik} x_i x_k$, $\alpha_{ki} = \alpha_{ik}$ ist das Quadrat der Grundzahl d von $\mathfrak{A}$. $\left(\text{Oder auch } d^2 = -\left|\frac{\partial Q}{\partial x_i\, \partial x_k}\right|.\right)$ Die verschiedenen Idealklassen entsprechen den verschiedenen Formenklassen. Für alles Nähere siehe BRANDT [1]—[7].

Eine Reihe von Arbeiten handelt von ganzen Größen und Ordnungen der Quaternionenalgebren, auch im Zusammenhang mit der Frage nach der Darstellung ganzer Zahlen durch quaternäre Formen: DICKSON [3], [6], [10], FINAN [1], FUETER [2], GRIFFITHS [1], LATIMER [1], VENKOV [1], WHALIN [1] (etwas allgemeiner). Die Ergebnisse von KOŘÍNEK [1] für Quaternionen sind Sonderfälle allgemeinerer Sätze (KOŘÍNEK [2]).

§ 10. Algebren über Funktionenkörpern.

Die Theorie des VI-ten Teils ist anwendbar auf den Fall, daß P der Körper aller rationalen Funktionen einer Unbestimmten x über einem Körper Ω ist. $\mathfrak{g}$ ist dann der Ring der Polynome von x über Ω. Statt dessen kann auch eine endliche separable Erweiterung P von $\Omega(x)$ und als $\mathfrak{g}$ der Ring der x-ganzen algebraischen Funktionen von x in P genommen werden.

Mit diesem Fall beschäftigen sich TSEN [1], [2], WITT [2], [3], HASSE [6].

TSEN betrachtet den Fall eines algebraisch abgeschlossenen Ω und zeigt, daß dann keine von $\Omega(x)$ verschiedene Divisionsalgebra mit $\Omega(x)$ als Zentrum (außer $\Omega(x)$ selbst) vorhanden ist. Ist Ω reell abgeschlossen, so gibt es nach TSEN höchstens eine Divisionsalgebra mit dem Zentrum $\Omega(x)$ außer $\Omega(x)$, diese ist dann vom Index 2.

WITT [2] führt, entsprechend der Theorie der algebraischen Funktionenkörper, *Divisoren* ein, die auch die Primteiler von $1/x$ berücksichtigen. Die Divisoren bilden ein Gruppoid. Die Theorie der Divisorenklassen gilt wie im kommutativen Fall, insbesondere entwickelt WITT [2] den RIEMANN-ROCH*schen Satz*.

Wird als Konstantenbereich Ω ein Galoisfeld genommen, so werden die Sätze des VII-ten Teils übertragbar. In §§ 1, 2 ist der springende Punkt die Tatsache, daß der Restklassenbereich nach einem Primideal ein Galoisfeld ist: das ist hier auch der Fall. Für die weitere Theorie müssen neben den Primidealen von $\mathfrak{g}$ auch die Primteiler von $1/x$

berücksichtigt werden, entsprechend den unendlichen Primstellen bei Zahlkörpern, die ja daher ihren Namen haben. Das geschieht durch Betrachtung aller Primdivisoren. Der fundamentale Satz 1, § 5, wird in ganz entsprechender Weise auf den Normensatz gegründet, wie bei Zahlkörpern. Die direkten Folgerungen aus Satz 1, § 5, gelten auch hier. Auch Satz 4, § 5, gilt wörtlich: der erwähnte Satz von TSEN besagt nämlich, daß für jede normale einfache Algebra $\mathfrak{A}/\mathsf{P}$ die Erweiterung $\mathfrak{A}_{\bar{\mathsf{P}}} \sim 1$ ist, wenn unter $\bar{\mathsf{P}}$ die durch Adjunktion des algebraisch abgeschlossenen Körpers $\bar{\Omega}$ von Ω entstehende Erweiterung von P ist. Da $\bar{\Omega}$ bekanntlich der Körper aller Einheitswurzeln über Ω ist, so folgt hieraus in der Tat, daß $\mathfrak{A}$ Zerfällungskörper hat, die (zyklische) Kreiskörper sind. Nach HASSE [6] folgt hieraus wieder die Summenrelation $\sum_{\mathfrak{p}} \left(\frac{\mathfrak{A}}{\mathfrak{p}}\right) \equiv 0 \pmod 1$ für eine normale einfache Algebra $\mathfrak{A}/\mathsf{P}$. Grundlage des Beweises ist die Tatsache, daß für das Element α in einer zyklischen Darstellung $\mathfrak{A} = (\alpha, \mathfrak{Z}, S)$ mittels eines Kreiskörpers die Relation $\sum m_{\mathfrak{p}} \varrho_{\mathfrak{p}} = 0$ gilt, falls unter $\mathfrak{p}$ der Exponent verstanden wird, mit dem ein Primdivisor $\mathfrak{p}$ des Grades $m_{\mathfrak{p}}$ in α enthalten ist; die $\left(\frac{\mathfrak{A}}{\mathfrak{p}}\right)$ werden durch die $\varrho_{\mathfrak{p}}$ ausgedrückt. WITT [2] hat die Summenrelation auf den RIEMANN-ROCHschen Satz gegründet. Aus der Summenrelation folgt wieder das Reziprozitätsgesetz. Die Theorie der Normenreste ist in der gleichen Weise begründbar wie in § 6. WITT [2] entwickelt die Theorie der Zetafunktion wie in § 8. Die Funktionalgleichung beruht dabei auf dem RIEMANN-ROCHschen Satz. Der in § 8 gegebene zweite Beweis von Satz 1, § 5, überträgt sich. Vgl. auch RAUTER [1].

WITT [3] betrachtet Divisionsalgebren über reellen algebraischen Funktionenkörpern.

Literaturverzeichnis.

ALBERT, A. A. [1]: Normal division algebras satisfying mild assumptions. Proc. Nat. Acad. Sci. U. S. A. Bd. 14 (1928) S. 904—906; [2] The group of the rank equation of any normal division algebra. Proc. Nat. Acad. Sci. U. S. A. Bd. 14 (1928) S. 906—907; [3]: On the structur of normal division algebras. Ann. of Math. (2) Bd. 30 (1929) S. 322—338; [4]: Normal division algebras in $4p^2$ units, p an odd prime. Ann. of Math (2) Bd. 30 (1929) S. 583—590: [5]: The structure of any algebra which is a direct product of rational generalized quaternion algebras. Ann. of Math. (2) Bd. 30 (1929) S. 621—625; [6]: On the rank equation of any normal division algebra. Bull. Amer. Math. Soc. Bd. 35 (1929) S. 335—338; [7]: The rank function of any simple algebra. Proc. Nat. Acad. Sci. U. S. A. Bd. 15 (1929) S. 372—376; [8]: A determination of all normal division algebras in sixteen units. Trans. Amer. Math. Soc. Bd. 31 (1929) S. 253—260; [9]: A necessary and sufficient condition for the non-equivalence of any two rational generalized quaternion division algebras. Bull. Amer. Math. Soc. Bd. 36 (1930) S. 535—540; [10]: A note on an important theorem on normal division algebras. Bull. Amer. Math. Soc. Bd. 36 (1930)

S. 649—650; [**11**]: A construction of all non-commutative rational division algebras of order eight. Ann. of Math. (2) Bd. 31 (1930) S. 567—576; [**12**]: New results in the theory of normal division algebras. Trans. Amer. Math. Soc. Bd. 32 (1930) S. 171—195; [**13**]: Determination of all normal division algebras in thirty-six units of type R_2. Amer. J. Math. Bd. 52 (1930) S. 283—292; [**14**]: On the Wedderburn norm condition for cyclic algebras. Bull. Amer. Math. Soc. Bd. 37 (1931) S. 301—312; [**15**]: A note on cyclic algebras of order sixteen. Bull. Amer. Math. Soc. Bd. 37 (1931) S. 727—730; [**16**]: Division algebras over an algebraic field. Bull. Amer. Math. Soc. Bd. 37 (1931) S. 77 bis 784; [**17**]: On direct products, cyclic division algebras, and pure Riemann matrices. Trans. Amer. Math. Soc. Bd. 33 (1931) S. 219—234; [**18**]: On normal division algebras of type R in thirty-six units. Trans. Amer. Math. Soc. Bd. 33 (1931) S. 235—243; [**19**]: On direct products. Trans. Amer. Math. Soc. Bd. 33 (1931) S. 690—711; [**20**]: Normal division algebras of order 2^{2m}. Proc. Nat. Acad. Sci. U. S. A. Bd. 17 (1931) S. 389—392; [**21**]: Normal division algebras of degree four over an algebraic field. Trans. Amer. Math. Soc. Bd. 34 (1932) S. 363—372; [**22**]: On normal simple algebras. Trans. Amer. Math. Soc. Bd. 34 (1932) S. 620—625; [**23**]: A construction of non-cyclic normal division algebras. Bull. Amer. Math. Soc. Bd. 38 (1932) S. 449—456; [**24**]: A note on normal division algebras of order sixteen. Bull. Amer. Math. Soc. Bd. 38 (1932) S. 703—706; [**25**] Algebras of degree 2^e and pure Riemann matrices. Ann. of Math. (2) Bd. 33 (1932) S. 311—318; [**26**]: On the construction of cyclic algebras with a given exponent. Amer. J. Math. Bd. 54 (1932) S. 1—13; [**27**]: A note on the equivalence of algebras of degree two. Bull. Amer. Math. Soc. Bd. 39 (1933) S. 257—258; [**28**]: On primary normal division algebras of degree eight. Bull. Amer. Math. Soc. Bd. 39 (1933) S. 265—272; [**29**]: Normal division algebras over algebraic numberfields not of finite degree. Bull. Amer. Math. Soc. Bd. 39 (1933) S. 746—749; [**30**]: Noncyclic algebras of degree and exponent four. Trans. Amer. Math. Soc. Bd. 35 (1933) S. 112—121; [**31**]: Integral domains of rational generalized quaternion algebras. Bull. Amer. Math. Soc. Bd. 40 (1934); [**32**]: Normal division algebras over a modular field. Trans. Amer. Math. Soc. Bd. 36 (1934) S. 388—394.

ALBERT, A. A., and H. HASSE [**1**]: A determination of all normal division algebras over an algebraic numberfield. Trans. Amer. Math. Soc. Bd. 34 (1932) S. 722—726.

ARCHIBALD, R. C. [**1**]: Diophantine equations in division algebras. Trans. Amer. Math. Soc. Bd. 30 (1928) S. 819—837.

ARTIN, E. [**1**]: Über einen Satz von Herrn J. H. Maclaggan Wedderburn. Abh. math. Semin. Hamburg. Univ. Bd. 5 (1928) S. 245—250; [**2**]: Zur Theorie der hyperkomplexen Zahlen. Abh. math. Semin. Hamburg. Univ. Bd. 5 (1928) S. 251—260; [**3**]: Zur Arithmetik hyperkomplexer Zahlen. Abh. math. Semin. Hamburg. Univ. Bd. 5 (1928) S. 261—289.

BRANDT, H. [**1**]: Der Kompositionsbegriff bei den quaternären quadratischen Formen. Math. Ann. Bd. 91 (1924) S. 300—315; [**2**]: Die Hauptklassen in der Kompositionstheorie der quaternären quadratischen Formen. Math. Ann. Bd. 94 (1925) S. 166—175; [**3**]: Über die Komponierbarkeit quaternärer quadratischer Formen. Math. Ann. Bd. 94 (1925) S. 179—197; [**4**]: Über das assoziative Gesetz bei der Komposition der quaternären quadratischen Formen. Math. Ann. Bd. 96 (1927) S. 353—359; [**5**]: Über eine Verallgemeinerung des Gruppenbegriffes. Math. Ann. Bd. 96 (1927) S. 360—366; [**6**]: Idealtheorie in Quaternionenalgebren. Math. Ann. Bd. 99 (1928) S. 1—29; [**7**]: Idealtheorie in einer Dedekindschen Algebra. Jber. Deutsch. Math.-Vereinig. Bd. 37 (1928) S. 5—7; [**8**]: Zur Idealtheorie Dedekindscher Algebren. Comment. math. helv. Bd. 2 (1930) S. 13—17.

BRAUER, R. [1]: Untersuchungen über die arithmetischen Eigenschaften von Gruppen linearer Substitutionen I. Math. Z. Bd. 28 (1928) S. 677—696; [2]: Dasselbe II. Math. Z. Bd. 31 (1930) S. 733—747; [3]: Über Systeme hyperkomplexer Zahlen. Math. Z. Bd. 30 (1929) S. 79—107; [4]: Über Systeme hyperkomplexer Größen. Jber. Deutsch. Math.-Vereinig. Bd. 38 (1929) S. 47/48; [5]: Über die algebraische Struktur von Schiefkörpern. J. reine angew. Math. Bd. 166 (1932) S. 241—252; [6]: Über die Konstruktion der Schiefkörper, die von endlichem Rang in bezug auf ein gegebenes Zentrum sind. J. reine angew. Math. Bd. 168 (1932) S. 44—64; [7]: Über den Index und den Exponenten von Divisionsalgebren. Tôhoku Math. J. Bd. 37 (1933) S. 77 bis 87.

BRAUER, R., u. E. NOETHER [1]: Über minimale Zerfällungskörper irreduzibler Darstellungen. S.-B. preuß. Akad. Wiss. Bd. 32 (1927) S. 221—226.

BUSH, L. E. [1]: Note on the discriminant matrix of an algebra. Bull. Amer. Math. Soc. Bd. 38 (1932) S. 49—51; [2]: On Young's definition of an algebra. Bull. Amer. Math. Soc. Bd. 39 (1933) S. 142—148.

CECIONI, F. [1]: Sopra un tipo di algebre prive di divisori dello zero. Rend. Circ. mat. Palermo Bd. 47 (1923) S. 209—254.

CHEVALLEY, CL. [1]: La théorie du symbole de restes normiques. J. reine angew. Math. Bd. 169 (1932) S. 141—157; [2]: Sur certains ideaux d'un algèbre simple. Abh. math. Semin. Hamburg. Univ. Bd. 10 (1934) S. 83—105; [3]: Sur la théorie du corps de classes dans les corps finis et les corps locaux. Thèse Paris 1932, Journ. Fac. Sci. Tokyo II (1933) S. 366—476.

CONWELL, H. H. [1]: Linear associative algebras of infinite order, whose elements satisfy finite algebraic equations. Bull. Amer. Math. Soc. Bd. 40 (1934) S. 95—102.

DARKOW, M. D. [1]: Determination of a basis for the integral elements of certain generalized quaternion algebras. Ann. of Math. (2) Bd. 28 (1926) S. 263—270.

DEURING, M. [1]: Zur Theorie der Normen relativzyklischer Körper. Nachr. Ges. Wiss. Göttingen (1931) S. 199—200; [2]: Galoissche Theorie und Darstellungstheorie. Math Ann. Bd. 107 (1932) S. 140—144; [3]: Neuer Beweis des Bauerschen Satzes J. reine u. angew. Math. 173 (1935) S. 1—4; [4]: Anwendungen der Darstellungen von Gruppen durch lineare Substitutionen auf die galoissche Theorie, Math. Ann. Bd. 113 (1936) S. 40—47.

DICKSON, L. E. [1]: Linear algebras. Cambridge tracts Bd. 16 (1914); [2]: Linear algebras and Abelian equations. Trans. Amer. Math. Soc. Bd. 15 (1914) S. 31—46; [3]: On quaternions and their generalization and the history of the eight square theorem. Ann. of Math. (2) Bd. 20 (1919) S. 155—171; [4]: Quaternions and their generalizations. Proc. Nat. Acad. Sci. U. S. A. Bd. 7 (1921) S. 109—114; [5]: Impossibility of restoring unique factorization in a hypercomplex arithmetic. Bull. Amer. Math. Soc. Bd. 28 (1922) S. 438 bis 442; [6]: Algebras and their arithmetics. Chicago 1923; [7]: A new simple theory of hypercomplex integers. Bull. Amer. math. Soc. Bd. 29 (1923) S. 121; [8]: The rational linear algebras of maximum and minimum ranks. Proc. London Math. Soc. (2) Bd. 22 (1923) S. 143—162; [9]: New division algebras. Trans. Amer. Math. Soc. Bd. 28 (1926) S. 207—234; [10]: Algebren und ihre Zahlentheorie. Zürich 1927; [11]: Outline of the theory to date of the arithmetics of algebras. Proc. Congr. Toronto (1924); [12]: Further development of the theory of arithmetics of algebras. Proc. Congr. Toronto (1924); [13]: New division algebras. Bull. Amer. Math. Soc. Bd. 34 (1928) S. 555—560.

FINAN, E. J. [1]: A determination of the domains of integrity of the complete rational matric algebra of order 4. Amer. J. Math. Bd. 53 (1931) S. 920—928.

FITTING, H. [1]: Die Theorie der Automorphismenringe ABELscher Gruppen und ihr Analogon bei nichtkommutativen Gruppen. Math. Ann. Bd. 107 (1932) S. 514—542.

FUETER, R. [1]: Über eine spezielle Algebra. J. reine angew. Math. Bd. 167 (1932) S. 52—61; [2]: Quaternionenringe. Comment. math. helv. Bd. 6 (1934) S. 199—222.

GARVER, R. [1]: Division algebra of order sixteen. Ann. of Math. (2) Bd. 28 (1927) S. 493—500.

GHENT, K. S. [1]: A note on nilpotent algebras in four units. Bull. Amer. Math. Soc. Bd. 40 (1934) S. 331—338.

GRELL, H. [1]: Zur Normentheorie in hyperkomplexen Systemen. J. reine angew. Math. Bd. 162 (1930) S. 60—62.

GRIFFITHS, L. W. [1]: Generalized quaternionalgebras and the theory of numbers. Amer. J. Math. Bd. 50 (1928) S. 303—314.

GRUNWALD, W. [1]: Charakterisierung des Normenrestsymbols durch die $\mathfrak{p}$-Stetigkeit, den vorderen Zerlegungssatz und die Produktformel. Math. Ann. Bd. 107 (1932) S. 145—164.

HASSE, H. [1]: Über p-adische Schiefkörper und ihre Bedeutung für die Arithmetik hyperkomplexer Zahlsysteme. Math. Ann. Bd. 104 (1931) S. 495—534; [2]: Theorie der zyklischen Algebren über einem algebraischen Zahlkörper. Nachr. Ges. Wiss. Göttingen (1931) S. 70—79; [3]: Theory of cyclic algebras over an algebraic numberfield. Trans. Amer. Math. Soc. Bd. 34 (1932) S. 171 bis 214; [4]: Die Struktur der R. Brauerschen Algebrenklassengruppe über einem algebraischen Zahlkörper. Math. Ann. Bd. 107 (1933) S. 731—760; [5]: Über gewisse Ideale in einer einfachen Algebra. Exposés math. publ. à la mém. d. Herbrand I. Act. Sci. ind. (1934) S. 109; [6]: Theorie der relativzyklischen algebraischen Funktionenkörper, insbesondere bei endlichem Konstantenkörper. J. reine angew. Math. Bd. 172 (1934) S. 37—54.

HASSE, H., u. R. BRAUER, E. NOETHER [1]: Beweis eines Hauptsatzes in der Theorie der Algebren. J. reine angew. Math. Bd. 167 (1932) S. 399—404.

HAZLETT, O. [1]: On the classification and invariantive characterization of nilpotent algebras. Amer. J. Math. Bd. 38 (1916) S. 109—138; [2]: On the theory of associative division algebras. Trans. Amer. Math. Soc. Bd. 18 (1917) S. 167—176; [3]: On the arithmetic of a general associative algebra. Proc. Congr. Toronto Bd. 1 (1924) S. 185—191; [4]: On division algebras. Trans. Amer. Math. Soc. Bd. 32 (1930) S. 912—925; [5]: Integers as matrices. Atti Cogr. Bologna Bd. 2 (1928) S. 57—62.

HEY, K. [1]: Analytische Zahlentheorie in Systemen hyperkomplexer Zahlen. Diss. Hamburg (1929).

HEYTING, A. [1]: Die Theorie der linearen Gleichungen in einer Zahlenspezies mit nichtkommutativer Multiplikation. Math. Ann. Bd. 98 (1927) S. 465—490.

INGRAHAM, M. H. [1]: Note on the reducibility of algebras without a finite base. Bull. Amer. Math. Soc. Bd. 38 (1932) S. 100—104.

KÖTHE, G. [1]: Über maximale nilpotente Unterringe und Nilringe. Math. Ann. Bd. 103 (1930) S. 359—363; [2]: Die Struktur der Ringe, deren Restklassenring nach dem Radikal vollständig reduzibel ist. Math. Z. Bd. 32 (1930) S. 161—186; [3]: Schiefkörper unendlichen Ranges über dem Zentrum. Math. Ann. Bd. 105 (1931) S. 15—39; [4]: Über Schiefkörper mit Unterkörpern zweiter Art über dem Zentrum. J. reine angew. Math. Bd. 166 (1932) S. 182 bis 184; [5]: Erweiterung des Zentrums einfacher Algebren. Math. Ann. Bd. 107 (1933) S. 761—766.

KOŘÍNEK, W. [1]: Quadratische Körper in Quaternionenringen. Věst. Král. české Spol. Nauk, Tř. mat.-přírod. (1930); [2]: Maximale kommutative Körper in einfachen Systemen hyperkomplexer Zahlen. Mém. Soc. Sci. Bohême 1932 Nr 1 (1933) S. 1—24; [3]: Une remarque concernant l'arithmétique des nombres hypercomplexes. Mém. Soc. Roy. Sci. Bohême 1932 Nr 4 (1933) S. 1—8.

LATIMER, C. G. [1]: Arithmetics of generalized quaternion algebras. Amer. J. Math. (2) Bd. 27 (1926) S. 92—102; [2]: On the finiteness of the classnumber in a semi-simple algebra. Bull. Amer. Math. Soc. Bd. 40 (1934) S. 433—435.

LEVITZKI, J. [1]: On normal products of Algebras. Ann. of Math. (2) Bd. 33 (1932) S. 377—402.

LITTLEWOOD, D. E. [1]: The solution of linear congruences in quaternions. Proc. London Math. Soc., II. s. Bd. 32 (1931) S. 115—128; [2]: Identical relations satisfied in an algebra. Proc. London Math. Soc. II. s. Bd. 32 (1931) S. 312 bis 320; [3]: On the classification of algebras. Proc. London Math. Soc., II. s. Bd. 35 (1933) S. 200—240; [4]: Note on the anticommuting matrices of Eddington. J. London Math. Soc. Bd. 9 (1934) S. 41—50.

LITTLEWOOD, D. E., and A. R. RICHARDSON [1]: Fermat's equation in real quaternions. Proc. London Math. Soc., II. s. Bd. 32 (1931) S. 235—240; [2]: Concomitants of polynomials in noncommutative algebra. Proc. London Math. Soc., II. s. Bd. 35 (1933) S. 325—379.

MACDUFFEE, C. C. [1]: On the independence of the first and second matrices of an algebra. Bull. Amer. Math. Soc. Bd. 35 (1929) S. 344—349; [2]: An introduction to the theory of ideals in linear associative algebras. Trans. Amer. Math. Soc. Bd. 31 (1929) S. 71—90; [3]: The discriminant matrices of a linear associative algebra. Ann. of Math. (2) Bd. 32 (1931) S. 60—66; [4]: The discriminant matrix of a semi-simple algebra. Trans. Amer. Math. Soc. Bd. 33 (1931) S. 425—432; [5]: Ideals in linear algebras. Bull. Amer. Math. Soc. Bd. 37 (1931) S. 841—853; [6]: The Theory of Matrices. Erg. d. Math. Bd. II Nr. 5 (1933).

NEHRKORN, H. [1]: Über absolute Idealklassengruppe und Einheiten in algebraischen Zahlkörpern. Abh. math. Semin. Hamburg. Univ. Bd. 9 (1933) S. 318 bis 334.

NOETHER, E. [1]: Der Diskriminantensatz für die Ordnungen eines algebraischen Zahl- oder Funktionenkörpers. J. reine angew. Math. Bd. 157 (1927) S. 82 bis 104; [2]: Hyperkomplexe Größen und Darstellungstheorie. Math. Z. Bd. 30 (1929) S. 641—692; [3]: Hyperkomplexe Systeme in ihren Beziehungen zur kommutativen Algebra und Zahlentheorie. Verh. Intern. Math. Kongress Zürich 1932 I, S. 189—194; [4]: Nichtkommutative Algebra. Math. Z. Bd. 37 (1933) S. 514—541; [5]: Der Hauptgeschlechtssatz für relativ-galoissche Zahlkörper. Math. Ann. Bd. 108 (1933) S. 411—419; [6]: Zerfallende verschränkte Produkte und ihre Maximalordnungen. Actualités Sci. ind. (Exp. publ. mém. de J. Herbrand III) (1934).

NOWLAN, F. S. [1]: Transformations which leave invariant the multiplication table of a total matric algebra. Tôhoku Math. J. Bd. 39 (1934) S. 372—379.

OLSON, H. L. [1]: Linear congruences in a general arithmetic. Ann. of Math. (2) Bd. 28 (1926) S. 237—239; [2]: Doubly divisible quaternions. Ann. of Math. (2) Bd. 31 (1930) S. 371—374.

ORE, Ö. [1]: Ann. of Math. (2) Bd. 32 (1931) S. 463—477.

RANUM, A. [1]: The groups belonging to a linear associative algebra. Amer. J. Math. Bd. 49 (1927) S. 285—308.

RAUTER, H. [1]: Quaternionen mit Komponenten aus einem Körper von Primzahlcharakteristik. Math. Z. Bd. 29 (1929) S. 234—263.

REES, M. S. [1]: Division algebras associated with an equation whose groups has four generators. Amer. J. Math. Bd. 54 (1932) S. 51—65.

RICHARDSON, A. R. [1] Hypercomplex determinants. Messenger of Math. Bd. 55 (1926) S. 145—152; [2]: Equations over a division algebra. Messenger of Math. Bd. 57 (1928) S. 1—6; [3]: Simultaneous linear equations over a divisions algebra. Proc. London Math. Soc. Bd. 28 (1928) S. 395—420; [4]: Concomitants relating to a division algebra. Messenger of Math. Bd. 55 (1926) S. 175—182.

SCORZA, G. [1]: Corpi numerici ed algebre. (Messina 1921.)

SHODA, K. [1]: Über die Galoissche Theorie der halbeinfachen hyperkomplexen Systeme. Math. Ann. Bd. 107 (1932) S. 252—258; [2]: Bemerkungen über die Faktorensysteme einfacher hyperkomplexer Systeme. Jap. J. Math. Bd. 10 (1933) S. 57—70; [3]: Ein Kriterium für normale einfache hyperkomplexe Systeme. Proc. Imp. Acad. Jap. X (1934) S. 195—197; [4]: Diskriminantensatz für normale einfache hyperkomplexe Systeme. Proc. Imp. Acad. Jap. X (1934) S. 315—318; [5]: Diskriminantenformel für normale einfache hyperkomplexe Systeme. Proc. Imp. Acad. Jap. X (1934) S. 319—321; [6]: Über die endlichen Gruppen der Algebrenklassen mit einem Zerfällungskörper. Jap. J. Math. Bd. 11 (1934) S. 21—30.

SHOVER, G. [1]: Class number in a linear associative algebra. Bull. Amer. Math. Soc. Bd. 39 (1933) S. 610—614.

SHOVER, G., and C. C. MACDUFFEE [1]: Ideal multiplication in a linear algebra. Bull. Amer. Math. Soc. Bd. 37 (1931) S. 434—438.

SKOLEM, TH. [1]: Zur Theorie der assoziativen Zahlensysteme. Skr. norske Vid.-Akad., Oslo (1927).

SPEISER, A. [1]: Gruppendeterminante und Körperdiskriminante. Math. Ann. Bd. 77 (1916) S. 546—562; [2]: Allgemeine Zahlentheorie. Vjschr. naturforsch. Ges. Zürich Bd. 71 (1926) S. 8—48; [3]: Idealtheorie in rationalen Algebren. Kap. 13 in Dickson [10]. [4]: Zahlentheoretische Sätze aus der Gruppentheorie. Math. Z. (1919) S. 1—6.

SMITH, G. W. [1]: Nilpotent algebras generated by two units i and j, such that i^2 is not an independent unit. Amer. J. Math. Bd. 41 (1919) S. 143—164.

TSEN, CH. C. [1]: Divisionsalgebren über Funktionenkörpern. Nachr. Ges. Wiss. Göttingen (1933) S. 335—339; [2]: Algebren über Funktionenkörpern. Diss. Göttingen (1934).

VENKOV, B. [1]: Zur Arithmetik der Quaternionen. Bull. Acad. Sci. URSS (6) Bd. 16 (1922/24) S. 205—246.

VAN DER WAERDEN, B. L. [1]: Moderne Algebra I. Berlin 1930; [2]: Moderne Algebra II. Berlin 1931; [3]: Elementarer Beweis eines zahlentheoretischen Existenztheorems. J. reine angew. Math. Bd. 171 (1934) S. 1—3; [4]: Lineare Gruppen. Erg. d. Math. Bd. IV, Nr. 2 (1935).

WAHLIN, C. E. [1]: A quadratic algebra and its application to a problem in diophantine analysis. Bull. Amer. Math. Soc. Bd. 33 (1927) S. 221—231.

WANG, SH. [1] A counter example to Grunwald's theorem. Ann. of Math. Bd. 49 (1948), S. 1008—1009. [2] On Grunwald's theorem. Ann. of Math. Bd. 51 (1951) S. 471—484.

MCL.-WEDDERBURN, J. H. [1]: On hypercomplex numbers. Proc. London Math. Soc. (2) Bd. 6 (1908) S. 77—118; [2]: A type of primitive algebra. Trans. Amer. Math. Soc. Bd. 15 (1914) S. 162—166; [3]: On division algebras. Trans. Amer. Math. Soc. Bd. 22 (1921) S. 129—135; [4]: Algebras which do not possess a finite basis. Trans. Amer. Math. Soc. Bd. 26 (1924) S. 395—426; [5]: A theorem on simple algebras. Bull. Amer. Math. Soc. Bd. 31 (1924) S. 11—13; [6]: A theorem on finite algebras. Trans. Amer. Math. Soc. Bd. 6 (1909) S. 349—352.

WILLIAMSON, J. [1]: Conditions for associativity of division algebras connected with non-abelian groups. Trans. Amer. Math. Soc. Bd. 30 (1923) S. 111—125.

WITT, E. [1]: Über die Kommutativität endlicher Schiefkörper. Abh. math. Semin. Hamburg. Univ. Bd. 8 (1931) S. 413; [2]: Riemann-Rochscher Satz und ζ-Funktion im Hyperkomplexen. Math. Ann. Bd. 110 (1934) S. 12—28; [3]: Zerlegung reeller algebraischer Funktionen in Quadrate. Schiefkörper in reellen Funktionen. J. reine angew. Math. Bd. 171 (1934) S. 4—11.

YOUNG, J. W. [1]: A new formulation for general algebra. Ann. of Math. Bd. 29 (1927) S. 47—60.

ZORN, M. [1]: Note zur analytischen hyperkomplexen Zahlentheorie. Abh. math. Semin. Hamburg. Univ. Bd. 9 (1933) S. 197—201.

Ergebnisse der Mathematik und ihrer Grenzgebiete

Lieferbare Bände:

1. Bachmann: Transfinite Zahlen. DM 38,—; US $ 9.50
4. Samuel: Méthodes d'Algèbre Abstraite en Géométrie Algébrique. DM 26,—; US $ 6.50
5. Dieudonné: La géométrie des groupes classiques. DM 38,—; US $ 9.50
6. Roth: Algebraic Threefolds with Special Regard to Problems of Rationality. DM 19,80; US $ 4.95
7. Ostmann: Additive Zahlentheorie. 1. Teil: Allgemeine Untersuchungen. Unveränderter Nachdruck von 1956. DM 38,—; US $ 9.50
8. Wittich: Neuere Untersuchungen über eindeutige analytische Funktionen. DM 28,—; US $ 7.00
11. Ostmann: Additive Zahlentheorie. 2. Teil: Spezielle Zahlenmengen. DM 22,—; US $ 5.50
13. Segre: Some Properties of Differentiable Varieties and Transformations. With Special Reference to the Analytic and Algebraic Cases. DM 36,—; US $ 9.00
14. Coxeter/Moser: Generators and Relations for Discrete Groups. DM 32,—; US $ 8.00
16. Cesari: Asymptotic Behavior and Stability Problems in Ordinary Differential Equations. DM 36,—; US $ 9.00
17. Severi: Il teorema di Riemann-Roch per curve. Superficie e varietà questioni collegate. DM 23,60; US $ 5.90
18. Jenkins: Univalent Functions and Conformal Mapping. DM 34,—; US $ 8.50
19. Boas/Buck: Polynomial Expansions of Analytic Functions. DM 16,—; US $ 4.00
20. Bruck: A Survey of Binary Systems. DM 36,—; US $ 9.00
21. Day: Normed Linear Spaces. DM 17,80; US $ 4.45
22. Hahn: Theorie und Anwendung der direkten Methode von Ljapunov. DM 28,—; US $ 7.00
24. Kappos: Strukturtheorie der Wahrscheinlichkeitsfelder und -räume. DM 21,80; US $ 5.45
25. Sikorski: Boolean Algebras. DM 38,—; US $ 9.50
26. Künzi: Quasikonforme Abbildungen. DM 39,—; US $ 9.75
27. Schatten: Norm Ideals of Completely Continuous Operators. DM 23,60; US $ 5.90
28. Noshiro: Cluster Sets. DM 36,—; US $ 9.00
29. Jacobs: Neuere Methoden und Ergebnisse der Ergodentheorie. DM 49,80; US $ 12.45
30. Beckenbach/Bellman: Inequalities. DM 30,—; US $ 7.50
31. Wolfowitz: Coding Theorems of Information Theory. DM 27,—; US $ 6.75
32. Constantinescu/Cornea: Ideale Ränder Riemannscher Flächen. DM 68,—; US $ 17.00
33. Conner/Floyd: Differentiable Periodic Maps. DM 26,—; US $ 6.50
34. Mumford: Geometric Invariant Theory. DM 22,—; US $ 5.50
35. Gabriel/Zisman: Calculus of Fractions and Homotopy Theory. DM 38,—; US $ 9.50

36. Putnam: Commutation Properties of Hilbert Space Operators and Related Topics. DM 28,—; US $ 7.00
37. Neumann: Varieties of Groups. DM 46,—; US $ 11.50
38. Boas: Integrability Theorems for Trigonometric Transforms. DM 18,—; US $ 4.50
39. Sz.-Nagy: Spektraldarstellung linearer Transformationen des Hilbertschen Raumes. DM 18,—; US $ 4.50
40. Seligman: Modular Lie Algebras. DM 39,—; US $ 9.75
41. Deuring: Algebren. DM 24,—; US $ 6.00
42. Schütte: Vollständige Systeme modaler und intuitionistischer Logik. DM 24,—; US $ 6.00
43. Smullyan: First Order Logic. DM 36,—; US $ 9.00
44. Dembowski: Finite Geometries. In Vorbereitung
45. Linnik: Ergodic Properties of Algebraic Fields. DM 44,—; US $ 11.00
46. Krull: Idealtheorie. DM 28,—; US $ 7.00
47. Nachbin: Topology on Spaces of Holomorphic Mappings. In Vorbereitung